北京市高等教育精品教材立项项

有 机 分 析

第 二 版

朱嘉云　主编

张　红　王利人　编

化学工业出版社

教材出版中心

·北京·

图书在版编目（CIP）数据

有机分析/朱嘉云主编；张红，王利人编. —2版.
北京：化学工业出版社，2004.6（2019.1重印）
  北京市高等教育精品教材立项项目
  ISBN 978-7-5025-5725-6

Ⅰ.有⋯　Ⅱ.①朱⋯ ②张⋯ ③王⋯　Ⅲ.有机分
析-高等学校-教材　Ⅳ.0656

中国版本图书馆 CIP 数据核字（2004）第056944号

责任编辑：王文峡　　　　　　　　　　　文字编辑：赵媛媛
责任校对：凌亚男　　　　　　　　　　　装帧设计：蒋艳君

出版发行：化学工业出版社（北京市东城区青年湖南街13号　邮政编码100011）
印　　装：大厂聚鑫印刷有限责任公司
787mm×960 mm　1/16　印张15　字数308千字　2019年1月北京第2版第25次印刷

购书咨询：010-64518888　　售后服务：010-64518899
网　　址：http://www.cip.com.cn
凡购买本书，如有缺损质量问题，本社销售中心负责调换。

第二版前言

《有机分析》（第二版）是 2004 年北京市高等教育精品教材立项项目，是根据目前教学改革的要求，在第一版《有机分析》使用的基础上修订而成的。

有机分析是分析化学的一个重要分支，是分析检测专业的一门重要的专业技能课。在生产和科研各个领域应用十分广泛，已成为有机化学工业、石油化工、医药卫生、食品化学、生物化学和环保科学等各个领域中从事生产实际和科学研究不可缺少的重要手段。

高等职业教育旨在培养技术应用型人才，对于理论教学以应用为目的，以必需够用为度，教学重点放在讲清概念，强化应用上。《有机分析》（第二版）以上述的教学指导思想为原则，在编写过程中，以工厂生产常用的化学测定方法为主，应用有机化学的基本知识，密切联系有机化合物的理化性质，结合有机化合物的特性反应，阐述了有机化学分析的主要内容，其内容包括：单纯有机化合物的系统鉴定、有机元素和官能团的定量测定方法及有机混合物的分离提纯及色层分离法等，各章详细叙述了各方法的基本原理、测定条件和适用范围。结合理论安排了相关实验，选择和编写实验项目和实验方法时结合生产实际并遵循国家有关标准，突出职业技能培养，力求结合生产实际培养学生的操作动手能力，掌握各种测定方法。书中列出了较多的思考题和习题，供学生思考和练习。书后列出的衍生物表中化合物的数量有限，仅供课堂教学和实验用。

本书由朱嘉云主编，张红参加编写第 1～6 章，王利人参加编写第 7～9 章。

本书由北京化工大学申请北京市高等教育精品教材立项，是北京化工大学职业技术学院组织编写的系列精品教材之一。在编写及出版的过程中，得到了北京化工大学职业技术学院朱长发院长、王一珉副院长及相关部门人员的大力支持，在此表示感谢！

对参加编写《有机分析》（第一版）的孙如相老师和参加审定的谢承家、王田、李楚芝、刘阜英、周邦玉、赵连德、章厚林、谢惠波、袁琨等老师，在此一并表示感谢！

此外，本书编写中参考了大量文献资料，谨向有关专家及原作者表示感谢！对大力支持该书出版的化学工业出版社表示感谢！

由于编者业务水平、教学经验有限，书中错误和不妥之处在所难免。敬请读者给予指正，不胜感谢。

编者

2004 年 5 月

第一版前言

有机分析教材是根据化学工业部教育司于 1987 年 2 月在广州召开的全国工业分析专业教材会议上制定的有机分析教学大纲及 1988 年 11 月于武汉会议通过的编写提纲编写的。

根据教学大纲规定，本书只编写有机分析课程理论部分的内容。关于实验内容，单独编写实验教材，另册出版。

在编写过程中，力求结合生产实际和学生实际水平，应用有机化学的基本知识，密切联系有机化合物的理化性质，结合有机化合物的特性反应，阐述了有机分析的主要内容，它们是：单纯有机化合物的系统鉴定法；有机元素和官能团的定量测定方法和有机混合物的分离提纯等。各章详细叙述了各方法的基本原理、测定条件和适用范围。使学生通过本课程的学习能正确掌握常见有机化合物定量分析方法，并能灵活运用这些知识分析和解决实践中遇到的问题。

本着少而精和理论联系实际的原则，本书所选鉴定和测定方法，以工厂生产常用的化学分析方法为主，并适当介绍一些仪器分析手段。例如，官能团的红外光谱特征；示差吸收热导法测定碳、氢、氮；离子选择性电极法和库仑法测定卤素；气相色谱法测定烷氧基等。

本教材在介绍各种方法时，采用国家标准《有机化工产品分析术语》，并按国家标准进行方法讨论。例如，物理常数测定中，沸点和沸程的校正；密度的校正等。

根据我国推行法定计量单位制的要求，本书采用了法定计量单位制的术语。书中列出了较多的问题和习题，供学生思考和练习，以培养分析问题和解决问题的能力。书后列出的衍生物表中，化合物的数量有限，仅供课堂教学和实验用。

参加本书编写工作的有朱嘉云（第一、第二、第三章），孙如相（第四、第五章）。并由朱嘉云统一修改定稿。

谢承家担任主审。参加审稿的还有王田、李楚芝、刘阜英、周邦玉、赵连德、章厚林、谢惠波、袁琨。他们对初稿提出了宝贵的意见，特此一并致谢。

由于编者业务水平、教学经验有限，书中错误和不妥之处一定不少。特别是理论教材与实验教材的衔接等方面有待进一步探讨。敬请使用本教材的同志和读者提出批评和指正，不胜感谢。

编者
1990 年 12 月

目　　录

1 绪 论

1.1 有机分析的发展

有机分析的对象是有机化合物。它是研究有机化合物分离、鉴定和测定的一门科学，是人类认识有机物质世界的重要手段之一，是分析化学的一个重要分支。

从有机物及相关科学的发展历史可以看出，在这些学科的兴起和发展过程中，有机分析起了十分重要的作用。早在 18 世纪末，化学家就开始用分析方法研究了大量的有机物质。当时法国的拉瓦锡发现各种不同的有机物质都含有碳和氢元素。此外，他通过实验作出结论：植物主要由碳、氢和氧 3 种元素组成，动物主要由碳、氢、氧和氮组成。从此使人们认识到，由少数几种元素组成了数目庞大的有机化合物。这是有机化学分析科学上的一次飞跃。后来拉瓦锡对有机物质中的碳、氢作了定量测定，虽然结果比较粗糙，并不令人满意，但这是有机分析由定性分析过渡到定量分析的开始。

早期的分析方法，常以重量法和气量法为基础，随着生产的发展，人们对快速分析提出了更高的要求。19 世纪 80 年代，克达尔建立了以容量法为基础的简便、快速测定有机物质中氮含量的方法。

有机物质中主要元素的常量分析方法，到 19 世纪末，已基本齐全。20 世纪初，奥地利人普列格尔系统地发展了有机物质的微量测定方法，此方法的建立和应用大大推动了天然有机化合物的研究。与此同时，人们也逐步创立了有机官能团的分析方法，这是科研和生产中应用最多、最普遍的有机分析方法。

按任务的不同，有机分析可以分为有机定性分析和有机定量分析两部分。有机定性分析的任务是确定有机化合物的组成和结构，有机定量分析的任务是测定有机化合物的含量。在研究未知物时，一般应先用定性分析的方法，以便选择测定这些组分最适当的定量分析方法。但在实际工业生产中，因为产品多为已知的，含有的杂质也是已知的，因此，经常的大量的分析工作是进行有机定量分析。

1.2 有机分析的特点

有机分析的对象是有机物，而有机物与无机物在分子结构和理化性质上有很多本质的差别。因此，在进行有机分析时，必须考虑有机物的特殊性质及以下的特点和要求。

（1）溶剂的选择　无机物分析大多可以通过直接或间接的方法在水溶液中进行，而有

1

机化合物由于分子中原子间大多以共价键和弱极性键结合，所以一般难溶于水，而较易溶于适当有机溶剂中。只有少量低相对分子质量化合物或离子型化合物可以溶解于水，但溶解度差别很大。因此，在有机分析前，首先要选择适当的溶剂，所选择的溶剂最好同时溶解试样和试剂，同时对分析结果不发生影响。另外，水分的存在常会干扰分析结果。

（2）反应速率慢，副反应多　无机分析中的反应主要是以离子间反应为基础，反应速率快；而多数有机化合物，在溶剂中不发生电离，以分子状态存在，所以，反应常在分子间进行，反应速率缓慢，并有复杂的副反应。有些反应不能进行到底，达到一个动态的平衡。因此要设法提高反应速率，缩短分析时间，避免副反应的发生。这就要求严格遵守反应条件。

（3）有机分子结构复杂　有机分析中，通常利用官能团特性反应来进行试样的鉴定与测定。有机官能团的反应活性，常受分子中其余部分结构的影响，同一种官能团，在不同化合物中往往表现出不同的反应活性。如：溴的四氯化碳溶液能与烯烃发生加成反应，使溴的颜色褪去。这是检验烯烃常用的定性反应。但是当双键上具有电负性取代基时，双键的活性明显减弱，溴的加成反应就难以进行。因此，进行有机分析时，应同时考虑各官能团的共性和其在不同分子中的特殊性。根据不同的分析对象，选择适当的分析方法。

与上述相反，某些试剂对某官能团是正性反应，但某些不含这种官能团的化合物也有类似的正性反应。例如溴的四氯化碳溶液，能与烯烃发生加成反应，而酚、芳胺等化合物也能使溴的四氯化碳溶液的红棕色褪去。即某些试剂对某个官能团并不具有专一性。因此，选择分析方法时，应从试样、试剂、溶剂、反应条件上全面考虑。

1.3　有机分析的一般步骤

有机分析的试样可能是已知的，也可能是未知的。已知的试样通常是生产或科研中的原料、半成品或成品。此类试样应该根据需要控制的项目，选择适当的分析方法，按各类规定标准进行分析检验。

对于未知物试样则可分为两类，一类是全新的化合物，文献上没有记载。例如从天然产品中提取分离出来的或新合成的有机化合物，需要建立分子式或分子结构，这是一项精细而复杂的研究工作，在这里不做详细的讨论。另一类所谓的"未知物"。是前人已经研究过，在文献上也有记载，它仅仅对当时的分析工作者来说是未知的。现仅对第二类未知物的一般分析步骤叙述如下。

（1）初步检验　观察试样的物态、晶形、颜色、气味等。

（2）灼烧试验　观察试样加热时所起的变化，如熔化、升华、爆炸等现象，燃烧时火焰的性质、灼烧后有无残渣及残渣的水溶性及酸碱性。

（3）物理常数的测定　一般固体物质先测定它的熔点，液体物质先测定沸点，熔点范围若超过1℃，或沸点范围超过3℃，表示试样不纯，必须分离提纯。必要时再测定密度、折射率、比旋光度等作为参考。

（4）元素定性分析 一般不做碳、氢、氧的鉴定，主要是鉴定氮、硫、卤素。若灼烧时留有残渣，再做金属元素鉴定试验。

（5）分组试验 根据试样在某些溶剂中的溶解行为，或对某些酸碱指示剂的颜色反应，对化合物进行分组并初步判断试样是酸性、碱性还是中性。

（6）官能团检验 根据元素定性及分组试验，就可查阅有关的文献资料，初步推断未知物为某几类，然后对这几类化合物所具有的特征官能团，选择适当的方法进行鉴定，从而确定未知物属于哪种类型的有机化合物。

（7）查阅文献 鉴定进行到此，未知物的可能性已限于某一类。于是进一步查阅文献，推断试样可能是哪几种化合物或哪一个化合物。

（8）制备衍生物 由文献中查出可能的化合物后，制备出它的固体衍生物，测定衍生物的熔点，与文献中所记载的数据进行比较，如果相同，就能对被鉴定的未知物作出肯定的结论。

以上步骤仅应用于纯化合物的鉴定，如果是混合物，应首先进行分离提纯。

当遇到一个全新的化合物时，要确定其结构一般还要进行下列分析步骤。

（9）元素定量分析及相对分子质量的测定 元素定量分析可以得到实验式，待相对分子质量测定后可得到化学式。

有机元素分析是研究有机物质的最古老的方法。对纯粹的化合物来说，根据元素定量分析的结果，可求出它的实验式，但是无法确定元素是以何种结构形式存在，更无法知道它是何种化合物。若纯粹化合物的相对分子质量已知，则根据实验式能确定它的化学式。

（10）官能团定量分析 确定官能团在分子中的百分比，推算出分子中所含官能团的数目。

官能团分析是目前在有机物质测定中应用得最普遍的方法。它是利用官能团的特性反应，根据反应中消耗试剂的量来计算它的含量。所以，根据分析数据，不仅可以了解某种化合物的纯度和部分结构式，还可测定混合物中某种化合物的含量。因此，官能团分析具有更大的实用意义。

有机混合物分离和纯化，也是有机分析的重要内容。分离是将混合物的各组分逐个分开。一般是根据各组分之间化学性质的不同、极性的差别及挥发性的不同，选择适当的方法进行分离。纯化是从物质中去除杂质，对固体物质而言，常采用重结晶、升华等操作，对液体物质，一般利用蒸馏、分馏、萃取等方法来使物质纯化。层析法是近代有机分析中应用最广泛的分析方法之一，既可以用于有效地分离复杂混合物，又可以用来鉴定物质，尤其适合于少量物质的处理。

2 物理常数的测定

有机化合物的物理常数主要包括熔点、沸点、密度、折射率和比旋光度等，它们分别以具体的数值表达化合物的物理性质；物理性质在一定程度上反映了分子结构的特性。所以，物理常数是有机化合物的特性常数。通过物理常数的测定来鉴别有机化合物是十分重要的。此外，杂质的存在必然引起物理常数的改变，所以，测定物理常数也可作为检验其纯度的标准。如对某化合物按选定的优化方法连续提纯两次后，其物理常数仍然保持不变，一般即可认为该化合物是纯品，反之，即为不纯的物质。事实上，有机化工生产中，原料、中间体和产品是否符合质量要求，常以物理常数作为控制质量检验的重要方法。

固体试样可以测定熔点，液体试样测定密度、折射率等。具有旋光活性的物质还可以测定比旋光度。

2.1 熔点的测定

熔点是检验化合物纯度的标志。在有机物的鉴定中，所制备的衍生物的熔点是作判断时的最重要的依据之一。所以熔点的测定是有机定性分析中一项极重要的操作，熔点测得不准往往会导致错误的结论。

在常温常压下，物质受热时从固态转变成液态的过程叫做熔化。反之，物质放热时从液态转变为固态的过程叫做凝固。在一定条件下，固态和液态达到平衡状态相互共存时的温度，就是该物质的熔点。物质从开始熔化至全都熔化的温度间隔，称为熔点范围或熔距。

纯物质通常有很敏锐的熔点，熔点范围狭窄，一般不超过1℃，同一化合物的不纯试样则在较低温度下熔化，熔点范围较宽，通常在1℃以上。所以，熔点是检验固体有机化合物纯度的重要标志。

在鉴定某一化合物时，如果能取得该化合物的标准品作比较，则熔点可作为鉴定该化合物的证据。如果试样的熔点与标准品熔点相近，但熔距较宽，说明试样中含杂质较多，可将其提纯后再测。如果实验的目的是验证 A 和 B 是否为同一物质。可以将它们研细并以等量混合，然后，测定混合物的熔点。若熔点下降或熔距增宽，就可以得出结论，它们不是同一化合物。如果混合物的熔点与纯 A 和纯 B 的熔点相同，那么 A 和 B 几乎肯定是同一化合物了。

2.1.1 熔点测定方法

熔点测定方法有毛细管法和显微熔点测定法等。

毛细管法是测定熔点最常用的基本方法。一般都采用热浴加热，优良的热浴应该装置简单、操作方便，特别是加热要均匀、升温速度要容易控制。在实验室中一般采用提勒管或双浴式热浴测定熔点方式。如图 2-1 及图 2-2 所示。

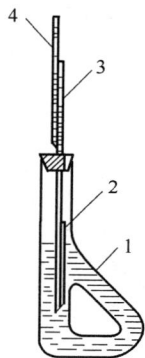

图 2-1 提勒管热浴

1—提勒管（b 形管）；2—毛细管；
3—温度计；4—辅助温度计

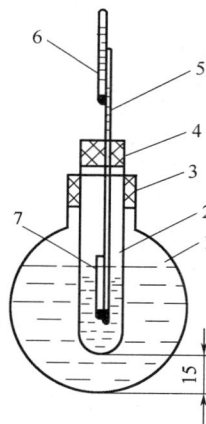

图 2-2 双浴式热浴

1—圆底烧瓶；2—试管；3，4—胶塞；
5—温度计；6—辅助温度计；7—熔点管

提勒管的主管有利于载热体受热时在支管内产生对流循环，使得整个管内的载热体能保持相当均匀的温度分布。

双浴式热浴由于采用双载热体加热，具有加热均匀，容易控制加热速度的优点，是目前一般实验室测定熔点的装置。

选用载热体的沸点应高于试样的全熔温度，而且性能稳定，清澈透明。表 2-1 列出几种常用的载热体。

表 2-1 常用的载热体

载　热　体	使用温度范围/℃	载　热　体	使用温度范围/℃
浓硫酸	＜220	液体石蜡	＜230
磷酸	＜300	固体石蜡	270～280
7 份浓硫酸和 3 份硫酸钾混合	220～320	有机硅油	＜350
6 份浓硫酸和 4 份硫酸钾混合	＜365	熔融氯化锌	360～600
甘油	＜230		

有机硅油是无色透明、热稳定性较好的液体。具有对一般化学试剂稳定、无腐蚀性、比相同黏度的液体石蜡的闪点高、不易着火以及在相当宽的温度范围内黏度变化不大等优

点，所以，目前被广泛使用。

除利用毛细管法测定熔点外，现在实验室越来越多使用显微熔点测定仪（见图 2-3）来测定熔点。它是一个带有电热载物台的显微镜。利用可变电阻，使电热装置的升温速度可随意调节。经校正的温度计插在侧面的孔内。测定熔点时，通过放大倍数的显微镜来观察。用这种仪器来测定熔点具有下列优点：能直接观察结晶在熔化前与熔化后的一些变化；测定时，只需要几颗晶体就能测定，特别适用于微量分析；能看出晶体的升华、分解、脱水及由一种晶形转化为另一种晶形；能测出最低共熔点等。这种仪器，也适用于"熔融分析"即对物质加热、熔化、冷却、固化及其与参考试样共熔时所发生的现象进行观察，根据观察结果来鉴定有机物。但仪器较复杂，一般工厂实验室还常用毛细管法测熔点。

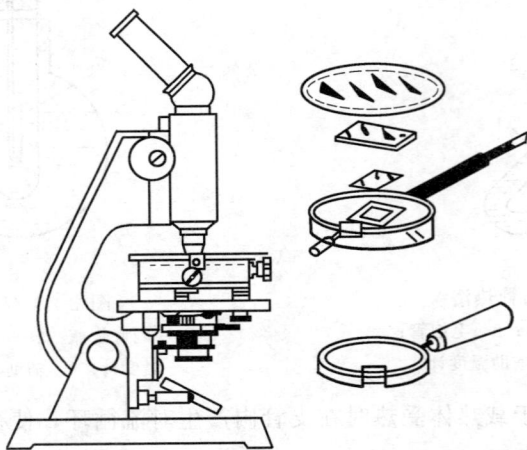

图 2-3　显微熔点测定仪

2.1.2　熔点测定的影响因素

测定熔点是有机定性分析中一项极重要的操作，熔点测定不准会导致错误的结论、测定时必须严格遵守规定的条件，注意下列因素的影响。

（1）杂质的影响　试样中混入杂质（水分、灰尘或其他物质）时，熔点降低、熔距增大。因此测定熔点前试样一定要干燥，并防止混入杂质。

（2）毛细管的影响　毛细管内壁应洁净、干燥，否则熔点偏低。底部要熔封，但不宜太厚。粗细要均匀，内径约为 1mm，过细装样困难，过粗使试样受热不均匀。

（3）试样的填装　试样装入前要尽量研细。装入量切不可过多，否则产生熔距增大或结果偏高的误差。试样一定要装紧，疏松会使测得值偏低。一般要求毛细管中试样振实至 2～3mm 高。测定易分解、易脱水、易吸潮或升华的试样时，应将毛细管另一端熔封。

（4）升温速度影响　升温速度不宜过快或过慢。过快由于载热体升温很快，来不及传到毛细管内的试样，即试样未达到载热体的温度时，温度计已经显示出了载热体的温度，所以，测得值偏高。另外，升温太快，不易读数；升温速度越慢，温度计读数越精确。但对于易分解和易脱水的试样，升温速度太慢，加热时间太长，会使熔点偏低。所以，生产上对所测试样的升温速度都有具体规定，应严格遵守。

（5）熔化现象的观察　试样出现明显的局部液化现象时的温度为初熔温度，试样刚好全部熔化时的温度为全熔温度。这两个温度之间的间隔称为熔距。某些试样在熔化前出现收缩、软化、出汗（在毛细管壁出现细微液滴）或发毛（试样受热后膨胀发松，表面不平整）等现象，均不作为初熔的判断，否则测得值偏低。受热过程中，试样收缩、软化、出汗、发毛阶段过长，说明试样质量较差。

（6）温度计的误差及其校正　所测出的熔点数据是否准确，主要关键之一在于温度计是否准确，所用棒式玻璃温度计或内标式玻璃温度计，其测量精度为分度值

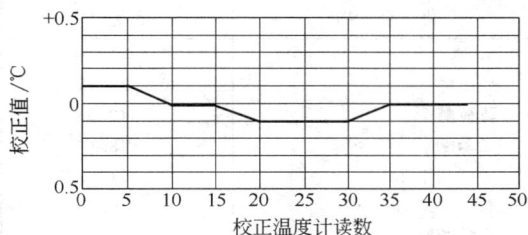

图 2-4　温度计校正曲线

0.1℃，并具有适当的量程，在使用前必须用标准温度计进行示值误差的校正。一般要求 150℃ 以下，校正值＜0.5℃；150℃ 以上校正值＜1℃，而且每年至少校正一次。校正后列出温度计校正值见表 2-2 或画出温度计校正曲线（见图 2-4）。

表 2-2　温度计的校正值

项　　目	标准温度计读数/℃							
	5	10	15	20	25	30	35	40
校准后温度计读数/℃	4.9	10	15	20.1	25.1	30.1	35	40
校正值/℃	＋0.1	0	0	−0.1	−0.1	−0.1	0	0

测定熔点时温度计不能全浸在热浴内，一段水银柱外露在空气中，由于受空气冷却的影响。使观测到的温度比真实浴温低一些。温度在 100℃ 以下，误差还不显著，但在 200℃ 以上可达 2～5℃，在 250℃ 以上可达 3～10℃。此偏低值可以用下式求出：

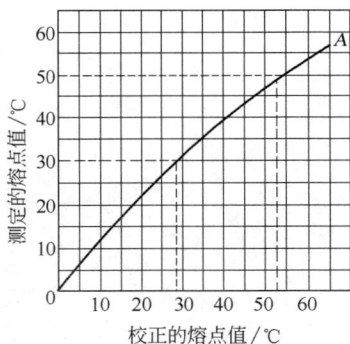

图 2-5　熔点校正曲线

校正值 $\Delta t = 0.00016(t_1 - t_2)h$

式中，系数 0.00016 表示玻璃与水银膨胀系数的差值；t_1 是温度计读数；t_2 是没有浸入加热液体中那一段水银柱的平均温度（可用辅助温度计，把它的水银柱放在熔点浴与主温度计指示温度 t_1 点的中间，再读辅助温度计的指示温度，如此即可近似地测出 t_2）；h 表示外露在热浴液面的水银柱高度。校正后的熔点 $t = t_1 + \Delta t$。

在生产实际中，最好是选择一组纯化合物，先分别测定它们的熔点，然后，以测得值为纵坐标、以文献值为横坐标，绘制曲线。在测定试样时，在纵坐标找到测得值，由曲线上找到对应的横坐标值即为校正后的熔点值，如图2-5所示。

用这种方法测定熔点时，使用的热浴、载热体、温度计、毛细管的规格及温度计浸入载热体的深度、升温速度等，都必须相同或尽可能一致。而且每隔一定时间，应该重新绘制校正工作曲线。常用的纯化合物见表2-3。

表 2-3　常用的纯化合物

化　合　物	熔点/℃	化　合　物	熔点/℃
水-冰	0	脲	132.8
环己醇	25.45	水杨酸	158.3
薄荷醇	42.5	琥珀酸	182.8(188.0)
二苯酮	48.1	蒽	216.18
对硝基甲苯	51.65	邻苯二甲酰亚胺	233.5
萘	80.25	对硝基苯甲酸	241.0
乙酰苯胺	114.2	酚酞	265.0
苯甲酸	122.36	蒽醌	286.0

这个方法的优点是简便，同时校正了温度计外露段的误差和温度计的示值误差。所以，用此方法测得的熔点，不需再作任何校正。

实验 2.1　熔点的测定——毛细管法

一、实验目的

1. 掌握毛细管法测有机物熔点的操作。

2. 掌握温度计外露段的校正方法。

二、仪器

1. 提勒熔点测定管 1 支。

2. 测量温度计，具有适当的量程，分度值 0.1℃，1 支。

3. 辅助温度计，100℃，分度值 1℃，1 支。

4. 玻璃管长 800mm，1 根。

5. 毛细管一端熔封，内径 0.9～1.1mm，5 根。

6. 表皿 1 块。

7. 平头玻璃棒 1 个。

8. 酒精灯 1 个。

9. 带出气槽胶塞 1 个。

三、试剂与试样

1. 甘油或硅油。

2. 乙酰苯胺、苯甲酸。

四、实验步骤

1. 装置

将提勒管夹在铁架台上，其中装入甘油，液面高出上侧管约0.5cm。熔点测定管口配一个外侧具有出气槽的胶塞，用于固定温度计并使温度计水银球，位于熔点测定管两侧管口的中间。

2. 装样

取少量干燥、研细的试样于表面皿上，将试样装入清洁、干燥的毛细管中，取一长约800mm的干燥玻璃管，直立于玻璃板上，将装有试样的毛细管在其中投落数次，直到毛细管内试样紧缩至2～3mm高。如所测的是易分解或易脱水试样，应将毛细管另一端熔封。

3. 预测定

将已装好试样的毛细管附着于测量温度计上，使试样层面与温度计的水银球中部在同一高度，用酒精灯加热提勒管底部，使升温速度不超过5℃/min，记录试样完全熔化时的温度，以此温度作为试样的粗熔点。

4. 测定

将测量温度计固定于提勒管中，加热提勒管底部，使温度缓缓上升至粗熔点前10℃，将辅助温度计附着于测量温度计上，使其水银球位于测量温度计露出热浴部分的中部，将装有试样的毛细管附着于测量温度计上，使试样层面处于温度计水银球的中部，缓慢加热，升温速度为(1.0±0.1)℃/min，如所测的是易分解或易脱水的试样，则升温速度应保持在3℃/min。当试样出现明显的局部液化现象时即为初熔温度，当试样完全熔化时的温度即为全熔温度。记录试样的初熔、全熔温度及相应辅助温度计的读数值。

根据实验结果，求出校正后的熔点值。

五、说明和注意事项

1. 热浴选用双浴式装置时，其仪器规格如下：圆底烧瓶容积为250mL，球部直径为80mm，颈长20～30mm；口径约为30mm；试管长为100～110mm，其直径为20mm，胶塞外侧具有出气槽；用调压电炉加热；其测定同提勒管法。

2. 测定时，遇有固相消失不明显时，应以试样分解物开始膨胀上升时的温度作为全熔温度。

测定不易粉碎的固体试样（如脂肪、石蜡等）时，将试样在尽可能低的温度下熔融后吸入两端开口的毛细管中，使高约10mm，在10℃以下静置24h，或冰水冷却2h，凝固后将装有试样的毛细管缚于测量温度计上，浸入热浴中使试样层面在热浴液面下约10mm处，加热至温度上升至距熔点5℃时，调节热源使升温速率＜5℃/min，至试样在毛细管中开始上升时的温度即为熔点。

3. 每次测定都必须用新的毛细管另装试样，不能重复使用。因为有时某些化合物熔化时，会产生部分分解或结晶状态发生变化而使熔点改变。

思 考 题

1. 毛细管法测定熔点时，应注意哪些事项？
2. 为何在熔点前 10℃ 才将装样毛细管放入熔点浴中，过早或过晚放入，对测定有何影响？

2.2 沸点的测定

沸点和折射率是检验液体有机化合物纯度的标志。

液体温度升高时，它的蒸气压随之增大，当液体蒸气压等于外界大气压时，汽化不仅在液体表面，而且在整个液体内部发生，此时液体沸腾。液体在标准大气压下的沸腾时温度称为该物质的沸点。因为沸点随气压的改变而发生变化，所以如果不是在标准气压下进行沸点测定时，必须将所测得的沸点加以校正。

纯物质在一定压力下有恒定的沸点，其沸点范围（沸程）一般不超过 1～2℃，若含有杂质则沸程增大。因此，根据沸点的测定可以鉴定有机化合物及其纯度。但应注意，有时几种化合物由于形成恒沸混合物，也会有固定的沸点。所以沸程小的物质，未必就是纯物质。例如，乙醇 95.6% 和水 4.4% 混合，形成沸点为 78.2℃ 的恒沸混合物。

一般常用的沸点测定方法有以下几种。

2.2.1 沸点测定方法

2.2.1.1 毛细管法测沸点（微量法）

毛细管法测定沸点在沸点管中进行。沸点管是由一支直径 4～5mm、长 70～80mm，一端封闭的玻璃管和一根直径 1mm、长 90～110mm 的一端封闭的毛细管所组成。取试样 0.3～0.5mL 注入玻璃管中，将毛细管倒置其内，其开口端向下。把沸点管缚于温度计上（见图 2-6），置于热浴中，缓缓加热，直至从倒插的毛细管中冒出一股快而连续的气泡流时，即移去热源，气泡逸出速度因冷却而逐渐减慢，当气泡停止逸出而液体刚要进入毛细管时，表明毛细管内蒸气压等于外界大气压，此刻的温度即为试样的沸点。

测定时注意，加热不可过剧，否则液体迅速蒸发至干无法测定；但必须将试样加热至沸点以上再停止加热，若在沸点以下就移去热源，液体就会立即进入毛细管内，这是由于管内集积的蒸气压力小于大气压的缘故。

微量法的优点是很少量试样就能满足测定的要求。主要缺点是只有试样特别纯才能测得准确值。如果试样含少量易挥发杂质，则所得的沸点值偏低。

2.2.1.2 常量法测沸点

常量法测沸点是液体有机试剂沸点测定的通用试验方法，适用于受热易分解、易氧化的液体有机试剂的沸点测定。测定装置如图 2-7 所示。烧瓶中加入 1/2 的载热体，量取适量试样，注入试管中，其液面略低于烧瓶中载热体的液面。将烧瓶、试管、温度计以胶塞连接，温度计下端与试管中试样液面相距 20mm。缓慢加热，当温度上升到某一定数值并在相当时间内保持不变时，此温度即为沸点。

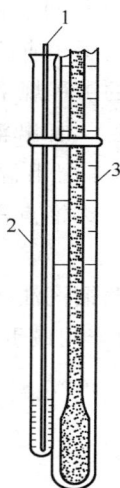

图 2-6　毛细管法测定沸点
1——端封闭的毛细管；2——端封闭的
粗玻璃管；3—温度计

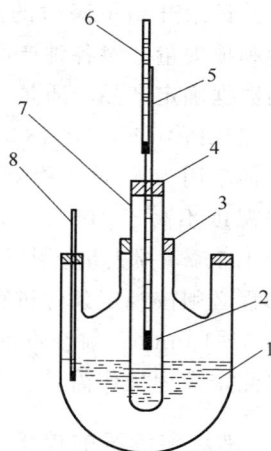

图 2-7　沸点测定装置
1—三口圆底烧瓶；2—试管；3，4—胶塞；5—测量温
度计；6—辅助温度计；7—侧孔；8—温度计

2.2.2　沸程测定方法

对有机试剂、化工和石油产品，沸程是其质量控制的主要指标之一。沸程用蒸馏法测定，在标准化的蒸馏装置（见图 2-8）中进行。在规定的条件下，蒸馏规定体积（一般为

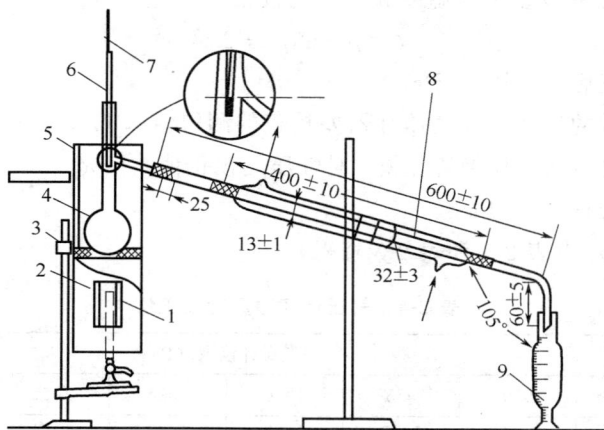

图 2-8　测定沸程蒸馏装置（单位 mm）
1—热源；2—热源的金属外罩；3—接合装置；4—支管蒸馏瓶；5—蒸馏瓶的金属外罩；
6—温度计；7—辅助温度计；8—冷凝器；9—量筒

100mL），记录第一滴试样馏出的温度（初馏点）和蒸馏瓶中全部液体蒸发后，蒸馏温度停止上升，并记录开始下降时的温度（终馏点）。同时记录蒸出不同体积试样时的温度，以及残留量和损失量。对各种产品都根据不同的沸程数据，规定了相应的质量标准，可以根据测得的数据确定产品的质量。如国家标准规定分析纯苯胺的沸程规格为：在标准状况（0℃，1013.25hPa）下，于 183.0～185.0℃ 温度范围内蒸馏，馏出液体积不得少于95.0%；某种车用汽油的沸程规格为初馏点不低于 35℃，10%馏出温度不高于 70℃，50%的馏出温度不高于 105℃，90%的馏出温度不高于 165℃。终馏点不高于 180℃，残留量不大于 1.5%，损失量不大于 2.5%。

测定沸程必须按规定条件进行，如测定石油产品沸程时，蒸馏汽油从开始加热到初馏点的时间为 5～10 min；航空汽油为 7～8min。这些都是必须遵守的最重要的条件。

蒸馏法测定沸程操作简单、迅速、重现性较好。

2.2.3　沸点和沸程的校正

有机化合物的沸点随外界气压的改变而发生变化，所以如果不是在标准大气压力下进行沸点测定时，必须将所测得的沸点加以校正。

所谓标准大气压是指温度为 0℃、重力以纬度 45°、760mm 水银柱作用于海平面上的压力。其数值为 101325Pa（1013.25hPa）。

在观测大气压时，通常使用固定槽式水银气压计，而观测地区和标准大气压所规定的条件（0℃、重力以纬度 45°、海平面高度）不相符，因此首先要对气压计的读数进行温度和纬度的校正，然后再进行气压对沸点和沸程温度的校正。

（1）气压计读数的校正——温度和纬度的校正

$$p = p_t - \Delta p_1 + \Delta p_2$$

式中　p——经校正后的气压，hPa；

p_t——室温时的气压（经气压计器差校正的测得值），hPa；

Δp_1——由室温时之气压换算至 0℃时气压之校正值，hPa；

Δp_2——纬度校正值，hPa。

（其中 Δp_1，Δp_2 由表 2-4 和表 2-5 查得）

表 2-4　气压计读数温度校正值

室温/℃	气压计读数/hPa							
	925	950	975	1000	1025	1050	1175	1100
10	1.51	1.55	1.59	1.63	1.67	1.71	1.75	1.79
11	1.66	1.70	1.75	1.79	1.84	1.88	1.93	1.97
12	1.81	1.86	1.90	1.95	2.00	2.05	2.10	2.15
13	1.96	2.01	2.06	2.12	2.17	2.22	2.28	2.33
14	2.11	2.16	2.22	2.28	2.34	2.39	2.45	2.51

续表

室温/℃	气压计读数/hPa							
	925	950	975	1000	1025	1050	1175	1100
15	2.26	2.32	2.38	2.44	2.50	2.56	2.63	2.69
16	2.41	2.47	2.54	2.60	2.67	2.73	2.80	2.87
17	2.56	2.63	2.71	2.77	2.83	2.90	2.97	3.04
18	2.71	2.78	2.85	2.93	3.00	3.07	3.15	3.22
19	2.86	2.93	3.01	3.09	3.17	3.25	3.32	3.40
20	3.01	3.09	3.17	3.25	3.33	3.42	3.50	3.58
21	3.16	3.24	3.33	3.41	3.50	3.59	3.67	3.76
22	3.31	3.40	3.49	3.58	3.67	3.76	3.85	3.94
23	3.46	3.55	3.65	3.74	3.83	3.93	4.02	4.12
24	3.61	3.71	3.81	3.90	4.00	4.10	4.20	4.29
25	3.76	3.86	3.96	4.06	4.17	4.27	4.37	4.47
26	3.91	4.01	4.12	4.23	4.33	4.44	4.55	4.66
27	4.06	4.17	4.28	4.39	4.50	4.61	4.72	4.83
28	4.21	4.32	4.44	4.55	4.66	4.78	4.89	5.01
29	4.36	4.47	4.59	4.71	4.83	4.95	5.07	5.19
30	4.51	4.63	4.75	4.87	5.00	5.12	5.24	5.37
31	4.66	4.79	4.91	5.04	5.16	5.29	5.41	5.54
32	4.81	4.94	5.07	5.20	5.33	5.46	5.59	5.72
33	4.96	5.09	5.23	5.36	5.49	5.63	5.76	5.90
34	5.11	5.25	5.38	5.52	5.66	5.80	5.94	6.07
35	5.26	5.40	5.54	5.68	5.82	5.97	6.11	6.25

表 2-5 纬度校正值

纬度/(°)	气压计读数/hPa							
	925	950	975	1000	1025	1050	1175	1100
0	−2.18	−2.55	−2.62	−2.69	−2.76	−2.83	−2.90	−2.97
5	−2.14	−2.51	−2.57	−2.64	−2.71	−2.77	−2.81	−2.91
10	−2.35	−2.41	−2.47	−2.53	−2.59	−2.65	−2.71	−2.77
15	−2.16	−2.22	−2.28	−2.34	−2.39	−2.45	−2.54	−2.57
20	−1.92	−1.97	−2.02	−2.07	−2.12	−2.17	−2.23	−2.28
25	−1.61	−1.66	−1.70	−1.75	−1.79	−1.84	−1.89	−1.94
30	−1.27	−1.30	−1.33	−1.37	−1.40	−1.44	−1.48	−1.52
35	−0.89	−0.91	−0.93	−0.95	−0.97	−0.99	−1.02	−1.05
40	−0.48	−0.49	−0.50	−0.51	−0.52	−0.53	−0.54	−0.55
45	−0.05	−0.05	−0.05	−0.05	−0.05	−0.05	−0.05	−0.05
50	+0.37	+0.39	+0.40	+0.41	+0.43	+0.44	+0.45	+0.46
55	+0.79	+0.81	+0.83	+0.86	+0.88	+0.91	+0.93	+0.95
60	+1.17	+1.20	+1.24	+1.27	+1.30	+1.33	+1.36	+1.39
65	+1.52	+1.56	+1.60	+1.65	+1.69	+1.73	+1.77	+1.81
70	+1.83	+1.87	+1.92	+1.97	+2.02	+2.07	+2.12	+2.17

（2）气压对沸点或沸程温度的校正　沸点或沸程温度随气压的变化值按下式计算：

$$\Delta t_p = K(1013.25 - p)$$

式中　Δt_p——沸点或沸程温度随气压的变化值，℃；

K——沸点或沸程温度随气压的变化率，根据沸点或沸程温度由表 2-6 中查出，℃/hPa；

p——经温度和纬度校正后的气压值，hPa。

表 2-6　沸程温度随气压变化的校正值

标准中规定的沸程温度/℃	气压相差 1hPa 的校正值/℃	标准中规定的沸程温度/℃	气压相差 1hPa 的校正值/℃
10～30	0.026	210～230	0.044
30～50	0.029	230～250	0.047
50～70	0.030	250～270	0.048
70～90	0.032	270～290	0.050
90～110	0.034	260～310	0.052
110～130	0.035	310～330	0.053
130～150	0.038	330～350	0.050
150～170	0.039	350～370	0.057
170～190	0.041	370～390	0.059
190～210	0.043	390～410	0.061

校正后的沸点或沸程温度按下式计算：

$$t = t_1 + \Delta t_1 + \Delta t_2 + \Delta t_p$$

式中　t_1——试样的沸点或沸程温度读数值，℃；

Δt_1——温度计示值的校正值，℃；

Δt_2——温度计外露段校正值，℃；

Δt_p——沸点或沸程温度随气压的变化值，℃。

示例　苯甲醛沸点的校正

已知：

观测的沸点	177.0℃	辅助温度计读数	45℃
室温	22.5℃	胶塞上沿处温度计刻度	140℃
气压（室温下的气压）	1020.35hPa	温度计示值校正值	−0.2℃
测量处的纬度	35°		

试求试样的沸点。

解： a. 温度计外露段的校正

$$\Delta t_2 = 0.00016(t_1 - t_2)h$$
$$= 0.00016(177.0 - 45)(177.0 - 140)$$
$$= 0.78(℃)$$

b. 将观测气压换算至 0℃ 的气压

$$p_0 = 1020.35 - 3.83 = 1016.52 \ (hPa)$$

c. 将 0℃时的气压进行纬度校正

$$p=1016.52+(-0.97)=1015.55(\mathrm{hPa})$$

d. 求出沸点随气压的变化值 Δt_p

$$\Delta t_\mathrm{p}=K(1013.25-1015.55)$$
$$=0.041(1013.25-1015.55)$$
$$=0.09(℃)$$

e. 苯甲醛沸点值 t

$$t=t_1+\Delta t_1+\Delta t_2+\Delta t_\mathrm{p}$$
$$=177.0+(-0.2)+0.78+(-0.09)$$
$$=177.5(℃)$$

在测定未知试样的沸点时，同时用标准试样作对照实验的办法进行校正，所得结果最为可靠。

例如有一个未知物测定其沸点为 84.5℃，在同一条件下，测定标准试样苯的沸点是 79.5℃，苯在标准气压下的沸点是 80.1℃，所以该未知物的沸点校正值应是：80.1－79.5＝0.6℃，未知物校正到标准压力下的沸点应该是 85.1℃。此种校正方法，所得结果最为可靠，在大多数情况下，准确度可达 0.5～1℃。

在选择标准试样时，要选择结构和沸点与待测试样相近的标准试样。常用的标准试样列于表 2-7 中。

表 2-7　测定沸点用的标准试样

物　质	沸点/℃	物　质	沸点/℃	物　质	沸点/℃
溴乙烷	38.40	甲苯	110.62	硝基苯	210.85
丙酮	56.11	氯苯	131.84	水杨酸甲酯	222.95
三氯甲烷	61.27	溴苯	156.15	对硝基甲苯	238.34
四氯化碳	76.75	环己醇	161.10	二苯甲烷	264.40
苯	80.10	苯胺	184.40	溴萘	281.20
水	100.0	苯甲酸甲酯	199.50	二苯酮	306.10

实验 2.2　沸点的测定——毛细管法

一、实验目的

1. 掌握毛细管法测定有机物沸点的操作。

2. 掌握气压对沸点影响校正的方法。

二、仪器

1. 提勒管 1 支。

2. 测量温度计，具有适当量程，分度值 0.1℃，1 支。

3. 辅助温度计，100℃，分度值 1℃，1 支。

4. 带出气槽的胶塞。

5. 沸点管直径 3～4mm，长 70～80mm。

6. 毛细管一端熔封，内径 0.9～1.1mm，长 80～90mm。

7. 酒精灯。

三、试剂与试样

1. 甘油或硅油。

2. 丙酮、乙醇、正丁醇。

四、实验步骤

1. 装置

同熔点测定装置。

2. 测定

沸点管中加入 3～4 滴试样，将毛细管倒置其内，其开口端向下。把沸点管缚于温度计上，置于热浴中，加热提勒管底部，当一连串小气泡快速从毛细管内逸出，停止加热，气泡逸出速度因冷却而逐渐减慢，当气泡停止逸出而液体刚要进入毛细管时，表明毛细管内蒸气压等于外界大气压，此刻的温度即为试样的沸点。

记录室温和气压。沸点测定后，应对读数值作气压计读数的校正。气压对沸点温度的校正及温度计外露段的校正，求出校正后的沸点温度。

根据实验结果，求出校正后的沸点值。

五、说明和注意事项

1. 常量法沸点测定装置，其仪器规格如下：三口烧瓶有效容积为 500mL；试管长 190～200mm，距试管口约 15mm 处有一直径为 2mm 的侧孔；胶塞外侧具有出气槽；用调压电炉加热。

测定时当温度上升到某一定数值并在相当时间内保持不变时，此温度即为试样的沸点。记录下室温及气压。并进行气压对沸点影响的校正和温度计外露段的校正，求出校正后的沸点值。

2. 用毛细管法也可测定沸点范围，其方法是：当加热至气泡逸出速度变快时，移去热源，令温度下降 5～10℃，然后以 1℃/min 的速率继续加热，直到有连续不断的气泡自毛细管中逸出时，记下温度，并再次停止加热，直到气泡停止逸出，而液体刚要进入毛细管时，立即记下温度计读数。两次温度读数就是液体的沸点范围。对纯试样此温度范围很窄。

思 考 题

1. 毛细管法测沸点有何优点？有何适用性？

2. 测沸点时，升温速度快慢对测定结果有何影响？

2.3 密度的测定

密度指在规定温度 t℃ 时单位体积所含物质的质量。以 ρ_t 表示，单位为 g·cm^{-3}

（g·mL^{-1}）。由于物质热胀冷缩，其体积随温度的变化而改变，所以物质的密度亦随之改变。因此密度的表示必须注明温度。在一般情况下，常以 20℃ 为准。如国家标准规定化学试剂的密度系指在 20℃ 时单位体积物质的质量用 ρ 表示。在其他温度时，则必须在 ρ 的右下角注明温度。

在一般的分析工作中通常只限于测量液体试样的密度而很少测量固体试样的密度。

密度是液体有机化合物的重要物理常数之一。一定体积液体的质量与它分子间的作用力有关。在同一温度下，分子作用力不变，密度也不会改变，所以液态有机化合物都有一定的密度，根据密度的测定可以鉴定有机化合物。特别是不能形成良好衍生物的化合物的鉴定更有用处。例如液态脂肪烃类的鉴定，往往是借测量它们的沸点、密度、折射率来进行的。通过密度的测量，也能大致估计试样分子结构的复杂性，凡相对密度小于 1.0 的化合物通常不会含有一个以上的官能团，而含有多元官能团的化合物的相对密度总是大于 1.0 的。

如果物质中含有杂质，则改变了分子间的作用力，密度也随着改变，根据密度的测定可以确定有机化合物的纯度。所以，密度是液体有机产品质量控制指标之一。

有机酸、乙醇、蔗糖等水溶液浓度和密度的对应关系已制成表格，测得密度就可以由专门的表格查出其对应的浓度。

在油田开采和储运中，由油品的密度和储罐体积求出油品的数量及产量。原油密度数值也是评价油质的重要指标，所以，密度测定被称为油品分析的关键。以上是密度在工业生产中应用的几个具体示例。

2.3.1 密度瓶法测定密度

密度瓶有各种形状和规格，常用的密度瓶容量为 25mL、10mL、5mL，一般为球形，比较标准的是附有特制温度计、带磨口帽的小支管的密度瓶，如图 2-9 所示。

20℃ 时分别测定充满同一密度瓶的水及试样的质量，由水的质量可确定密度瓶的容积即试样的体积，根据试样的质量及体积即可求其密度。

试样密度 ρ 按下式计算。

$$\rho = \frac{m}{V}$$

又

$$V = \frac{m_{水}}{\rho_0}$$

则

$$\rho = \frac{m_{样}}{m_{水}} \rho_0$$

式中　$m_{样}$——20℃ 时充满密度瓶的试样表观质量，g；

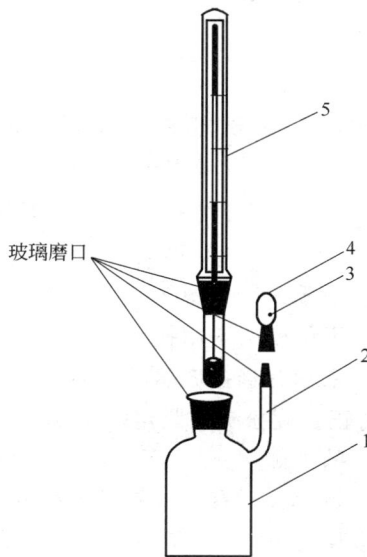

图 2-9　密度瓶（比重瓶）

1—密度瓶主体；2—侧管；

3—侧孔；4—侧孔罩；5—温度计

17

$m_水$——20℃时充满密度瓶的蒸馏水表现质量，g；

ρ_0——20℃时蒸馏水的密度，g·cm^{-3}，$\rho_0=0.99820$g·cm^{-3}。

称量不是在真空中进行。因此受到空气的浮力影响，实践证明，浮力校正仅影响测量结果（四位有效数字）的最后一位，因此通常视情况可以不必校正。

测量时注意每次装入液体，必须使瓶中充满，不要有气泡留在瓶内。称量需迅速进行，特别是室温过高时，否则液体会从毛细管溢出，而且会有水汽在瓶壁凝结，导致称量不准确。

密度瓶法测密度要求平行测定两次结果差值小于 0.0005 取其平均值。此法是测定密度最常用的方法，但不适用于易挥发液体密度的测定。

2.3.2 韦氏天平法测定密度

本法依据阿基米德原理，当物体全部浸入液体时，物体所减轻的质量，等于物体所排开液体的质量。这种方法比较简便、快速，但准确率较低。适用于工业生产上大量液体密度的测定。因此，20℃时，分别测量同一物体在水及试样中的浮力。由于浮锤排开水和试样的体积相同，所以，根据水的密度和浮锤在水及试样中的浮力即可算出试样的密度。

浮锤排开水或试样的体积相等。

即

$$\frac{m_水}{\rho_0}=\frac{m_样}{\rho}$$

试样的密度

$$\rho_0=\frac{m_样}{m_水}\rho_0$$

式中　ρ——试样在 20℃时的密度，g·cm^{-3}；

$m_样$——浮锤浮于试样中时的浮力（骑码）读数，g；

$m_水$——浮锤浮于水时的浮力（骑码）读数，g；

ρ_0——20℃蒸馏水的密度，$\rho=0.99820$g·cm^{-3}。

韦氏天平如图 2-10 所示。

天平横梁 5 用托架 2 支持在刀座 6 上，梁的两臂形状不同而且不等长。长臂上刻有分度，末端有悬挂玻璃浮锤的钩环 8，短臂末端有指针，当两臂平衡时，指针应和固定指针 4 对正。旋松支柱紧定螺丝 3，支柱可上下移动。12 是水平调整螺钉，用于调节天平在空气中的平衡。

每台天平有两组骑码，每组有大小不同的 4 个，与天平配套使用。最大骑码的质量等于玻璃浮锤在 20℃ 水中所排开水的质量。其他骑码各为最大骑码的 1/10、1/100、1/1000。4 个骑码在各个位置的读数如图 2-11 所示。

分别测定玻璃浮锤在水及试样中的浮力，读数如图 2-12 所示。根据水的密度，即可算出试样的密度。

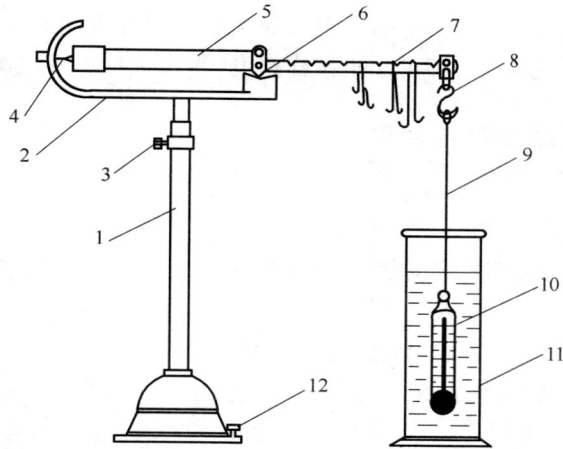

图 2-10 韦氏天平

1—支柱；2—托架；3—支柱紧定螺丝；4—指针；5—横梁；6—刀座；7—骑码；

8—钩环；9—细铂丝；10—浮锤；11—玻璃筒；12—水平调节螺丝

图 2-11 韦氏天平各骑码位置的读数

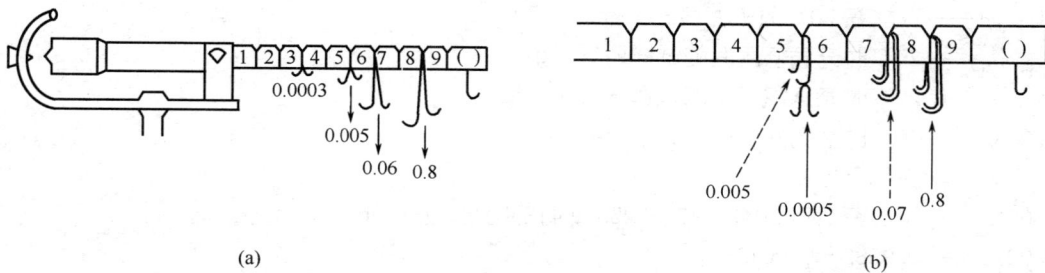

图 2-12 韦氏天平读数示例（单位 mm）

测定时将玻璃浮锤全部沉入液体中，玻璃浮锤在水中的浮力即骑码读数应为 ±0.0004，否则天平需检修或换新的骑码。注意严格控制温度为 (20 ± 0.1)℃。平行测定其结果误差应小于 0.0005。

上海第二天平仪器厂生产的 PZ-A-5 型韦氏天平，用等砝码校正仪器后，只要测定玻璃浮锤在试样中的浮力 $m_{样}$，即可求出试样密度 $\rho = 0.99820 m_{样}$，操作更简便。

实验 2.3　密度瓶法测定密度

一、实验目的

掌握密度瓶法测定液体有机物密度的操作。

二、仪器

1. 密度瓶，15～25mL，温度计分度值为 0.2℃。

2. 分析天平，感量为 0.1mg。

3. 恒温水浴(20.0±0.1)℃。

三、试样

苯甲醇、苯乙醇。

四、测定步骤

1. 将密度瓶洗净并干燥，带温度计及侧孔罩称量。然后取下温度计及侧孔罩，用新煮沸并冷却至 15℃ 左右的蒸馏水充满密度瓶，不得带有气泡，插入温度计，将密度瓶置于(20.0±0.1)℃ 的恒温水浴中，至密度瓶温度达 20℃，并使侧管的液面与侧管管口齐平，立即盖上罩，然后将密度瓶自水浴中取出，再用滤纸将密度瓶外壁擦净，进行称量。

将密度瓶中的水倒出，洗净并使之干燥，带温度计及侧孔罩称量，以约 20℃ 的试样代替水，同上操作。

2. 结果处理

试样的密度按下式计算。

$$\rho = \frac{m_{样} + A}{m_{水} + A} \times 0.9982 \qquad A = \frac{m_{样}}{0.9970} \times 0.0012$$

式中　ρ——试样在 20℃ 时的密度，$g \cdot mL^{-1}$；

　　$m_{样}$——20℃ 时充满密度瓶的试样质量，g；

　　$m_{水}$——20℃ 时充满密度瓶的蒸馏水质量，g；

　0.9982——20℃ 时蒸馏水的密度，$g \cdot mL^{-1}$；

　　A——空气浮力校正值；

　0.0012——干燥空气在 20℃，1013.25hPa 时的密度，$g \cdot mL^{-1}$；

　0.9970——0.9982－0.0012。

五、说明和注意事项

1. 通常情况下 A 值的影响很小，可忽略不计，则试样的密度 ρ 按下式计算。

$$\rho = \frac{m_{样}}{m_{水}} \times 0.9982$$

2. 从恒温水浴中取出装有水和试样的密度瓶后，要迅速进行称量。当室温较高与20℃ 相差较大时，由于试样和水的挥发，天平读数变化较大，待读数基本恒定，读取四位有效数字即可。

思 考 题

1. 密度瓶法测密度为何要进行空气浮力的校正？
2. 密度瓶法不适用于何种试样密度的测定？

实验 2.4　韦氏天平法测定密度

一、实验目的
掌握韦氏天平测定液态有机物密度的操作。

二、仪器
1. 韦氏天平，浮锤内温度计分度值为 0.1℃ 。
2. 电吹风机。
3. 恒温水浴，（20.0±0.1）℃ 。

三、试样
丙酮、四氯化碳。

四、测定步骤
1. 韦氏天平检查及安装

检查：天平各部件是否完好无损，骑码是否齐全。

安装：如图 2-10 所示安装韦氏天平。

将韦氏天平支柱置于稳固的桌面上，旋松支柱紧定螺丝安放托架至适当高度，旋紧螺丝（此时水平调节螺丝应与托架上下在同一平面）；将天平横梁置于玛瑙刀座上，横梁右端刀口挂上钩环，然后将玻璃浮锤挂在钩环上，调节水平调节螺丝，使横梁指针与托架指针尖相互对正。

2. 测定

向玻璃筒中注入新煮沸并冷却至 20℃ 的蒸馏水，将玻璃浮锤全部浸入水中，不得带有气泡，玻璃筒置于恒温水浴中，恒温至（20.0±0.1）℃ ，然后由大到小将骑码加到天平横梁的 V 形槽上，使指针重新对正天平平衡后，记录读数。

取出浮锤，将玻璃筒内的水倾出，玻璃筒和浮锤用 95% 乙醇洗涤后用电吹风吹干；以试样代替水同上操作，根据实验结果求出试样密度。

五、说明和注意事项
1. 韦氏天平备有与浮锤等重的金属锤，在安装天平时，可代替浮锤调节天平平衡。取下等重金属锤，换上浮锤，天平应保持平衡。

2. 取用浮锤时必须十分小心。浮锤放入玻璃筒中不得碰壁，必须悬挂于水和试样中，其浸入同一高度。

3. 天平横梁 V 形槽同一位置，若需放两个骑码时，要将小骑码放在大骑码的脚钩上。

4. 韦氏天平调节平衡后，在测定过程中，不得移动位置；不得松动任意螺丝。否则需重新调节平衡后，方可测定。

思 考 题

1. 韦氏天平测定密度应注意哪些事项？
2. 如果测定 15℃ 时试样的密度应如何测定，写出密度计算公式？

2.4　折射率的测定

光线由一种透明介质进入另一种透明介质时，由于速度发生改变而发生折射现象。如图 2-13 所示。把光线在空气中的速度与在待测介质中速度之比值，或光自空气通过待测介质时的入射角正弦与折射角的正弦之比值定义为折射率，用公式表示为

$$n=\frac{v_1}{v_2}=\frac{\sin i}{\sin r}$$

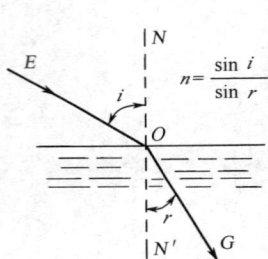

$$n=\frac{\sin i}{\sin r}$$

式中　n ——光在待测介质的折射率。

v_1 ——光在空气中的速度；

v_2 ——光在待测介质中的速度；

i ——光的入射角。

r ——光的折射角。

图 2-13　光的折射

某一特定介质的折射率随测定时的温度和入射光的波长不同而改变。随温度的升高，物质的折射率降低，这种降低情况随物质不同而异；折射率随入射光波长的不同而改变，波长愈长，测得的折射率愈小。所以，通常规定，以 20℃ 为标准温度；以黄色钠光（$\lambda=589.3$nm）为标准光源。折射率用符号 n_D^{20} 表示。例如水的折射率：$n_D^{20}=1.3330$，苯的折射率：$n_D^{20}=1.5011$。

在分析工作中，一般是测定在室温下为液体的物质或低熔点的固体物质的折射率。用阿贝折射仪测量，操作简便，在数分钟内即可测完（见实验）。

2.4.1　阿贝折射仪的工作原理和构造

阿贝折射仪是根据临界折射现象设计的。将被测液置于折射率为 N 的测量棱镜的镜面上，光线由被测液射入棱镜时，入射角为 i，折射角为 r，根据折射定律有

$$\frac{\sin i}{\sin r}=\frac{N}{n}$$

在阿贝折射仪中，入射角 $i=90°$，其折射角为临界折射角 r_c，代入上式得

$$\frac{1}{\sin r_c}=\frac{N}{n}\quad 或\quad n=N\sin r_c$$

棱镜的折射率 N 为已知值，则通过测量临界折射角 r_c，即可求出被测物质的折射率 n。

WZS-1 型阿贝折射仪（见图 2-14），仪器的主要部件是由两块直角棱镜组成的棱镜组。下面一块是可以启闭的辅助棱镜 ABC，且 AC 为磨砂面。当两块棱镜相互压紧时，放入其间的液体被压成一层薄膜。入射光由辅助棱镜射入，当达到 AC 面上时，发生漫射，漫射光线透过液层而从各个方向进入主棱镜并产生折射，而其折射角都落在临界角 r_c 之内。由于大于临界角的光被反射，不可能进入主棱镜，所以在主棱镜上面望远镜的目镜视野中出现明暗两个区域。转动棱镜组转轮手轮，调节棱镜组的角度，直至视野里明暗分界线与十字线的交叉点重合为止，如图 2-15（b）。

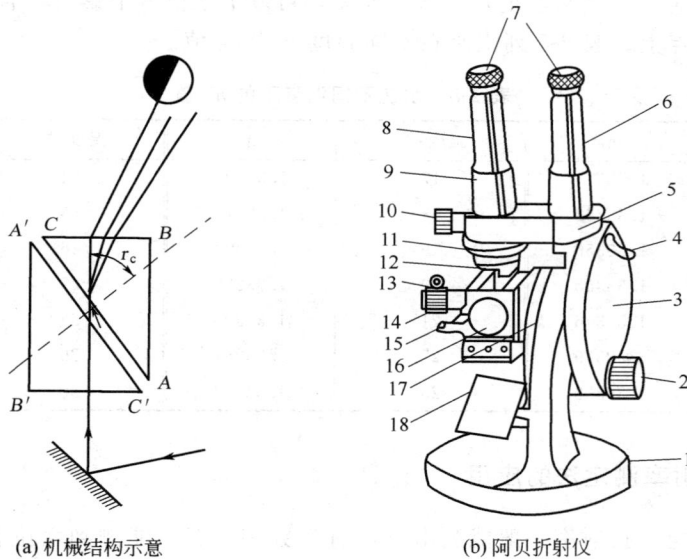

(a) 机械结构示意　　　　　(b) 阿贝折射仪

图 2-14　阿贝折射仪

1—底座；2—棱镜转动手轮；3—刻度板外套；4—小反光镜；5—支架；6—读数镜筒；7—目镜；8—望远镜筒；
9—示值调节螺钉；10—色散调整手轮；11—色散值度盘；12—棱镜开合旋钮；13—棱镜组；
14—温度计座；15—恒温水出入口；16—光孔盖；17—主轴；18—反光镜

图 2-15　折射仪调节示意

（a）折射仪未得到正确调节；

（b）折射仪已调节正确

图 2-16　折射仪显示出色像差

（色散）色散未得到正确调节

由于刻度盘与棱镜组是同轴的，因此与试样折射率相对应的临界角位置，通过刻度盘反映出来，刻度盘读数已将此角度换算为被测液体对应的折射率数值，由读数目镜中直接读出。

为了方便，阿贝折射仪光源是日光，但在测量望远镜下面设计了一套消色散棱镜，旋转消色散手轮，消除色散，使明暗分界线清晰，所得数值即相当于使用钠光 D 线的折射率（见图 2-16）。

阿贝折射仪的两棱镜，嵌在保温套中并附有温度计（分度值为 0.1℃）测定时必须使用超级恒温槽通入恒温水，使温度变化的幅度＜±0.1℃，最好恒温在 20℃时进行测定。

在阿贝折射仪的望远目镜的金属筒上，有一个供校准仪器用的示值调节螺钉，通常用纯水或标准玻璃校准。校正时将刻度值置于折射率的正确值上（如 $n_D^{20}=1.3330$），此时清晰的明暗分界线应与十字叉丝重合，若有偏差，可调节示值调节螺钉，直至明暗线恰好移至十字叉丝的交点上。表 2-8 列出水在不同温度下的 n_D^t 值。

表 2-8　水在不同温度下的 n_D^t 值

温度/℃	n_D^t	温度/℃	n_D^t	温度/℃	n_D^t
10	1.33371	17	1.33324	24	1.33263
11	1.33363	18	1.33316	25	1.33253
12	1.33359	19	1.33307	26	1.33242
13	1.33353	20	1.33299	27	1.33231
14	1.33346	21	1.33290	28	1.3320
15	1.33339	22	1.33281	29	1.33208
16	1.33332	23	1.33272	30	1.33196

2.4.2　折射率测定法的应用

（1）定性鉴定　折射率一般能测出五位有效数字，有时能测到六位有效数字。因此，它是物质的一个非常精确的物理常数，故可用于定性鉴定。特别是对于那些沸点很接近的同分异构体更为合适。例如二甲苯的三种异构体，由于它们的沸点很接近，仅仅依据沸点就不易鉴别它们。但是可以通过测定折射率加以鉴定。

异构体	沸点/℃	折射率 n_D^{20}
邻二甲苯	144.4	1.5054
间二甲苯	139.1	1.4972
对二甲苯	138.3	1.4958

在进行分馏时，根据各个馏分的折射率，可以将沸点接近的组分分离；也可以判断原来试样是混合物还是单纯物。

但是应当注意：存在于试样中即使是很少量的杂质也是敏感的，除非该物质经过反复提纯，否则通常不可能重复手册或文献中所示的最后两位数。

在工业生产中，液体药物、试剂、油脂、合成原料或中间体的定性鉴别项中，常列有折射率一项。表 2-9 列出了一些挥发油、油脂、化学试剂的折射率。

表 2-9　一些挥发油、油脂、化学试剂的折射率

物　　　质	折射率(n_D^{20})	物　　　质	折射率(n_D^{20})
茴香油	1.5530~1.5600	菜籽油	1.4710~1.4755
苦杏仁油	1.5410~1.5442	柠檬油	1.4240~1.4755
桂皮油	1.6020~1.6135	乙酸乙酯	1.3725~1.3745
丁香油	1.5300~1.5350	水杨酸甲酯	1.5350~1.5380
大豆油	1.4735~1.4775	桂皮醛	1.6180~1.6230
花生油	1.4695~1.4720		

（2）测定化合物的纯度　折射率作为纯度的标志比沸点更为可靠，将实验测得的折射率与文献所记载的纯物质的折射率作对比，可用来衡量试样纯度。试样的实测折射率愈接近文献值，纯度就愈高。例如炼油厂重整车间所生产的芳烃，是通过测定芳烃折射率来确定芳烃的纯度。折射率大说明芳烃含量高。（$n_D^{20} = 1.5000$ 时芳烃含量最高）。非芳烃则要求折射率愈小愈好。因为非芳烃折射率小说明在芳烃与非芳烃分离过程中芳烃损失小。某厂车间工艺指标规定。芳烃 $n_D^{20} > 1.4970$；非芳烃 $n_D^{20} < 1.3920$，按此指标进行生产控制。所以折射率的测定在中间产品控制和成品分析中有重要的作用。

（3）测定溶液的浓度　一些溶液的折射率随其浓度而变化。溶液浓度愈高，折射率愈大。可以借测定溶液的折射率，根据溶液浓度与折射率之间的关系，求出溶液的浓度，这是一个快速而简便的测定方法，因此常用于工业生产中的中间体溶液控制、药房中的快速检验等。

不是所有溶液的折射率都随浓度有显著的变化，只有在溶质与溶剂各自的折射率有较大差别时，折射率与浓度之间的变化关系才明显。若溶液浓度变化而折射率并无明显变化时，借折射率测定溶液浓度，误差一定很大。因此应用折射率测定溶液浓度的方法是有一定限制的。通常我们不一定知道溶质的折射率，但可以通过实测一定浓度溶液的折射率看出折射率随浓度变化的关系是否明显。另外，较稀的溶液，折射率与溶剂的折射率之间相差不大，用折射率法测定浓度误差也会较大。

溶液浓度的测定有以下三种方法。

① 直接测定法。主要用于糖溶液的测定。用 WZS-1 型阿贝折射仪可直接读出被测糖液的浓度。在制糖工业生产中，将光影式工业折射仪直接装在制糖罐上，就能连续测定罐内糖液的浓度。

② 工作曲线法。测定一系列已知浓度某溶液的折射率，将所得的折射率与相应的浓度作图，绘制折射率-浓度曲线（多数情况为一直线，也有的是曲线）。测得待测液的折射率，从曲线上查出相应的浓度。例如，某厂用有机溶剂二乙二醇醚萃取油中的芳烃，为了将萃取出来的芳烃与醚分离，则需加水萃取此醚，而后将醚中水分除去，使昂贵的二乙二醇醚得到回收再用。醚中含水量的测定是通过测定试样折射率来完成的。首先配制标样，

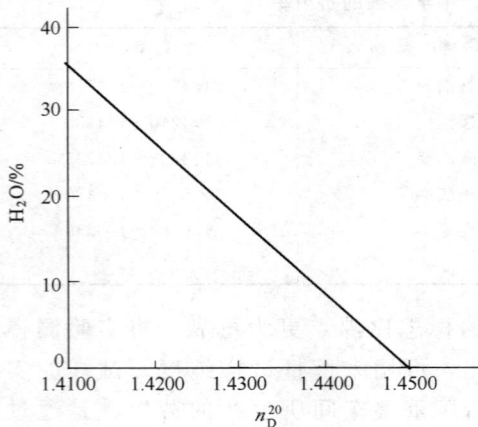

图 2-17　含水量与 n_D^{20} 关系曲线

测出折射率与二乙二醇醚含水量（百分比）的坐标关系，并作工作曲线如图 2-17 所示。测得规定温度下试样的折射率 n_D^{20}，从曲线上查出醚中相应的含水量。此法简单快速。

③ 折射率因数法。所谓折射率因数用下式表示。

$$F = \frac{n - n_0}{c}$$

c 是每 100mL 溶液中含试样的质量（g）；n 是试样浓度为 c 时所测得的折射率；n_0 是纯溶剂的折射率；F 是折射率因数，它表示 100mL 溶液中含有 1g 试样时，所测折射率与溶剂折射率之差值。在一定条件下，对于特定物质为一常数。配制一定浓度的标准液测出折射率 n' 及同温度时溶剂的折射率 n_0'，代入上式即可求出折射率因数 F。在相同温度下，测出试液折射率，按下式计算出试液的浓度。

$$c = \frac{n - n_0}{F}$$

此法要求浓度与折射率之间具有直线（正比）关系，若不能满足要求，就应该使标准液与待测液的浓度尽量相近，以减小测定误差。

实验 2.5　折射率的测定

一、实验目的
1. 掌握阿贝折射仪测定有机物折射率的操作。
2. 了解阿贝折射仪的维护与保养方法。

二、仪器
1. 超级恒温水浴，可向棱镜提供温度为(20.0±0.1)℃的循环水。
2. 2WA-J 阿贝折射仪。阿贝折射仪见图 1。

三、试剂与试样
1. 乙醇：乙醚（1∶4）；镜头纸；脱脂棉。
2. 试样：丙酮，10％蔗糖。

四、实验步骤
1. 准备工作

（1）清洗折射仪棱镜表面　放置折射仪于光线充足的位置，与恒温水浴连接，将折射仪棱镜的温度调至(20.0±0.1)℃；用乙醇：乙醚（1∶4）的混合液，用脱脂棉轻擦进光棱镜，

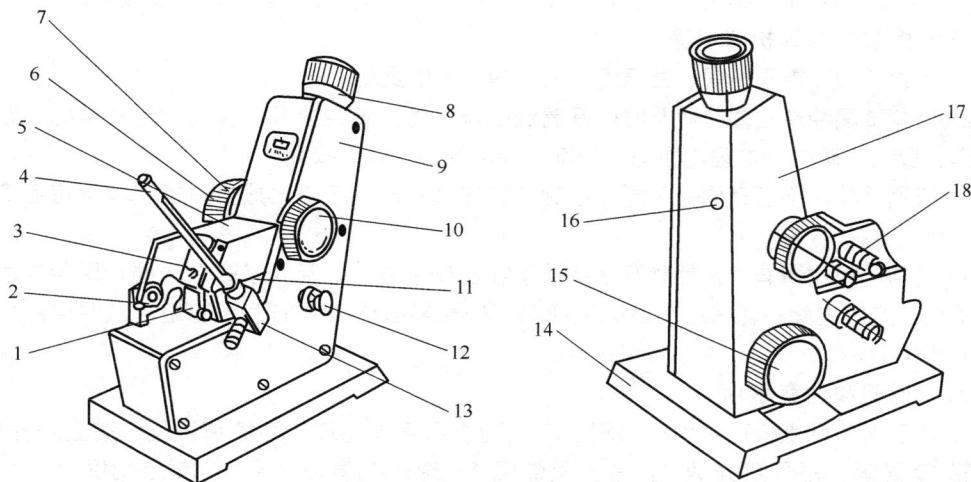

图 1　阿贝折射仪

1—反射镜；2—棱镜转轴；3—遮光板；4—温度计；5—进光棱镜座；6—色散调节手轮；7—色散值刻度圈；
8—目镜；9—棱镜座的手轮；10—手轮；11—折射棱镜座；12—照明刻度盘聚光镜；13—温度计座；
14—底座；15—折射率刻度调节手轮；16—示值调节器插孔；17—壳体；18—恒温器接头

折射棱镜，并用镜头纸揩干。

（2）校正　在开始测定前，必须先用标准试样校对读数。对折射棱镜的抛光面加 1～2 滴溴代萘，再贴上标准玻璃的抛光面，调节棱镜转动手轮，使读数视场指示于标准示值时，观察望远镜内明暗分界线是否在十字线中间，若有偏差用螺丝刀轻微旋转示值调节器内的螺钉，带动物镜偏摆，使分界线像位移至十字线中心。通过反复地观察与校正，使示值的起始误差降至最小。校正完毕后，在以后的测定过程中不允许随意再动此部分。

如果在日常的测量工作中，对所测的折射率示值有怀疑时，可按上述方法用标准试样进行检验是否有起始误差，并进行校正。

2. 测定工作

（1）测定透明、半透明液体　将被测液体用滴管加在折射棱镜表面，并将进光棱镜盖上，用手轮 10 锁紧，要求液层均匀，充满视场，无气泡。打开遮光板 3。合上反射镜 1，调节目镜视度，使十字线成像清晰，此时旋转刻度调节手轮 15 并在目镜视场中找到明暗分界线的位置，再旋转色散调节手轮 6 使分界线不带任何彩色，微调手轮 15，使分界线位于十字线的中心，再适当转动聚光镜 12，此时目镜视场下方显示的示值即为被测液体的折射率。重复测定三次，读数间差数不得大于 0.0003，所得读数平均值即为试样的折射率。

（2）测定透明固体　被测物体上需有一个平整的抛光面。把进光棱镜打开，在折射棱镜的抛光面上加 1～2 滴溴代萘，并将被测物体的抛光面擦干净放上面，使其接触良好，此时便可在目镜视场中寻找分界线，旋转色散调节手轮 6 使分界线不带彩色，再微调手轮 15 使分界线位于十字线的中心,再适当转动聚光镜 12,此时目镜视场下方显示即为被测物的折射率。

五、折射仪的维护与保养

1. 折射仪应放置于干燥、空气流通的室内,防止受潮。

2. 当测试腐蚀性液体时应及时做好清洗工作,防止侵蚀损坏。仪器使用完毕必须做好清洁工作,放入木箱内,木箱内应有干燥剂(变色硅胶)以吸收潮气。

3. 被测试样中不应有硬性杂质,当测试固体试样时,应防止把折射棱镜表面拉毛或产生压痕。

4. 经常保持仪器清洁,严禁油手或汗手触及光学零件,若光学零件表面有灰尘可用高级麂皮或长纤维的脱脂棉轻擦后用吹风机吹去。如光学零件表面沾上了油垢应及时用乙醇乙醚混合液擦干净。

六、说明和注意事项

1. 用二次蒸馏水校正折射仪,将二次蒸馏水用滴管加在折射棱镜表面,盖上进光棱镜,用手轮 10 锁紧,打开遮光板 3。合上反射镜 1,旋转刻度调节手轮 15 至刻度盘读数值为 1.3330。旋转色散调节手轮 6 使分界线不带任何彩色。此时若分界线不在十字线的中心,则用螺丝刀轻微旋转示值调节器内的螺钉,使分界线位移至十字线中心。校正结束。

2. 在测定液体折射率时,若棱镜中未充满试液,则目镜中看不清明暗分界线,此时应补加试液后再测定。

3. 若液体折射率不在 1.3～1.7 范围内,则阿贝折射仪不能测定。

思 考 题

1. 阿贝折射仪的测得为何用 n_D^t 表示?

2. 如果要求测定试样的 n_D^{15} 应如何校正仪器?

2.5 比旋光度的测定

光是一种电磁波,是横波。即振动方向与前进方向相垂直。自然光(日光、灯光等)的光波有各个方向的振动面,当它通过尼科尔棱镜时,透过棱镜的光线只限于在一个平面内振动,这种光称为偏振光,偏振光的振动平面叫偏振面。自然光与偏振光如图 2-18 所示。

使自然光变成偏振光的装置称为偏振器。自然光通过偏振器时,产生偏振面与晶体光轴(偏振轴)相平行的偏振光。

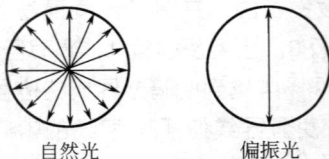

图 2-18 自然光与平面偏振光对比

当偏振光通过具有旋光活性的物质或溶液时,偏振面旋转了一定角度即出现旋光现象如图 2-19 所示。能使偏振光偏振面向右(顺时针方向)旋转叫做右旋,以(＋)号或 R 表示;能使偏振光偏振面向左(逆时针方向)旋转叫做左旋,以(－)号或 L 表示。

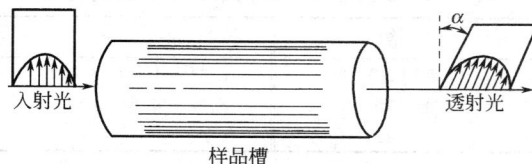

图 2-19 旋光活性

2.5.1 旋光度和比旋光度

当偏振光通过旋光性物质的溶液时，偏振面所旋转的角度称做该物质的旋光度。旋光度的大小主要决定于旋光性物质的分子结构特征，亦与旋光性物质溶液的浓度、液层的厚度、入射偏振光的波长、测定时的温度等因素有关。同一旋光性物质，在不同的溶剂中，有不同的旋光度和旋光方向。

一般规定：以钠光线为光源（以 D 代表钠光源），在温度为 20℃时，偏振光透过 1dm（10cm）长、每毫升含 1g 旋光物质的溶液时的旋光度，称做比旋光度，用符号 $[\alpha]$（s）表示。s 表示所用溶剂。它与上述各种因素的关系为

纯液体的比旋光度 $$[\alpha]_D^{20} = \frac{\alpha}{l\rho} \qquad (Ⅰ)$$

溶液的比旋光度 $$[\alpha]_D^{20} = \frac{100\alpha}{lc} \qquad (Ⅱ)$$

式中 α ——测得的旋光度（°）；

ρ ——液体在 20℃时的密度，g/mL；

c ——100mL 溶液中含旋光活性物质的质量，g；

l ——旋光管的长度（即液层厚度），dm；

20 ——测定时的温度，℃；

比旋光度可用来度量物质的旋光能力，是旋光性物质在一定条件下的物理特性常数。表 2-10 列出一些物质的比旋光度。表 2-11 列出 d-酒石酸在不同溶剂中的不同比旋光度。

表 2-10 几种旋光性物质的比旋光度

旋光性物质	浓度 $c/g \cdot (100mL)^{-1}$	溶 剂	比旋光度 $[\alpha]_D^{20}/(°)$
蔗糖	26	水	+66.53(26%，水)
葡萄糖	3.9	水	+52.7(3.9%，水)
果糖	4	水	−92.4(4%，水)
乳糖	4	水	+55.3(4%，水)
麦芽糖	4	水	+130.4(4%，水)
樟脑	1	乙醇	+41.4(1%，乙醇)

表 2-11　*d*-酒石酸在不同溶剂中的比旋光度

溶　　剂	$[\alpha]_D^{20}$	溶　　剂	$[\alpha]_D^{20}$
水	+14.40	乙醇+甲苯(1:1)	-6.19
乙醇	+3.79	乙醇+氯苯	-8.09
乙醇+苯(1:1)	-4.11		

氨基酸的旋光度随溶剂的 pH 值而变化见表 2-12。

表 2-12　氨基酸的 $[\alpha]_D^{20}$ 随溶剂 pH 值的变化

氨　基　酸	浓　　度	溶　剂	$[\alpha]_D^{20}$
L-异亮氨酸	5.1	6mol·L^{-1} HCl	+40.6
	1	水	+11.29
L-天冬氨酸	2.0	6mol·L^{-1} HCl	+24.6
	2.0	水	+4.36
L-脯氨酸	2.42	0.6mol·L^{-1} KOH	-93.0
	0.57	0.5mol·L^{-1} HCl	-52.6

按照一般方法测得旋光性物质的旋光度后，可以根据公式（Ⅰ）或（Ⅱ）计算比旋光度以进行定性鉴定。也可测定旋光性物质的纯度或溶液的浓度。

例如：称取一纯糖试样 10.00g，用水溶解后，稀释为 50.00mL。20℃时，用 1dm 旋光管，以黄色钠光测得旋光度为 +13.3°，代入公式（Ⅱ）求出 $[\alpha]_D^{20}$。

$$[\alpha]_D^{20} = \frac{50.00 \times (+13.3)}{1.00 \times 10.0} = +66.5°$$

测得值与文献值对照，此糖为蔗糖。

【例】称取蔗糖试样 5.000g，用水溶解后，稀释为 50.00mL，20℃时，用 2dm 旋光管，黄色钠光测得旋光度为 +12.0°，试求蔗糖的纯度。

解：（1）求试样溶液中蔗糖的浓度 c

$$c = \frac{100\alpha}{l[\alpha]_D^{20}} = \frac{12.0 \times 100}{2.00 \times 66.53} = 9.02$$

（2）求蔗糖的纯度

$$蔗糖纯度 = \frac{9.02}{\frac{5.00}{50.0} \times 100} \times 100\% = 90.2\%$$

比旋光度受溶液的浓度、pH 值、温度等影响，在配制试样溶液和测定时，应在文献或手册规定的条件下进行。此外，还应该注意变旋光的现象。在测定这类试样的比旋光度时，应该将溶液先配好，隔一定时间待变旋达到平衡后再测量，方能测得稳定可靠的比旋光度数值。

2.5.2　旋光度的测定

旋光度利用旋光仪进行测定。

旋光仪是由可以在同一轴转动的两个尼科尔棱镜组成的，当两个尼科尔棱镜正交时，作为检偏镜的尼科尔棱镜没有光通过，视场完全黑暗。当有旋光性物质的溶液置于两尼科尔棱镜之间，由于旋光作用，视场变亮。于是旋转检偏镜再次找到全暗的视场，检偏镜旋转的角度，就是偏振光的偏振面被溶液所旋转的角度，即溶液的旋光度。以上旋光仪零点和试液旋光度的测量，都以视野呈现"全暗"为标准，但人的视觉要判定两个完全相同的"全暗"是不可能的。为提高测量的准确度，实际应用的旋光仪都采用所谓"半荫"原理。

半荫片是一个由石英和玻璃构成的圆形透明片，如图 2-20 所示；呈现三分视场。半荫片放在起偏镜后面，当偏振光通过半荫片时，由于石英的旋光性，把偏振光的振动面旋转成一定角度。因此，通过半荫片的偏振光就变成振动方向不同的两部分。这两部分偏振光到达检偏镜时，通过调节检偏镜的位置，可使三分视场呈现左、右最暗及中间稍亮的情况。如图 2-21（a）。若把检偏镜调节到使中间的偏振光不能通过，而左、右可以透过部分偏振光，在三分视场就应呈现中间最暗，左、右稍亮的情况，如图 2-21（b）所示。显然，调节检偏镜必然存在一种使偏振光同样程度通过半荫片的位置，即在三分视场中看到视场亮度均匀一致，左、中、右分界线消失的情况，如图 2-21（c）所示，此时作为旋光仪的零点。因此，利用半荫片，通过比较三分视场中间与左、右的明暗程度相同，作为测量的标准比判断整个视野"全暗"的情况要准确得多。

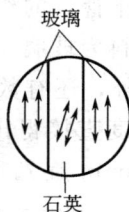

图 2-20 半荫片

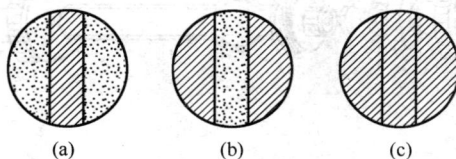

图 2-21 半荫片的作用

国产 WXG-4 型旋光仪外形图如图 2-22 所示，其光路图如图 2-23 所示。

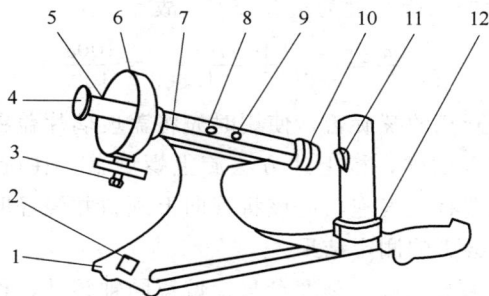

图 2-22 WXG-4 型旋光仪

1—底座；2—电源开关；3—度盘转动手轮；4—放大镜座；5—视度调节螺旋；6—度盘游表；
7—镜筒；8—镜筒盖；9—镜盖手柄；10—镜盖连接；11—灯罩；12—灯座

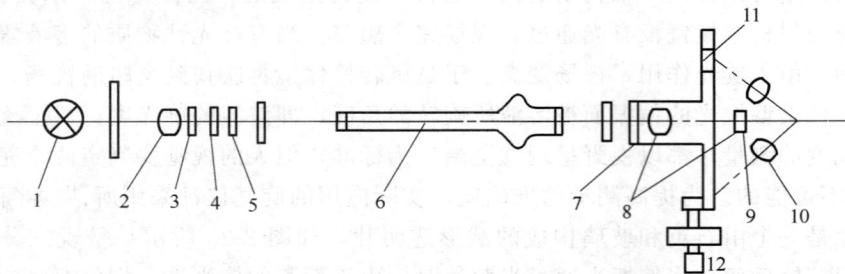

图 2-23　WXG-4 型旋光仪光路示意

1—钠光源；2—聚光镜；3—滤色镜；4—起偏器；5—半荫片；6—旋光测定管；7—检偏器；
8—物镜、目镜组；9—聚焦手轮；10—放大镜；11—读数度盘；12—测量手轮（与检偏器一起转动）

　　由光源 1 发出的黄色钠光，经聚光镜 2、滤色镜 3、起偏器 4 变为单色偏振光，再经半荫片 5 呈现三分视场。当通过装有旋光物质溶液的旋光管 6 时，偏振光的偏振面旋转，光线经检偏镜 7 及物镜、目镜组 8，通过聚焦手轮 9 可清晰看到三分视场。通过转动测量手轮 12 使三分视场明暗程度一致。此时就可从放大镜 10 读出刻度盘 11 和游标尺所示的旋光度。

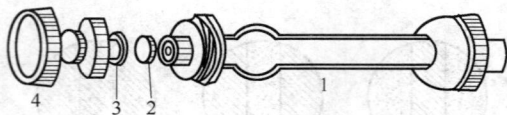

图 2-24　旋光管

1—旋光管；2—盖玻璃片；3—橡皮垫圈；4—螺旋盖

　　旋光管（试样管）的组成部件如图 2-24 所示。管身材料为玻璃，其长度除 1dm、2dm 等常用规格外，还有数种专用旋光管，可由测得的旋光度直接得出被测溶液的浓度。例如，150.3mm 旋光管，用以测定蔗糖液的含糖量，190.09mm 旋光管，用以测定葡萄糖含量。

　　如将蔗糖液装入 150.3mm 的旋光管内，所测得的旋光度值，就是它的百分浓度的数值。这是因为蔗糖在 20℃ 的比旋光度为 +66.53°。故

$$c = \frac{100\alpha}{[\alpha]_D^{20} l} = \frac{100\alpha}{+66.53 \times 1.503} = \frac{100\alpha}{100} = \alpha$$

　　旋光管的两端有中央开孔的螺旋盖，使用时先将盖玻璃片盖在管口，垫上橡皮圈，再旋上螺旋盖，由另一端装入试样，按上述方法旋上螺旋盖。在旋光管的一端附近有一鼓包，若装入溶液后管的顶端有空气泡，应该将管向上倾斜并轻轻叩拍，把空气泡赶入鼓包内，否则光线通过空气泡会影响测定结果。

　　读数度盘包括刻度盘和游标尺，刻度盘与检偏镜同轴转动，检偏镜旋转角度可以在刻度盘上读出，刻度盘旁有游标尺，因此，读数可以准确至 0.05°。

　　旋光仪除了利用手动调节，通过目视测量的 WXG-4 型旋光仪外，还有利用光电倍增管检测的如 WZZ-1 型自动旋光仪。采用光电检测无主观误差，读数方便、精确度高，可

读准至±0.02°。

图 2-25 为 WZZ-1 型自动旋光计的工作原理。用 20W 钠光灯作光源，由小孔光栏和物镜组成一简单的点光源平行光束。平行光束通过起偏器产生偏振光，其振动平面为 OO ［见图 2-26（a）］，偏振光经过磁旋线圈时，其振动平面在交变磁场的作用下，产生以原来振动平面为中心的左右对称的摆动（磁旋光效应），摆幅为 β，频率为 50Hz ［见图 2-26（b）］。光线经过检偏器，投影到光电倍增管上，产生交变的光电讯号。

在光电自动旋光计的零点（此时 $\alpha=0°$ 时），把起偏器与检偏器的光轴调成互相垂直（即

图 2-25 WZZ-1 型自动旋光计工作原理

1—光源；2—小孔光栏；3—物镜；4—起偏器；
5—磁旋线圈；6—观测管；7—滤光片；
8—检偏器；9—光电倍增管；10—前置放
大器；11—自动高压；12—选频放大器；
13—功率放大器；14—伺服马达；
15—蜗轮蜗杆；16—读数器

$OO\perp PP$）。偏振光的振动平面因磁旋光效应产生 β 角摆动，故经过检偏器后，光波振幅不等于零，因而在光电倍增管上产生微弱的光电讯号，此时的光电流是最小的 ［见图 2-26（b）］。

把旋光物质溶液（例如右旋 α_1^0）放入光路上，偏振光的偏振面顺时针旋转 α_1^0，不再与检偏器的光轴垂直，故经检偏器后的光波振幅较大，在光电倍增管上产生的光电讯号也较强 ［见图 2-26（c）］。光电讯号经过前置放大器、选频、功率放大后，使工作频率为 50Hz 的伺服马达转动，伺服马达通过蜗轮蜗杆把起偏器反向（逆时针）转回 α_1^0，使光电

图 2-26 光电自动旋光计中光的变化情况

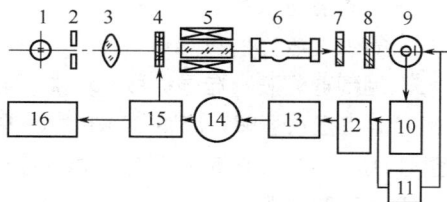

流恢复到最小，也就是旋光计回复零点 ［见图 2-26（d）］。起偏器旋转的角度（即旋光物质的旋光度）在读数器中显示出来。示数盘上红色示值为左旋（－）；黑色示值为右旋（＋）。

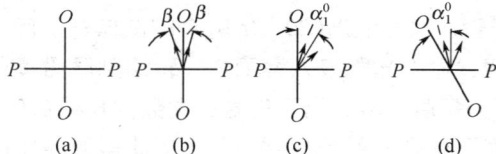

实验 2.6 比旋光度的测定

一、实验目的

1. 掌握旋光仪测定有机物比旋光度的操作。

2. 了解旋光仪的维护与保养方法。

二、仪器

1. 旋光仪 WXG-4 小型旋光仪。

2. 容量瓶 100mL，烧杯 150mL。

3. 恒温水浴，浴温(20±0.5)℃。

三、试剂与试样

1. 氨水（浓）。

2. 葡萄糖溶液：准确称取 5g（准至小数点后四位）葡萄糖于 150mL 烧杯中，加 50mL 水和 0.2mL 浓氨水溶解，放置 30min 后，将溶液转入 100mL 容量瓶中，以水稀释至刻度。然后将容量瓶放入 (20 ± 0.5)℃ 的恒温水浴中恒温。

四、实验步骤

1. 旋光仪零点的校正

将旋光仪接于 220V 交流电源。开启仪器电源开关，约 5min 后钠光灯发光正常，开始进行零点校正。

取一支长度为 1dm 的旋光管，洗净后注满 (20 ± 0.5)℃ 的蒸馏水，装上橡皮圈，旋紧螺帽，直至不漏水为止（把旋光管内的气泡排至旋光管的凸出部分）。将旋光管放入镜筒内，调节目镜使视场明亮清晰，然后轻轻缓慢地转动刻度转动手轮，使刻度盘在零点附近以顺时针或逆时针方向转动至视场三部分亮度一致[1]，记下刻度盘读数[2]，准至 0.05；刻度盘以顺时针方向转动为右旋，读数记为正数；刻度盘以逆时针方向转动为左旋，读数记为负数，数值等于 180 减去刻度盘读数值。再旋转刻度盘转动手轮使视场明暗分界后，再旋至视场三部分亮度一致；如此重复操作记录三次，取平均值作为零点。校正值 α_0。

2. 测定

将旋光管中的水倾出，用试样液涮洗两遍旋光管，然后注满 (20 ± 0.5)℃ 的试样液，装上橡皮圈，旋紧螺帽，用绒布擦净溢出管外的试样液，将旋光管放入镜筒内，转动刻度盘转动手轮，使刻度以顺时针方向[3]缓缓转动至视场三部分亮度一致，记下刻度盘读数，准至 0.05；再旋转刻度盘转动手轮，使视场明暗分界后，再旋至视场三部分亮度一致；如此重复操作记录三次，取平均值作为旋光度读数值 α_1。

$$试样旋光度 \alpha = \alpha_1 - \alpha_0$$

根据实验结果计算试样的比旋光度。

五、旋光仪的维护与保养

1. 旋光仪应放在通风、干燥和温度适宜的地方，以免仪器受潮。

2. 旋光仪连续使用时间不宜超过 4h，如使用时间较长，中间应关闭 10～15min，待钠光灯冷却后再继续使用，或用电风扇吹，减少灯管受热程度，以免亮度下降或寿命降低。

3. 旋光管用后要及时将溶液倒出，用蒸馏水洗涤干净，擦干；所有镜片应用柔软绒布揩擦。

4. 仪器停用时，应将塑料套套上，放入干燥剂，装箱时应按固定位置放入箱内并压紧。

注：[1] 不论是校正零点还是测定试样，旋转刻度盘必须极其缓慢，才能观察到视场亮度的变化。

视场亮度一致的判断：当视场亮度一致时，轻微旋动刻度盘，视场出现下图（a）或（c）的图像。轻微向左或向左旋转至（b）即视场亮度一致。

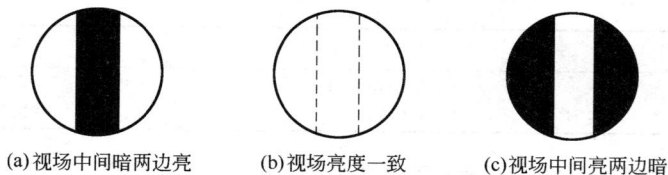

(a)视场中间暗两边亮　　　(b)视场亮度一致　　　(c)视场中间亮两边暗

〔2〕旋光仪采用双游标读数，以消除度盘的偏心差；试盘分 360 格，每格为 1°，游标分 20 格。等于度盘的 19 格，用游标直接读数到 0.05°如下图读数为右旋 9.3°。

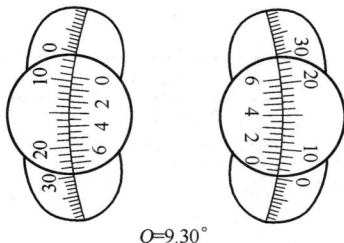

$Q=9.30°$

〔3〕因葡萄糖为右旋性物质，故以顺时针方向旋转刻度盘，如未知试样的旋光性，应先确定其旋光性方向后，再进行测定。

此外，试样液必须清晰透明，如出现浑浊或有悬浮物时，必须处理成清液后测定。

习　题

1. 用毛细管法测熔点时应注意哪些事项？固体试样的熔点敏锐是否能确证它是单纯化合物？两种化合物的熔点不下降是否能证明它们为同一化合物？为什么？

2. 测定熔沸点时为什么要进行温度计外露段的校正？在什么情况下，可以不进行此项校正？

3. 液体试样的沸程很窄是否能确证它是纯化合物？为什么？

4. 测定沸点和沸程时为何要进行气压的校正？如何校正？

5. 液体密度的测定方法有几种？简述各种测定方法的原理。

6. 简述阿贝折射仪测定液体折射率的原理？折射仪用标准液或标准玻璃校正的目的是什么？

7. 作为液体纯度的标志，为什么折射率比沸点更为可靠？

8. 旋光性物质溶液的旋光度大小与哪些因素有关？

9. 举例说明旋光性物质溶液的比旋光度与溶液的浓度、pH 值、温度和所用溶剂有关。

10. 圆盘旋光仪中半荫片能提高测量的准确度，为什么？

11. 如何判断被测物是左旋还是右旋？

12. 测定硫脲熔点得如下数据。

	初熔	全熔
主温度计读数	172.0℃	174.0℃
辅助温度计读数	38℃	40℃
温度计刚露出塞外刻度值		149℃

求校正后的熔点。

13. 已知四氯化碳试剂的物理性能如下表。

试　剂	密度 $\rho/\mathrm{g} \cdot \mathrm{mL}^{-1}$	沸程/℃
分析纯	1.593～1.596	76.0～77.5
化学纯	1.591～1.597	75.5～77.5

(1) 今用韦氏天平测某试样密度，得以下数据。

骑码号	1	2	3	4
水中位置	10	0	0	6
试样中位置	5	9	8	0

(2) 测定沸程得如下数据：

项　目	初馏点/℃	终　点
主温度计读数	75.4	76.5℃
辅助温度计读数	28	30℃
温度计刚露出塞外刻度值		50℃
测定时气压(25.5℃)		1006hPa
测量处纬度		38.5°

初步判断试样的级别。

14. 已知分析纯：邻二甲苯 $\rho=0.8590\sim0.8820\mathrm{g} \cdot \mathrm{mL}^{-1}$；对二甲苯 $\rho=0.8590\sim0.8630\mathrm{g} \cdot \mathrm{mL}^{-1}$；氯苯 $\rho=1.1050\sim1.1090\mathrm{g} \cdot \mathrm{mL}^{-1}$，用韦氏天平测定两试样，得如下数据。

	骑　码	1	2	3	4
位	水中	10	0	0	2
	样 1 中	8	6	6	0
置	样 2 中	10	0	8	0

(1) 初步鉴定样 1 是邻二甲苯还是对二甲苯。

(2) 初步鉴定样 2 是否为分析纯氯苯。

15. 根据以下条件鉴定未知物是否为果糖。

称取 2.50g 试样溶于 50.0mL 水中，用 1dm 旋光管于 20℃时，测得旋光度为 $-4.65°$。

16. 已知葡萄糖的纯度为 80.0%，如果此试样可以使偏振光振动面偏转 $+11.5°$，则应称取多少克葡萄糖？配成 100.0mL 溶液？已知 $l=2\mathrm{dm}$。

17. 一种天然提取的旋光性植物碱。其相对分子质量为 365。取它的 $0.2\mathrm{mol} \cdot \mathrm{L}^{-1}$ 氯仿溶液盛于 20cm 的旋光管中，于 25℃时，测出旋光度为 $+8.17°$，计算它的比旋光度？

18. 今用旋光分析测得某试样纯度为 80%，测定时试样溶液浓度为 $2.0\mathrm{g} \cdot \mathrm{mL}^{-1}$，用 2dm 旋光管，已知物质的比旋光度 $[\alpha]_\mathrm{D}^{25}=+20.5°$，计算实测旋光度。

3 有机化合物的初步试验

对于一个未知的有机化合物的鉴定一般用系统鉴定的方法，这是前人总结的一套行之有效的方法。初步试验是系统鉴定的第一步。这一步骤共包括以下一些内容：试样的初步审察、灼烧试验以及元素定性分析。通过这一步骤的分析，可以确定未知物是混合物还是化合物；是否为有机物，其中含有哪些元素。有时通过颜色与气体的审察以及灼烧试验还可以初步推测未知物的类型。

3.1 初步审察

3.1.1 物态审察

观察试样是固体还是液体。若试样是固体，可借助放大镜或显微镜观察它是无定形还是结晶型，是否有两种或几种不同形状的晶体存在。这样，不仅可以初步判断试样的纯度，还可做出鉴定。例如：不同糖具有不同的晶体。液体试样应注意观察黏稠度、是否有固体悬浮物、是否为乳状物及是否有互不相溶的液层存在等。对于气体试样，应观察其中是否有微粒等杂质存在。

3.1.2 颜色审察

大多数有机化合物在日光下都是无色的，当有机物有色时，就应该考虑产生颜色的原因。

分子中某些生色基团，常常使化合物呈现颜色。常见的生色基团有：双键、叁键、羰基、亚硝基、硝基、醌基、偶氮基和氧化偶氮基等，它们的生色能力按上述顺序递增，且颜色随分子结构中生色基团的增多而变深。某些有机金属化合物，特别是配合物往往有颜色。

根据化合物的颜色来作某些预测时，必须注意以下事实。

某些化合物本身是无色的，但由于杂质的存在，呈现颜色。这种情况经过重结晶，活性炭脱色或重蒸馏后，就可以去掉颜色；

另外，有些化合物因为本身不稳定，在空气中被氧化后呈现颜色，例如苯酚在空气中放置一段时间后氧化成醌而呈红色；苯胺容易被氧化成棕褐色。

3.1.3 气味审察

许多有机化合物具有独特的气味，熟悉这些气味对于识别它们很有帮助。表 3-1 列出一些具有特征气味的有机物。

表 3-1 具有特征气味的有机物

气 味	化 合 物	气 味	化 合 物
刺激气味	酰氯、氯化苄、α-氯乙酸酯等	果香味	低级酯类
麻醉性气味	低级脂肪醇、醚、卤代物、芳烃等	蒜臭味	大蒜素、二硫醚
苦杏仁味	硝基苯、苯甲醛、苄腈等	恶臭味	硫醇、硫酚、吲哚类、异腈等
香脂味	苯乙醛、香草醛等	腐腥味	胺类（三甲胺、对甲苯胺、苄胺等）

在嗅化合物气味时必须注意：不可面对化合物猛烈吸气，以防中毒。

3.2 灼烧试验

在审察了"未知物"的物态、颜色和气味后，应进行灼烧试验，注意观察试样燃烧时发生的现象。若是固体试样，注意它在灼烧时是否熔化、升华和炸裂；是否有气体放出及气体的性质等。一般有机化合物易燃烧，观察燃烧时火焰的颜色、烟的浓淡、有无爆炸现象、燃烧时的气味以及燃烧后有无残渣等。它可以揭示被灼烧物质的某些性质，具有较高的灵敏度。

由燃烧时的火焰可以初步识别化合物属于哪种类型。例如：

芳烃及高度不饱和烃	火焰呈黄色，带浓烟
脂肪烃	火焰呈黄色几乎无烟
含氧化合物	火焰无色或带蓝色
卤代烃	火焰带有烟，具有刺激性
多卤代烃	一般情况下不燃烧
糖和蛋白质	燃烧时放出特别的焦味

樟脑、萘等加热时易升华。硝基、亚硝基、偶氮和叠氮化合物灼烧时，容易发生爆炸。羧酸铵盐和酰胺加热时有氨气放出。一些含氮、含硫的有机物燃烧时，常有氰化氢、硫化氢等气体放出。有机酸的金属盐类，以及其他金属有机化合物或有机硅等灼烧后，留有残渣（见表 3-2）。但是，有机汞、砷、锑的化合物灼烧后无残渣留下。

表 3-2 灼烧残渣

盐 类	组成的金属离子	残渣的成分
羧酸盐	碱金属 Na、K、Li 碱土金属 Ca、Sr、Ba、Mg 等	碳酸盐 碳酸盐＋氧化物
酚 盐	Al、Si 及其他三、四价化合物	氧化物
磺酸盐	碱金属 碱土金属及其他二价金属	硫酸盐

实验 3.1　初步审察和灼烧试验

一、实验目的
掌握初步审察和灼烧试验，学会区分有机物与无机物，初步推测化合物可能的类型。

二、仪器
坩埚钳，坩埚盖，电炉，表面皿，酒精灯。

三、试剂与试样
1. 盐酸（2mol·L⁻¹）；pH试纸（1～14）。
2. 试样：醋酸钠，醋酸铜，丙酮，苯胺，三氯甲烷，苯酚，苯，苯甲酸，蔗糖。

四、实验步骤
1. 物态观察

观察试样是液体或固体，如是固体，取试样少许放于瓷坩埚盖上，细心观察其为结晶或粉末以及结晶形状。如为液体，用滴管取 2～3 滴于小试管中，观察其为澄清液体或黏稠物，观察试样是否分层，有无固体悬浮物存在。

2. 颜色观察

于观察物态的同时，应仔细观察试样的颜色，大部分有机物应是无色的，但如有颜色时，应区别颜色是来自杂质还是试样本身。注意颜色是否均匀一致，是单一颜色还是夹杂有其他颜色。

3. 气味审察

仔细辨别试样的气味，记录于报告中。在嗅闻未知物气味时，需将试样放稍远离一些，用手挥动瓶口，再闻其气味，以避免有刺激性的试样刺激黏膜，或吸入有机物，因为许多有机物都是有毒物。

4. 水溶性及酸碱性

取 0.05g 固体试样或 2～3 滴液体试样于小试管中，加 2mL 水，观其是否溶解，如为水溶性试样，用 pH 试纸试其 pH 值。

5. 灼烧试验

取 0.1g 固体或 5 滴液体试样于瓷坩埚盖上，用坩埚钳夹起置灯焰边沿燃点，并进行以下观察。

（1）是否熔化或升华；

（2）是否燃烧，燃烧快慢，火焰的颜色和烟的浓淡；

（3）有无气体放出，并注意气体的气味（小心毒性气体）。

燃烧后将坩埚盖放于电炉上灼烧 10min 观察：有无残渣，残渣的颜色。留有残渣时，待冷却后加 1 滴水，溶于水的用 pH 试纸检验其酸碱性，如为碱性，加 1 滴 2mol·L⁻¹ 盐酸，观察有无气泡产生。

将实验结果记录于报告中。

初步审察和灼烧试验记录

实验项目	试样名称	醋酸铜	醋酸钠	丙酮	苯胺	苯酚	苯	苯甲酸	蔗糖	三氯甲烷
初步审查	物态									
	颜色									
	气味									
	水溶性及酸碱性									
灼烧试验	熔化或升华									
	可否燃烧及燃烧快慢									
	火焰颜色									
	烟的浓淡									
	有无气体放出									
	有无残渣及残渣颜色									
	残渣水溶性及酸碱性									
	残渣酸溶性及有无气体									

五、说明和注意事项

1. 有机物的气味有时难于描述，可记为臭、特臭或似什么味等。

2. 挥发性试样，可直接点燃。如果物质炭化，可直接放电炉上灼烧。如果有残渣余留，应该将它灼烧至几乎白色。

思　考　题

1. 从 9 种试样的初步审察和灼烧试验，能得到哪些启示？

2. 如何区分无机物和有机物？是混合物还是化合物？

习　　题

1. 通过初步试验可以对未知物做出哪些判断？

2. 有机化合物有颜色的原因有哪些？

3. 通过灼烧试验，对推断化合物的类别可以得到哪些启示？

4. 哪些化合物在灼烧后留有残渣？哪些金属化合物在灼烧后无残渣存留？灼烧时得白色残渣，溶于水但水溶液为中性，可能是哪些化合物？

3.3　元素定性分析

元素定性分析的目的是鉴定试样中含有哪些元素。在一般有机化合物中，最常见的元素除碳、氢、氧外，还有氮、硫和卤素，有时也含有磷、硼、砷等非金属与某些金属元素。

有机化合物都含有碳和氢，因此，当知道分析试样为有机物时，就不再需要鉴定其中是否含有碳和氢。对有机化合物中氧元素的鉴定，没有很好的鉴定方法，一般是通过以后的溶度分组试验和官能团鉴定反应判断其是否存在。所以，元素定性分析主要是鉴定氮、硫与卤素。由于组成有机化合物的各原子，大多数是以共价键结合的，所以很难在水中离解成相应的离子，因此，必须将试样分解，使元素转变成相应的无机离子后，再用无机定性分析方法加以鉴定。常用分解试样的方法包括金属钠熔法和氧瓶燃烧法，本章主要介绍金属钠熔法。氧瓶燃烧法将在元素定量分析中加以讨论。

3.3.1 钠熔法

金属钠与有机化合物共熔时，使有机物分解，生成相应的无机物。

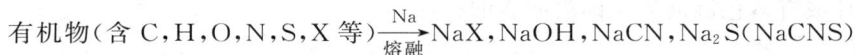

$$有机物（含 C,H,O,N,S,X 等）\xrightarrow[熔融]{Na} NaX,NaOH,NaCN,Na_2S(NaCNS)$$

将熔融物溶于蒸馏水中，即可用无机定性试验检验各种离子。若试样中存在氮和硫两种元素，钠熔时必须使用稍过量的金属钠，否则容易生成硫氰化钠。

大多数有机化合物均可用钠熔法来进行元素定性分析。但对沸点低或易挥发的有机物，在钠熔时未分解即呈气体逸出，常得到负性结果。

某些含氮化合物，有分解不完全的现象，即未形成氰离子，因此得不到满意的结果。如偶氮化合物钠熔时，其中氮呈氮气而逸出。氢化偶氮物，氨基化合物常转变成氨而跑掉。因此在有疑问时，应取较大量的试样，加入等量的葡萄糖或蔗糖混匀后再进行钠熔分解，以促使氰化物的形成。

还有一些化合物，如多硝基化合物、蛋白质等，钠熔时，其中氮不容易形成氰化物，造成检氮的困难。采用氧瓶燃烧法分解试样能得到满意的结果。

3.3.2 元素的鉴定

3.3.2.1 硫的鉴定

（1）醋酸铅法　钠溶液以稀醋酸酸化，加入稀醋酸铅溶液。有棕至黑色沉淀产生即表明硫的存在。

$$Na_2S+Pb(Ac)_2 \xrightarrow{稀 HAc} PbS\downarrow+2NaAc$$

在鉴定极少量硫时，可将钠溶液用稀醋酸酸化并加热，产生的 H_2S 能使被醋酸铅溶液润湿的试纸变黑来确证硫的存在。

$$Na_2S+2HAc \xrightarrow{\triangle} H_2S\uparrow+2NaAc$$

$$H_2S\uparrow+Pb(Ac)_2 \longrightarrow PbS\downarrow+2HAc$$

（2）亚硝酰铁氰化钠法　钠溶液中加入新配制的亚硝酰铁氰化钠溶液。如果有紫色或深蓝紫色出现即表明硫的存在。

$$Na_2S+Na_2[Fe(CN)_5NO]\longrightarrow Na_4[Fe(CN)_5NOS]$$

反应很灵敏，但必须注意在酸性条件下则不能产生上述颜色。

3.3.2.2 氮的鉴定

（1）普鲁士蓝法 在碱性（pH＝13）和氟化钾存在的条件下，氰离子与亚铁盐作用，生成亚铁氰化钠：

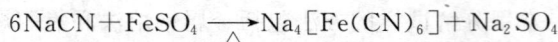

$$6NaCN+FeSO_4\xrightarrow{\triangle}Na_4[Fe(CN)_6]+Na_2SO_4$$

溶液酸化后，亚铁氰化钠遇 Fe^{3+}，生成普鲁士蓝沉淀，即表明氮的存在。

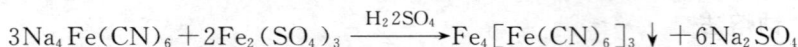

$$3Na_4Fe(CN)_6+2Fe_2(SO_4)_3\xrightarrow{H_2SO_4}Fe_4[Fe(CN)_6]_3\downarrow+6Na_2SO_4$$

（2）醋酸铜-联苯胺法 钠溶液以稀醋酸酸化后，加入新配制的醋酸铜-联苯胺试剂，出现蓝色环或有蓝色沉淀生成即表明氮的存在。

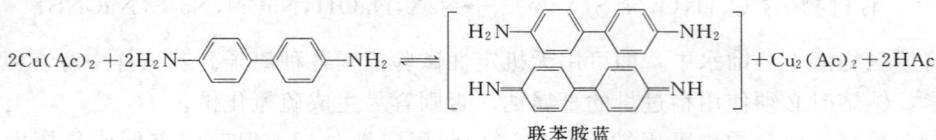

联苯胺蓝

试液中若无 CN^- 存在，上述平衡体系中只存在极微量的联苯胺蓝，生成的蓝色观察不出来，如有 CN^- 存在，将有下面的反应。

$$Cu_2(Ac)_2+4HCN\longrightarrow H_2Cu_2(CN)_4+2HAc$$

结果，亚铜离子浓度减小，平衡反应向右继续进行，联苯胺盐浓度增大，出现了明显的蓝色。本试验较普鲁士蓝法有更高的灵敏度。

3.3.2.3 硫和氮同时鉴定

硫和氮共存时，若钠熔时钠量不足，则硫和氮以 CNS^- 形式存在，当向溶液中加入 Fe^{3+} 时，溶液出现血红色。

$$3NaCNS+FeCl_3\longrightarrow Fe(CNS)_3+3NaCl$$

血红色

如果在鉴定硫和氮时都得到正性结果，就不必做此试验。相反，在上述两试验中都呈负反应时，则应做本试验。

3.3.2.4 卤素的鉴定

（1）卤离子的鉴定——硝酸银法 氯、溴、碘离子在稀硝酸溶液中，可被银离子沉淀。生成的氯化银是白色；溴化银呈浅黄色；碘化银呈黄色；氟化银易溶于水，不产生沉淀，所以不能用此法检出。

氰离子和硫离子干扰试验，如果它们存在。应予以除去。将溶液用稀硝酸酸化后煮沸数分钟，使生成 HCN 和 H_2S 而逸出。

（2）区别鉴定氯、溴、碘离子——氯水氧化法 在酸性溶液中，溴离子和碘离子可被氯水氧化成游离的溴和碘，用四氯化碳萃取后，若四氯化碳呈紫色，表示有碘存在。当继续加氯水时，碘进一步被氧化成碘酸，紫色褪去。若此溶液中有溴离子则被氧化成游离溴，使四氯化碳呈棕色。

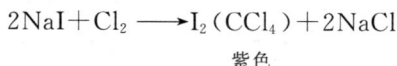

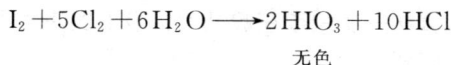

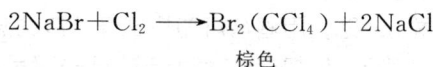

$$2NaI + Cl_2 \longrightarrow I_2(CCl_4) + 2NaCl$$
紫色

$$I_2 + 5Cl_2 + 6H_2O \longrightarrow 2HIO_3 + 10HCl$$
无色

$$2NaBr + Cl_2 \longrightarrow Br_2(CCl_4) + 2NaCl$$
棕色

如对硝酸银溶液呈正性反应而本试验中呈负性反应，则表明卤素为氯。

本试验呈正性反应时，应按下法除去溴、碘再检验氯。

（3）溴、碘存在下鉴定氯　在酸性条件下，将溴离子和碘离子氧化呈游离的溴和碘，加热去除。常用氧化剂有浓硝酸、过硫酸铵、二氧化铅等。

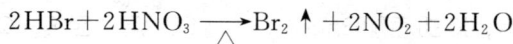

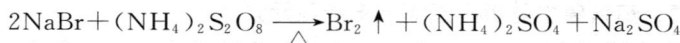

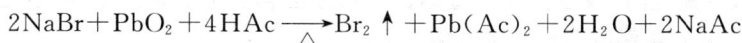

$$2HBr + 2HNO_3 \xrightarrow{\triangle} Br_2\uparrow + 2NO_2 + 2H_2O$$

$$2NaBr + (NH_4)_2S_2O_8 \xrightarrow{\triangle} Br_2\uparrow + (NH_4)_2SO_4 + Na_2SO_4$$

$$2NaBr + PbO_2 + 4HAc \xrightarrow{\triangle} Br_2\uparrow + Pb(Ac)_2 + 2H_2O + 2NaAc$$

反应后用氯水氧化法检查溴和碘是否除尽，再用硝酸银法鉴定氯。

（4）氟离子的鉴定　在酸性条件下，氟离子与红紫色的锆-茜素配合物反应，生成更稳定的六氟化锆配阴离子，使红紫色的配合物转变为原来茜素的黄色。反应如下。

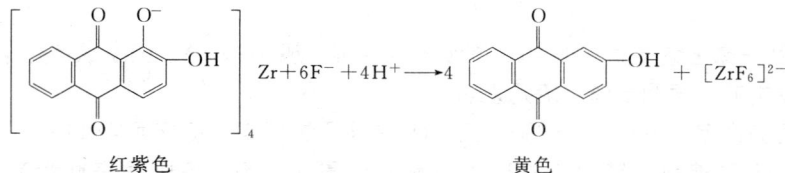

红紫色　　　　　　　　　　　　黄色

现在通常用氟离子选择电极检验氟离子。

实验 3.2　元素定性分析——钠熔法

一、实验目的

1. 掌握钠熔法分解有机试样的操作。
2. 掌握氮、硫、卤素的单独鉴定和混合物分离鉴定。

二、仪器

瓷蒸发皿（20mL），漏斗。

三、试剂与试样

1. 金属钠，HCl（$2mol \cdot L^{-1}$），HNO_3（$4mol \cdot L^{-1}$），H_2SO_4（$3mol \cdot L^{-1}$），FeCl_3

（1%）， 乙酸铅（5%），乙酸（1%），$FeSO_4$（固体），KF（30%），$AgNO_3$（10%），CCl_4，$Na_2[Fe(CN)_5NO]$（0.1%），PbO_2，冰乙酸，新制氯水。

2. 试样：2,4-二硝基氯苯，对氨基苯磺酸，氯苯，溴苯。

四、实验步骤

1. 试液的制备

用镊子取存于煤油中的金属钠一小块放在滤纸上，吸干煤油后用刀将钠切成约 50mg 的颗粒，取一粒于清洁干燥的试管底部。

用试管夹夹住试管上端 1/3 处，用酒精灯加热试管，待钠蒸气充满试管下半部时，迅速加入 20～30mg 试样，（液样 2 滴），加热 2～3min 至试管底部呈暗红色，立即将试管浸入盛有 10mL 水的瓷蒸发皿中，试管底部当即骤冷而破裂；将试液煮沸过滤，滤液用于以下鉴定试验。

2. 鉴定

（1）氮的鉴定——普鲁士蓝试验 取 2mL 试液于试管中，加固体 $FeSO_4$ 10～20mg、2 滴 30%KF 溶液，将溶液煮沸，冷却后加 3mol·L^{-1} H_2SO_4 溶液至 $Fe(OH)_3$ 沉淀溶解，然后加 2 滴 1% $FeCl_3$ 溶液，有普鲁士蓝析出表明试样含氮元素。

若溶液酸化后呈蓝绿色，可以过滤，在滤纸上有蓝色也表示有氮存在，若仍有疑问时，可重取较多试样与等量蔗糖混合重做钠熔法。

（2）硫的鉴定

① 硫化铅试验。取 1mL 试液于试管中，加数滴 10%乙酸溶液酸化，加 3 滴 5%乙酸铅溶液，有黑褐色沉淀生存表明试样含硫元素。若得白色或灰色沉淀表明酸化不够，需再加入乙酸后观察。

② 亚硝酰铁氰化钠试验。取 1mL 试液于试管中，加 1～2 滴亚硝酰铁氰化钠溶液，摇动；有红色配合物生成，表明试样含硫元素。

（3）卤素的鉴定——卤化银试验 取 4mL 试液于试管中，加数滴 4mol·L^{-1} HNO_3 溶液酸化并在通风橱内煮沸数分钟以除去硫化氢和氰化氢（无氮、硫则免去此步）。加 2 滴 10% $AgNO_3$ 溶液有沉淀生成，表明试样含有卤素。

无氮、硫存在时，取钠溶液 1mL，加 4mol·L^{-1} HNO_3 酸化，加 1 滴 10% $AgNO_3$ 如有大量白色沉淀表明有卤素存在。如溶液是浑浊，可能由杂质所引起，应做一空白试验对照。

（4）氯、碘的分别鉴定

① 溴、碘的鉴定——氯水试验。取 2mL 试液于试管中，加数滴 4mol·L^{-1} HNO_3 溶液酸化（有氮、硫应在通风橱内煮沸除去），加 1mL CCl_4，逐滴加入新制氯水，每次加入后要摇动；CCl_4 层呈现紫红色表明试样含碘元素。继续滴加氯水，直至 CCl_4 层碘的紫色消失，再加几滴，剧烈摇动，CCl_4 层呈现黄色或红棕色表明试样含溴元素。

② 溴和碘存在时鉴定氯——氯化银试验。取 2mL 试液于试管中，用冰乙酸酸化，加 0.5g PbO_2 在通风橱内煮沸数分钟以除去溴、碘；取清液于另一试管，加 1 滴 10% $AgNO_3$ 溶液和 2 滴 4mol·L^{-1} HNO_3 溶液，有白色沉淀生成表明试样含氯元素。

五、说明和注意事项

1. 钠熔时试管不能对着人，试管必须干燥！金属钠用量要适量。与试样熔融时，一定要加热至试管呈暗红色，否则试样分解不完全，钠溶液颜色很深，必须重做。

2. 在进行未知物元素分析时，要首先鉴定硫和氮，除 S^{2-} 和 CN^- 后，再鉴定卤素。在鉴定氮和硫呈负性反应时，应检验是否有 CNS^- 存在，以免遗漏。

3. 亚硝酰铁氰化钠溶液不稳定，应临时配制。

习　　题

1. 金属钠熔融的目的何在？

2. 在用钠熔分析时，下列现象如何解释？

(1) 钠熔后的试液加入醋酸铅试液后，出现白色或黄色沉淀，而不是棕黑色沉淀；

(2) 钠熔后的试液用硝酸酸化时出现白色浑浊；

(3) 含氮而不含卤素的试样钠熔后的试液经酸化后加硝酸银溶液产生白色沉淀；

(4) 钠熔后的试液中加硝酸银产生棕黑色沉淀；

(5) 含氮的试样钠熔后，借普鲁士蓝法鉴定氮时，硫酸亚铁反应完全后，试液酸化不加三氯化铁即出现蓝色沉淀。

3. 鉴定卤素时，氮、硫存在有什么影响？应如何处理？

4. 鉴定卤素时加稀硝酸酸化钠熔液，然后加热逐去 HCN 和 H_2S，能否改用盐酸或硫酸？

5. 氯水氧化法鉴定溴和碘时，酸化时能否用盐酸或浓硝酸？

4 溶度分组试验

有机化合物的种类多，数量大，不便进行有机未知物的鉴定。因此，必须根据化合物的溶解度和理化性质的不同，设法将它们先分成若干组后，再加以鉴定。这样，便可以在进行未知试样的分析时，缩小探索的范围，以便准确迅速获得鉴定的结果。

采用较多的是溶度分组法。该方法根据化合物在某些极性或非极性以及酸性或碱性溶剂中的溶解行为来分组。试验都很简单，且只需少量未知物。通过溶度试验能揭示该化合物究竟是强碱（胺）、强酸（羧酸）、弱酸（酚），还是中性化合物（醛、酮、醇、酯、醚），这对于测定未知物中存在的主要官能团的性质是极其重要的。所以每个未知物都应做溶度试验。常用溶剂有：5% HCl，浓 H_2SO_4，5% NaOH，5% $NaHCO_3$，水，乙醚。

4.1 分组系统

根据化合物在水、乙醚、5% HCl、5% NaOH、5% $NaHCO_3$、浓 H_2SO_4 六种溶剂中的溶解行为，将它们分成八组，分组程序如下。

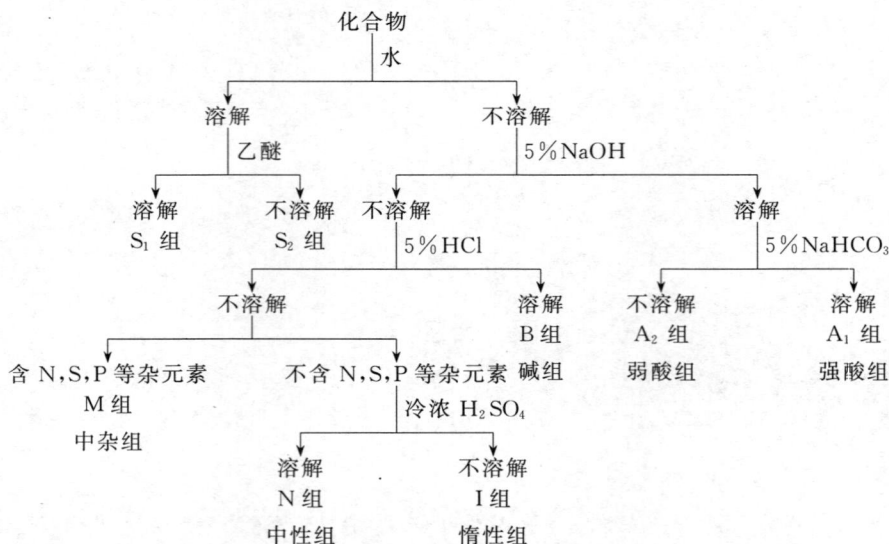

```
                        化合物
                         水
          ┌──────────────┴──────────────┐
        溶解                          不溶解
         乙醚                        5%NaOH
     ┌────┴────┐              ┌──────────┴──────────┐
   溶解      不溶解         不溶解                  溶解
   S₁组      S₂组         5%HCl                  5%NaHCO₃
                     ┌──────┴──────┐        ┌──────┴──────┐
                   不溶解        溶解      不溶解        溶解
                                 B组        A₂组          A₁组
            ┌──────────┴──────────┐  碱组   弱酸组        强酸组
      含N,S,P等杂元素    不含N,S,P等杂元素
         M组                    冷浓H₂SO₄
        中杂组            ┌────────┴────────┐
                        溶解            不溶解
                         N组              I组
                        中性组            惰性组
```

S_1 组：包括能溶于水又溶于乙醚的化合物。

S_2 组：包括能溶于水，但不溶于乙醚的化合物。

A_1 组：不溶于水，但能溶于 5% NaOH 溶液和 5% $NaHCO_3$ 溶液的化合物。

A_2 组：不溶于水，但能溶于 5% NaOH 溶液而不溶于 5% $NaHCO_3$ 溶液的化合物。

B 组：不溶于水，也不溶于 5% NaOH 溶液，但溶于 5% HCl 溶液的化合物，它们都含有氮。

M 组：这一组包括含有 N，S，P 等杂元素的中性化合物，它们不溶于水、5% HCl、5% NaOH 及 5% $NaHCO_3$。

N 组：这一组包括不含有 N，S，P 等杂元素（可能同时含卤素）的中性化合物，它们不溶于水、5% HCl、5% NaOH 及 5% $NaHCO_3$，但能溶于浓 H_2SO_4 中。

I 组：不含 N，S，P 等杂元素（可能含卤素），不溶于浓 H_2SO_4 的中性化合物。

4.2　溶度试验

溶度试验通常在小试管中进行，以 1mL 溶剂在室温下能否溶解 30mg 试样作为判断"溶解"与"不溶解"的标准，在可疑的情况下，将混合物振荡 2min 后再作结论。

做溶度试验时，需注意以下几点。

（1）试样在水中的溶解。若溶于水，则对水溶液作酸、碱性的检验，并试其在乙醚中的溶解性。但不再做其他溶剂中的溶度试验。

（2）不溶于水的试样，就不必进行乙醚中的溶度试验。接着试验在 5% NaOH 中的溶解性，如果溶解，还必须再进行 5% $NaHCO_3$ 溶液中的溶度试验，以确定其属于强酸还是弱酸。必要时，再进行 5% HCl 溶液中的溶度试验，以判断是否为两性化合物。

（3）在进行溶度试验时，应该记住试样中所含元素。不含氮的非水溶性化合物就不必做 5% HCl 溶液中的溶度试验。一个含有 N 和 S 并且不溶于水的中性化合物，就不必进行浓 H_2SO_4 中的溶度试验。

（4）注意临界化合物。若遇到在某溶剂中出现似溶非溶的可疑现象时，则必须准确称取试样，使其与溶剂配成 3% 浓度的溶液，经摇动，静止，仔细观察后，再作结论。

（5）在溶度试验中，除了把溶质和溶剂能形成均匀的液体称为溶解外，凡溶质和溶剂能起化学反应，不论能否形成均匀的液体也都称为"溶解"。如某些仲醇和叔醇在冷浓 H_2SO_4 中可脱水成烯继而聚合成不溶性沉淀；11 个碳以上的高级脂肪酸，在稀碱中可生成不透明的肥皂液，振荡后产生泡沫等，在溶度试验中都看作"溶解"而分入相应的溶度组中。

4.3　溶解行为与分子结构的关系

4.3.1　在水中的溶解性

含有 4 个或少于 4 个碳，并含有氧、氮或硫的化合物往往是水溶性的。含这些元素的官能团几乎都能使低相对分子质量的化合物具备水溶性。含这些元素的五碳或六碳化合物往往不溶于水或具有临界溶解度。化合物的烷基支链使它们分子间力降低，通常反映在支链化合物的沸点或熔点低于相应的直链化合物的沸点或熔点，而在水中的溶解度则比较大。

当分子中氧、氮、硫原子对碳原子的比率增大时，该化合物在水中的溶解度往往增大，这是因为极性官能团的数目增多的缘故。

当化合物的烷烃链增长，达到约 4 个碳以上时，极性基团的影响减小，因此在水中的溶解度开始下降，以下所示是这些通则的几个实例。

可　溶	临　界	不　溶
2-二甲基丙酸	3-甲基丁酸	正戊酸
2,2-二甲基丙醇	3-甲基-2-丁醇	正戊醇
对苯二酚	苯酚	2-甲基-4-异丙基苯酚

形成氢键的效应对于化合物在水中溶解性的影响，往往比分子的极性对溶解度的影响更为显著。例如，硝基苯的极性虽然比苯酚或苯胺的大，但是硝基苯在水中的溶解度却比苯酚或苯胺的小。因为苯酚或苯胺的分子能与水分子形成氢键的缘故。如果化合物分子中其余部分的结构能增强其极性官能团与水分子形成氢键的能力，它在水中的溶解度将增加，反之将减少。有些化合物形成分子内氢键，从而削弱了极性官能团与水分子形成氢键的能力，以致降低了它在水中的溶解度。如邻硝基苯酚及水杨醛在水中的溶解度均小于苯酚，就是由于形成了分子内氢键的缘故。

低相对分子质量的酰卤本身都不甚溶于水，但是它们极易水解，遇水后生成水溶性的酸，所以它们仍将属于水溶组。

4.3.2　在乙醚中的溶解性

大多数有机化合物能溶于乙醚，所以单独用乙醚作为分组用的溶剂是没有意义的。如果与水联合使用，那么就可以将水溶性的化合物分为强极性的与中等极性的两类。一般说来，能溶于水又溶于乙醚的化合物大致有以下几种类型：①极性的非离子型化合物；②含有不多于 5 个碳原子的单官能团化合物；③能形成氢键的化合物。能溶于水而不溶于乙醚的化合物则可能是离子型化合物；多官能团的强极性化合物，每一个官能团平均搭配的碳原子数不超过 4 个。

4.3.3　在 5% NaOH 溶液及 5% NaHCO₃ 溶液中的溶解性

能和碱作用的有机化合物都是酸性化合物。水溶性的有机酸在上述 S 组中分出。用

5% NaOH 及 5% NaHCO$_3$ 分出不溶于水的酸性化合物。

在有机酸中磺酸是较强的酸，其余大多数羧酸的离解常数都大于 10^{-6}，酸性比碳酸强（H_2CO_3 $K_{a_1}=4\times10^{-7}$），能溶于 5% NaHCO$_3$ 而放出 CO$_2$ 气体。所以是强酸性化合物。

酚类、烯醇类、磺酰胺（氮上有氢的）、酰亚胺、伯仲脂肪族硝基化合物、硫醇等化合物，它们的酸性都比碳酸弱，而只能溶于 5% NaOH，不溶于 5% NaHCO$_3$。如苯酚 $K_a=1.4\times10^{-10}$，2,4-二戊酮 $K_a=1\times10^{-9}$，所以是弱酸性化合物。

但当苯酚中引入电负性较强的基团如硝基、卤素等时，则酚羟基的酸性显著地增强如 2，4-二硝基苯酚 $K_a=10^{-4}$；2,4,6-三硝基苯酚 $K_a=2\times10^{-1}$，酸性均强于碳酸，能溶于 5% NaHCO$_3$ 中，所以也属于 A$_1$ 组。

化合物之所以能溶于碱因为它们生成钠盐，后者溶于水。可是，某些高相对分子质量化合物的钠盐并不溶解而是成为沉淀如豆蔻酸、棕榈酸、硬脂酸。某些酚也生成不溶性的钠盐，而且这些钠盐往往有颜色。但以上现象均被当成"溶解"而列入 A$_1$ 组或 A$_2$ 组中。

4.3.4 在 5% HCl 溶液中的溶解性

某一化合物可溶于 5% HCl，就应立即考虑到胺的可能性，脂肪族胺是碱性化合物，很易溶于酸，因为它们生成盐酸盐，后者溶于水中。烷基被芳香环取代后，使胺的碱性稍有下降，但此胺仍可质子化，因此通常可溶于稀酸。在胺的氮原子上有两个或三个芳香环取代时，碱性进一步降低，例如二苯胺和三苯胺均不溶于 5% HCl，属于中性化合物。

除芳香环使氨基的碱性减弱外，各种酰基取代基也能使氨基的碱性减弱。这些取代基使氨基碱性减弱的次序为

芳香磺酰基＞脂肪磺酰基＞芳香酰基＞脂肪酰基＞芳基

综上所述，由于胺的分子结构不同，碱性强弱差别很大，按照胺的碱性强弱及其溶解性可归纳如下。

① 碱性。RNH$_2$，R$_2$NH，R$_3$N，C$_6$H$_5$CH$_2$NH$_2$，相对分子质量低的胺一般溶于水和乙醚，相对分子质量高的胺不溶于水而溶于 5% HCl 中。

② 弱碱性。C$_6$H$_5$NH$_2$，C$_6$H$_5$NHR，C$_6$H$_5$NR$_2$，RCONR$_2$，C$_6$H$_5$NHNH$_2$，一般不溶于水，溶于 5% HCl 中。

③ 中性。（C$_6$H$_5$）$_2$NH，（C$_6$H$_5$）$_2$NR，（C$_6$H$_5$）$_3$N，RCO-NH$_2$，RCONHR$'$，C$_6$H$_5$CONH$_2$，一般不溶于水和 5% HCl 中。

磺酰伯胺（RSO$_2$NHR 型）及二酰胺〔(RCO)$_2$NH$_2$〕不仅不显碱性，反而具有弱酸性。

C$_6$H$_5$NH$_2$ 型胺类中，在芳香环上引入卤素和硝基等吸电子基团时，这些基团能使氨基氮原子上的电子云密度减小，使芳胺碱性减弱。各种常见的吸电子基团的吸电子效应大

小次序为

$$-NO_2 > -NO > F > Cl > Br > I > -CN$$

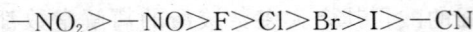

如果芳香环上同时连有两个或两个以上的这类吸电子基团时，那么胺的碱性也会被减弱到不能溶于 5% HCl 中的程度，而成为中性化合物。例如 2,4-二硝基苯胺或 2,4,6-三溴苯胺均属于 M 组。

4.3.5　在冷浓 H_2SO_4 中的溶解性

凡不溶于水、5% HCl 及 5% NaOH 溶液，同时分子中不含有 N 或 S 等杂元素的化合物，可进一步以冷浓 H_2SO_4 作溶剂，试验其溶解性。许多化合物溶于浓 H_2SO_4，大致可分为三种类型。

（1）含氧有机化合物如醇、醛、酮、醚、酯等，由于氧原子上未共用电子对的存在，能与浓 H_2SO_4 形成锌盐，这些盐能溶于过量 H_2SO_4 中。如

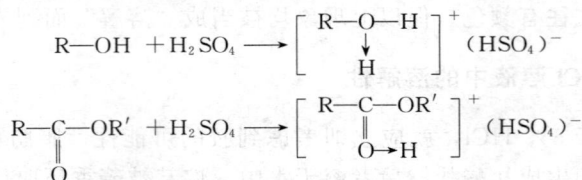

$$R-OH + H_2SO_4 \longrightarrow \left[\begin{array}{c} R-O-H \\ \downarrow \\ H \end{array} \right]^+ (HSO_4)^-$$

$$R-\underset{\underset{O}{\|}}{C}-OR' + H_2SO_4 \longrightarrow \left[\begin{array}{c} R-C-OR' \\ \| \\ O \rightarrow H \end{array} \right]^+ (HSO_4)^-$$

浓 H_2SO_4 与含氧化合物除了发生形成锌盐的反应外，还会发生磺化、脱水、聚合等复杂反应，生成物不溶于浓 H_2SO_4，但所有这些现象均被当作溶于浓 H_2SO_4 而列入 N 组。

（2）不饱和烃一般与浓 H_2SO_4 发生加成反应形成烃基酸性硫酸酯，而溶于过量的浓 H_2SO_4 中。

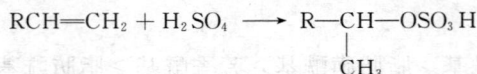

$$RCH=CH_2 + H_2SO_4 \longrightarrow R-\underset{\underset{CH_3}{|}}{CH}-OSO_3H$$

对于在浓 H_2SO_4 中生成不溶性高聚物的不饱和烃，为了分组的目的，也被当作溶于浓 H_2SO_4 而列入 N 组。

（3）易磺化的芳烃，特别是二元或多元烃基苯的间位异构体，很容易被磺化，形成磺酸而溶于浓 H_2SO_4 中。

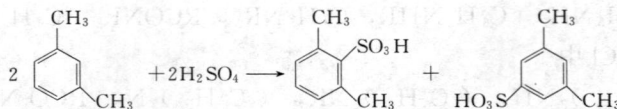

饱和烃及其卤代物、简单芳烃及其卤代物，在上述条件下，不发生磺化反应，不溶于浓 H_2SO_4，它们也不溶于水、5% NaOH、5% HCl，所以称为惰性化合物。如乙烷、苯、氯苯等均为 I 组。

元素定性分析表明，化合物含氮或含硫，溶度试验不溶于水、5% NaOH、5% HCl，列为 M 组。

各溶度组包括的化合物类型列于表 4-1 中。

表 4-1 溶度分组表

类别	组别	溶 解 性	化合物类型	附 注
能溶于水的化合物	S_1	能溶于水和乙醚	相对分子质量小的醇、胺、醛、酮、缩醛、醚、酸酐、酰胺、羧酸、腈	本组的化合物通常只含有一个官能团,但也有一些化合物含有两个官能团
	S_2	能溶于水不溶于乙醚	二元醇、多元醇、氨基醇、多元酚,相对分子质量小的羟醛、羟酮、碳水化合物,相对分子质量小的氨基酸、羧酸、磺酸,有机盐	
不溶于水的化合物	A_1	不溶于水,能溶于 5% NaOH 和 5% NaHCO₃ 溶液中	有负性基的酚,相对分子质量大的羧酸,N 原子上有两个芳香环的氨基酸,相对分子质量大的磺酸,相对分子质量大的亚磺酸	
	A_2	不溶于水,能溶于 5% NaOH,不溶于 5% NaHCO₃ 溶液中	酚,烯醇,肟,酰亚胺,芳香磺酰胺和芳香磺酰伯胺,伯硝基和仲硝基物,硫酚	
	A_1(B)	不溶于水,能溶于 5% NaOH,5% NaHCO₃ 和 5% HCl 溶液中	N 原子上只有一个芳环的氨基酸,芳香氨基酸,N 原子上有一个烷基和一个芳环的氨基酸	本组包括的两性化合物,它们的酸性比 A_2(B) 组化合物的酸性强
	A_2(B)	不溶于水,不溶于 5% NaHCO₃,能溶于 5% NaOH 和 5% HCl 溶液中	脂肪氨基酸,氨基酚,氨基芳香磺酰胺	本组包括的两性化合物,它们的酸性比 A_1(B) 组化合物弱
	B	不溶于水和 5% NaOH 溶液,能溶于 5% HCl 溶液中	胺,芳胺,氨原子上有一个芳环的胺,肼	
	M	不溶于水、5% NaOH 和 5% HCl 溶液中	代有负性基的芳香胺,二芳胺和三芳胺,酰胺,叔硝基物,亚硝基,偶氮物,氧化偶氮物,腙,硫醇,硫醚,硫化物,腈	本组包括不属于 S_1 组或 S_2 组而含有硫、氮元素的中性化合物
	N	不溶于水、5% NaOH 和 5% HCl,能溶于浓 H₂SO₄ 中	C_5 以上的中性含氧化合物,不饱和烃,多烷基苯	本组化合物中不含氮、硫或磷等元素
	I	不溶于水、5% NaOH、5% HCl 和浓 H₂SO₄ 中	烷烃及其卤代物,环烷烃及其卤代物,芳烃及其卤代物	本组化合物中不含氮、硫或磷等元素

实验 4.1 溶度试验

一、实验目的

掌握溶度分组的意义和溶度分组的方法

二、试剂与试样

1. 无水乙醚,5% HCl,5% NaOH,5% NaHCO₃,浓 H₂SO₄。

2. 试样：苯甲酸，β-萘酚，丙酮，蔗糖，苯胺，苯甲醛，2,4-二硝基氯苯。

三、实验步骤

1. 水溶度试验

取 0.2mL（4～5 滴）液体或 0.1g 固体试样放于试管中，加 1mL 水振荡后，如不溶解可加至 3mL 观察是否溶解。若液体试样与水分层应注意试样与水的相对密度。固体试样微溶要继续做下面的溶度试验。水溶性试样应用 pH 试纸试其酸碱性。

2. 乙醚溶度试验

若试样溶于水，可做乙醚试验，方法同水溶度试验。但必须用干燥试管及纯净的乙醚。

若试样溶于乙醚列入 S_1 组。

若试样不溶于乙醚列入 S_2 组。

3. 5% HCl 溶度试验

取不溶于水而含氮的试样 0.1g 或 0.2mL，分 3 次加入 3mL 5% HCl，振荡后，试样溶解的为含氮的碱性化合物，应属于 B 组。可再做 5% NaOH 的溶度试验，试其是否为两性化合物。

不含氮的水不溶物不必做此试验。

4. 5% NaOH 溶度试验

取不溶于水和 5% HCl 的试样 0.1g 或 0.2mL 按照上法分 3 次加入 3mL 5% NaOH 溶液，振荡后溶解者为酸性化合物，可再做 5% $NaHCO_3$ 溶液试验。

不溶于 5% NaOH 的水不溶物若含 N、S、P 等元素者，应属于 M 组。

5. 5% $NaHCO_3$ 溶度试验

另取溶于 5% NaOH 试样 0.1g 或 0.2mL 分 3 次加入 3mL 5% $NaHCO_3$ 振荡（注意观察是否有 CO_2 气体放出）溶解为 A_1 强酸性组，不溶解为 A_2 弱酸性组。

6. 浓 H_2SO_4 溶度试验

在干燥试管中加 3mL 冷浓 H_2SO_4，慢慢加入 0.1g 或 0.2mL 试样，随时振荡，观察所起变化：是否放热？颜色变化？有无沉淀生成？有无气体放出？溶者为中性化合物 N 组。

对以上试验均为负性反应，且不含 N，S，P 等杂元素的化合物列为惰性化合物 I 组。

按顺序对各试样进行试验，找到所属溶度组后，将结果填入下表中。

溶度试验实验记录

试　样	结构式或化学式	溶　解　行　为						组　别
		水	乙醚	5% NaOH	5% $NaHCO_3$	5% HCl	浓 H_2SO_4	
苯甲酸								
β-萘酚								
丙酮								
蔗糖								
苯胺								
苯甲醛								
2,4-二硝基氯苯								

四、说明和注意事项

1. 溶度试验以 1mL 溶剂在室温下能否溶解 30mg 试样作为判断"溶解"与"不溶解"的标准。本试验则采用 0.1g 或 0.2mL 试样在室温下能否溶解在 3mL 溶剂中，作为判断"溶解"与"不溶解"的标准，利于现象的观察，3mL 溶剂分 3 次加入，还可区分溶解性的大小。试样加入量应尽量准确。

2. 固体试样应先研细，以促使溶解。

3. 在进行未知物分析时，必须先进行元素定性后，再进行溶度分组试验。

4. 实验记录溶解为"＋"，不溶解为"－"。溶解时出现的现象也应加以记录，对未知物的鉴定，分析判断提供帮助。

思 考 题

1. 从所述 7 种试样的分子结构解释其所属溶度组。
2. 通过实验说明溶度分组对化合物鉴定有何意义。
3. 正确进行未知物溶度分组必须注意哪些问题？

习 题

1. 甘油溶于水不易溶于乙醚，而油脂则易溶于乙醚而不易溶于水，应如何解释？
2. 萘在乙烷中的溶解度 0.14g/mL，而在乙醇中的溶解度必小于 0.14g/mL，为什么？
3. 邻硝基苯酚在水中的溶解度比苯酚小，应如何解释？
4. 指出下列各化合物属于哪个溶度组，并说明理由。

(1) 乙酸乙酯；(2) 苯乙醚；(3) β-萘酚；(4)（CH$_3$）$_3$N·HCl；

(5) $\begin{array}{c}H_3C \\ \\ H_3C\end{array}$CHCH$_2$—$\overset{\overset{NH_2}{|}}{CH}$—COOH ；(6) 乙苯；

(7) 2,4-二硝基苯酚；(8) 邻苯二甲酸酐；(9) 正十一醇；

(10) 蔗糖；(11) 戊酸。

5. 指出下列化合物结构式，并确定溶度组。

化合物	结构式	组别	化合物	结构式	组别
乙二胺			二苯胺		
二乙胺			邻溴代苯胺		
N,N-二甲基甲酰胺			苄胺		
对甲基苯乙酮			氨基乙酸		
二苯醚			邻氨基苯甲酸		
乙苯			丙酰苯胺		

6. 试列出符合下列情况的化合物各两种，并写出其结构式。

(1) 同时属于 B 与 A$_1$ 组的两性化合物；

(2) 同时属于 B 与 A$_2$ 组的两性地合物；

（3）不含氧而属于 N 组的中性化合物；

（4）遇水发生分解的中性化合物；

（5）S_1-A_1 组、S_1-A_2 组、S_1-N 组临界物。

7．试以溶解度的差别，区分下列各组化合物。

（1）乙醇和丙三醇；

（2）乳糖和苯甲酸；

（3）苯甲酸和对甲苯酚；

（4）丙酮和 α-苯乙醇；

（5）2-戊烯和甲苯；

（6）苯和苯胺；

（7）苯甲酸和邻氨基苯甲酸；

（8）苯酚和苦味酸。

5 有机官能团的检验

一个未知物在经过初步试验和溶度试验之后，对其所属的范围已大大缩小，进一步的试验就是通过官能团检验确定未知物含有哪些官能团，并确定官能团在分子结构中的相互联结方式。

每种有机化合物都有几个官能团反应，但可作为鉴定的反应必须具备以下条件：操作简单、反应快、有明显的可观察或可感觉到的现象产生，如颜色、沉淀、气味、气泡等，凡能满足以上三个条件的反应，方可作鉴定。

在本章中，将依次介绍重要官能团的检验方法。

在每个官能团的鉴定试验的后面，均附有"讨论"，列出该试验的应用范围和可能的干扰因素。在进行官能团的检验或试验时，最好选做两个或以上试验，才能做出准确的判断。

在试验过程中要注意杂质的干扰、试剂的用量及溶剂的选择等因素，力求结果准确。

当根据颜色反应来判断结果时必须注意，遇到具体化合物的色调不一定与试验中所描述的完全相同。若发生疑问，最好做空白试验或典型试样和未知物同时做对照试验，经分析判断后再做结论。

官能团的检验是在对未知物进行初步试验和溶度试验之后进行的，因此，必须有针对性地选做。例如，若已知试样中不含氮和硫，则用于检验含氮含硫官能团的试验可以不做。选官能团试验的目的是要肯定或否定某些官能团的存在，直到初步鉴定出未知物是什么类别的化合物为止。在最后确证未知物究竟是什么化合物时，可以制备衍生物，测定衍生物的熔点，对照文献加以肯定。对于文献上没有记载的新化合物结构的确证，还必须配合各种光谱分析和合成出新的物质加以对照才能确定其结构。

为便于掌握每一类化合物的性质，在官能团检验的内容中附上该化合物的一般物化性质，但重点介绍官能团的化学鉴定法。同时还扼要地列出各官能团的红外光谱（IR 谱）特征。这仅从各官能团鉴定的角度出发，把鉴定官能团的化学方法和 IR 谱适当地联系起来，能初步了解 IR 谱在官能团鉴定中的作用。

5.1 烃类的检验

5.1.1 烷烃的检验

烷烃一般没有合适的定性检验方法，只是由元素定性分析（无 N、S、P 等杂元素），溶度试验等结果推测得知，在鉴定时主要依据物理常数（沸点、密度、折射率等）及光谱特征。

烷烃 $C_1 \sim C_4$ 为气体，$C_5 \sim C_7$ 为无色液体，C_{18} 以上为固体，均有特殊气味。烷烃不溶于水及反应性溶剂中，均属于 I 组。

IR 谱鉴定：甲基、次甲基和亚甲基的 C—H 伸缩通常发生在 $3000 \sim 2800 \mathrm{cm}^{-1}$，C—H 弯曲发生在 $1480 \sim 1370 \mathrm{cm}^{-1}$。C—$CH_3$ 的特征吸收在 $1380 \mathrm{cm}^{-1}$。

5.1.2 烯烃和炔烃的检验

烯烃、炔烃物态与烷烃相似，由于结构上有双键，氢的数目减少，所以灼烧时常带黑烟。烯烃、炔烃只溶于浓 H_2SO_4，属 N 组。

常用检验方法：溴的四氯化碳试验和高锰酸钾试验。

（1）溴的四氯化碳试验　绝大多数有 $\diagup C{=}C\diagdown$ 的化合物可以和溴发生亲电加成反应，使溴的四氯化碳溶液中溴的红棕色褪去。

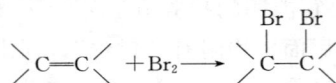

$$\diagup C{=}C\diagdown + Br_2 \longrightarrow \underset{\displaystyle}{\overset{\displaystyle Br\ Br}{\diagup C{-}C\diagdown}}$$

讨论

① 大多数含有双键的化合物，能使溴很快褪色，当双键的碳原子上连有吸电子基团或空间位阻大时，使加成反应变得很慢，甚至不能进行。如

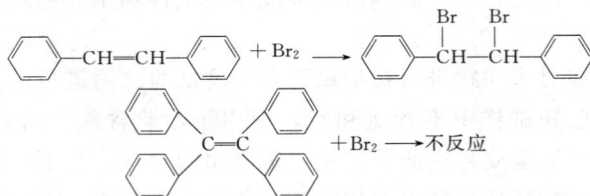

$$\text{〈苯〉—CH=CH—〈苯〉} + Br_2 \longrightarrow \text{〈苯〉—CH(Br)—CH(Br)—〈苯〉}$$

$$\text{四苯乙烯} + Br_2 \longrightarrow \text{不反应}$$

② 叁键对亲电试剂的加成不如双键活泼，所以，炔烃与溴的四氯化碳溶液加成反应进行较慢。

③ 芳香族化合物或是不与溴的四氯化碳溶液反应，或是起取代反应。当苯环上的氢被（—OH，—OR，—NR_2）取代时发生取代反应。如：

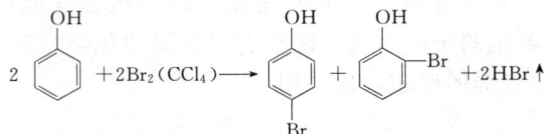

$$2\,\text{〈苯酚〉} + 2Br_2(CCl_4) \longrightarrow \text{〈对溴苯酚〉} + \text{〈邻溴苯酚〉} + 2HBr\uparrow$$

HBr 气体可用 pH 试纸或蓝色石蕊试纸检验，芳胺因与 HBr 成盐而无 HBr 放出。

④ 烯醇、醛、酮及含有活泼亚甲基的化合物与溴发生反应，使溴褪色，并有 HBr 气体放出。

（2）高锰酸钾溶液试验　含有不饱和键的化合物能与高锰酸钾反应，使后者的紫色褪去而生成棕色的二氧化锰沉淀。

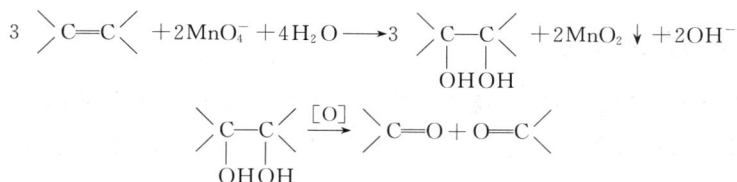

$$3 \; \rangle C=C \langle \; + 2MnO_4^- + 4H_2O \longrightarrow 3 \; \underset{OH\;OH}{\rangle C-C \langle} + 2MnO_2 \downarrow + 2OH^-$$

$$\underset{OH\;OH}{\rangle C-C \langle} \xrightarrow{[O]} \; \rangle C=O + O=C \langle$$

讨论

① 一些不与溴的四氯化碳溶液反应的不饱和化合物可被高锰酸钾氧化如$(C_6H_5)_2C=C(C_6H_5)_2$。所以，两个试验平行进行，以示对照。

② 一些易被氧化的化合物均有反应。如酚、醛、苯胺等。醇在中性条件下不反应，但如含有少量还原性杂质，也会引起颜色变化。

③ 不溶于水的试样，可先溶解在不含醇的丙酮中。

（3）IR 谱鉴定不饱和烃

<table>
<tr><td align="center">双键（C＝C）</td><td align="center">叁键（C≡C）</td></tr>
<tr><td>C＝C 伸缩通常发生在 1680～1620cm^{-1}附近，对称烯烃可能无吸收</td><td>C≡C 伸缩通常发生在 2250～2100cm^{-1}附近，峰一般相当尖，对称炔烃无吸收</td></tr>
<tr><td>C—H 乙烯型伸缩发生在 ＞3000cm^{-1}处，但通常不超过 3150cm^{-1}</td><td>C—H 末端炔烃的伸缩发生在 3310～3200cm^{-1}附近</td></tr>
<tr><td>C—H 面外弯曲发生在 1000～700cm^{-1}附近。其吸收峰特征性明显，强度较大，易于识别</td><td></td></tr>
</table>

5.1.3 芳烃的检验

苯和烷基取代苯一般是无色液体，大多都具有某些特征的芳香味。多环芳烃（除二苯甲烷外）和稠环芳烃都是无色固体。简单的芳烃属于 I 组，多烷基芳烃溶于浓 H_2SO_4 中，属于 N 组。

波谱法提供了测定芳香体系存在的最方便的方法，而简单的灼烧试验往往也可将它们检出。

（1）灼烧试验　灼烧试验时能生成带煤烟的黄色火焰，可初步判断为芳香族化合物。

（2）IR 谱鉴定芳烃

C＝C 芳环双键　它们出现在 1650～1450cm^{-1}的区域，往往有 4 个中到强的吸收峰成对地出现在 1600cm^{-1}和 1450cm^{-1}附近，是芳环的特征吸收峰。

特殊的环吸收　在 2000～1600cm^{-1}往往有弱的环吸收。这些吸收往往模糊不清，但在看得清的时候，则往往可利用这些峰的相对形状和数目确定环取代的类型。

＞C—H 伸缩　芳环上芳氢伸缩经常发生于较高频率处，超过 3000cm^{-1}。

＝C—H 面外弯曲　这些峰出现在 900～690cm^{-1}的区域，这些峰的数目和位置能确定环的取代模式。

5.2 卤代烃的检验

卤代烃除 $C_1 \sim C_2$ 氯烷和 C_1 溴烷是气体外，其他卤烷均为无色液体（氟烷除外）。芳卤代物大多数都是无色液体，有芳香气味。卤代烃燃烧带烟，多卤代物不易燃烧。卤代烃均属于 I 组。

如果由元素定性分析已经知道化合物分子中含有卤素，便可通过硝酸银醇溶液试验和碘化钠-丙酮试验来推测它是哪种类型的卤化物。

5.2.1 硝酸银醇溶液试验

卤代烃或其衍生物与硝酸银作用生成卤化银沉淀。

$$R{-}X + AgNO_3 \longrightarrow RONO_2 + AgX\downarrow$$

由于分子结构不同，各种卤代烃与硝酸银醇溶液作用，在反应活性上有很大差别。

（1）以离子键结合的氢卤酸盐反应活性最大。

（2）碳原子数相同的伯、仲、叔卤烷（相同卤原子），其活性为

$$R_3CCl > R_2CHCl > RCH_2Cl$$

（3）烷基相同，卤原子不同，其活性为

$$R{-}I > R{-}Br > R{-}Cl$$

（4）烯卤化物，卤原子和双键数相同，但双键和卤原子连接的位置不同，其活性为

$$CH_3CH{=}CH{-}CH_2Cl > CH_2{=}CH{-}CH_2CH_2Cl > CH_3{-}CH_2{-}CH{=}CHCl$$

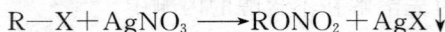

（5）多卤化物

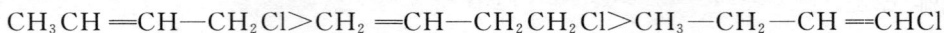

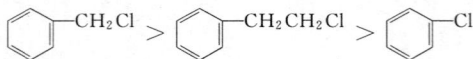

$CHCl_3$ 和 CCl_4 无反应。

（6）各种硝基氯苯的卤原子活性次序为：

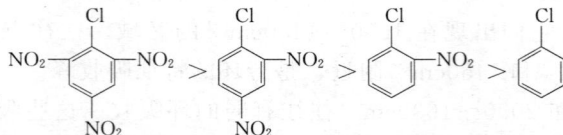

在室温下能立刻产生卤化银沉淀的卤化物有：胺的氢卤酸盐、酰卤、$RCH{=}CHCH_2X$、R_3CCl、$RCHBr{-}CH_2Br$、RI 等。

室温下反应很慢，加热后能产生卤化银沉淀的卤化物有：RCH_2Cl、R_2CHCl、

$RCHBr_2$、2,4-二硝基氯苯等。

在加热下也无卤化银沉淀生成的卤化物有：C_6H_5X、$RCH = CHX$、$CHCl_3$、CCl_4 等。

5.2.2 碘化钠-丙酮溶液试验

许多有机氯化物和溴化物可以和碘化钠-丙酮溶液反应，除生成碘化物外，还产生不溶于丙酮的氯化钠或溴化钠沉淀。

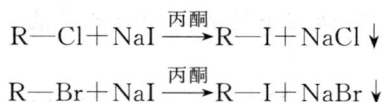

$$R{-}Cl + NaI \xrightarrow{\text{丙酮}} R{-}I + NaCl \downarrow$$

$$R{-}Br + NaI \xrightarrow{\text{丙酮}} R{-}I + NaBr \downarrow$$

讨论

（1）本试验可与硝酸银溶液试验对照进行，在本反应中，卤代烃的相对反应速率是：

$$RCH_2X > R_2CHX > R_3CX$$

这种次序，恰好与它们在硝酸银醇溶液中进行实验所表现的情况相反。

以溴代烷为例：在25℃时，伯溴代烷在25℃/3min就可析出沉淀；仲溴代烷要加热到50℃，才能在3min内产生沉淀；叔溴代烷在50℃加热较长时间才有沉淀析出。

氯代烷比相应的溴代烷反应要慢。

（2）1,2-二氯乙烷（或1,2-二溴乙烷）与碘化钠-丙酮溶液反应，不但产生氯化钠（或溴化钠）沉淀，而且还有游离的碘析出。

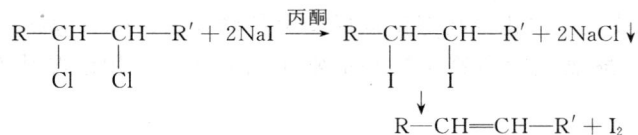

$$\begin{array}{c} R{-}\underset{\underset{Cl}{|}}{C}H{-}\underset{\underset{Cl}{|}}{C}H{-}R' + 2NaI \xrightarrow{\text{丙酮}} R{-}\underset{\underset{I}{|}}{C}H{-}\underset{\underset{I}{|}}{C}H{-}R' + 2NaCl \downarrow \\ \downarrow \\ R{-}CH{=}CH{-}R' + I_2 \end{array}$$

（3）多溴化物、磺酰氯等反应后也析出碘。

$$ArSO_2Cl + NaI \xrightarrow{\text{丙酮}} ArSO_2I + NaCl \downarrow$$

$$ArSO_2I + NaI \longrightarrow ArSO_2Na + I_2$$

IR谱对卤化物的 C—X 原子鉴定，虽然有特征谱带，如 C—F（1100～1000cm^{-1}）；C—Cl（750～700cm^{-1}）；C—Br（600～500cm^{-1}）；C—I（500～200cm^{-1}）。由于 C—X 吸收峰频率容易受邻接基团的影响，吸收峰位置变化较大，IR光谱对含卤素有机物的鉴定受到一定限制。

5.3 有机含氧化合物的检验

5.3.1 醇类化合物的检验

低级醇和中级醇为无色液体，C_{12} 以上为固体或蜡状物质，多元醇为黏稠液体或固体。

某些醇具有特殊香味。C_3 以下一元醇属于 S_1 组，正丁醇属 S_1-N 组，C_4 以上的一元醇属 N 组。二元醇和多元醇，它们都溶于水，但难溶或不溶于乙醚，属 S_2 组。芳香醇在水中溶解度一般都很小，但均能溶于浓 H_2SO_4 中，属 N 组。

醇类的特性官能团是羟基。依据羟基联结在不同的碳原子上，可分为伯、仲、叔醇，根据分子中羟基数不同，又有一元醇、二元醇和多元醇之分。所以首先检验是否具有醇羟基，进而区分伯、仲、叔醇，以及是否为多元醇。

5.3.1.1　一般醇羟基的检验

（1）硝酸铈试验　含有 10 个碳以下的醇与硝酸铈溶液作用，一般生成琥珀色或红色配合物。其反应为

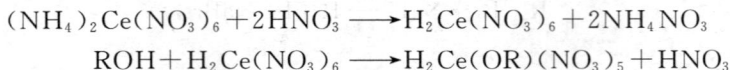

$$(NH_4)_2Ce(NO_3)_6 + 2HNO_3 \longrightarrow H_2Ce(NO_3)_6 + 2NH_4NO_3$$
$$ROH + H_2Ce(NO_3)_6 \longrightarrow H_2Ce(OR)(NO_3)_5 + HNO_3$$

讨论

① 醇类、邻二醇类、羟基酸、羟基酯、羟基醛酮，其碳原子数不超过 10，均能与试剂发生显色反应，呈现亮黄色至琥珀色、橙黄色或红色。一元醇中，甲醇配合物的红色最深，随碳链增长颜色变淡。

② 纯净的醛、酮、酯、醚等均为负性反应，甲醛若有红色反应是因为含有少量的甲醇。

③ 许多酚类在水溶液中与试剂反应产生棕色或棕绿色沉淀，在 1,4-二氧六环中产生棕红色或棕色沉淀。

④ 芳胺以及易被氧化的化合物遇试剂后产生各种颜色，以致对试验有干扰。

（2）酰氯试验　酰氯试验是鉴定羟基最常用的方法。常用的酰化剂有乙酰氯和苯甲酰氯。

酰氯与羟基化合物反应生成酯

$$CH_3-\overset{O}{\overset{\|}{C}}-Cl + ROH \longrightarrow CH_3-\overset{O}{\overset{\|}{C}}-OR + HCl\uparrow$$

反应发热和放出氯化氢，生成的酯在水中溶解度小于相应的羟基化合物；低级酯往往具有水果香味；常以此来鉴别醇的存在。

乙酰氯与水易反应，因此，不适用于鉴别含水醇，苯甲酰氯和水反应较慢，可用于含水醇的鉴定。

讨论

① 酰氯也能与伯、仲胺反应，生成酰胺，可根据溶度试验及元素定性分析加以区别。

$$CH_3COCl + R_2NH \longrightarrow R_2NCOCH_3 + HCl$$

② 酚类与酰氯反应，但速度较慢。

③ 叔醇与酰氯反应，生成卤代烃和酯。如果在加酰氯前，先加入 N,N-二甲基苯胺，使反应中产生的氯化氢与之结合成胺盐，可避免卤代烃的生成。

④ 低级脂肪醇生成的酯易溶于水，可加入碳酸钾进行盐析，使酯从水中析出。也可以进行羟肟酸铁试验鉴别生成的酯。

⑤ 烯醇类不起反应。

5.3.1.2 伯、仲、叔醇的鉴别试验

（1）卢卡斯（Lucas）试验　无水氯化锌在浓盐酸中的饱和溶液，与醇反应，生成难溶于水的卤代烃。由生成卤代烃反应速率快慢来区别伯、仲、叔醇。

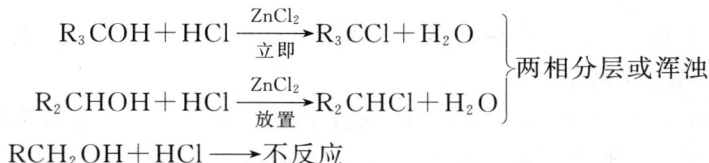

$$R_3COH + HCl \xrightarrow[\text{立即}]{ZnCl_2} R_3CCl + H_2O$$

$$R_2CHOH + HCl \xrightarrow[\text{放置}]{ZnCl_2} R_2CHCl + H_2O$$

两相分层或浑浊

$$RCH_2OH + HCl \longrightarrow 不反应$$

讨论

① 本试验只适用于在试剂中能溶解的醇，一般为 C_6 以下的一元醇和某些多元醇。

② 若仲醇与叔醇不易区别时，可将试样直接滴入浓盐酸中，振摇静置，在室温下叔醇在 10min 内分层，仲醇无明显反应。

③ 苄基醇和烯丙基醇与盐酸氯化锌试剂作用，立即反应生成卤代烃。

（2）硝铬酸试验　大多数伯、仲醇，易被重铬酸钾-硝酸溶液氧化为羧酸或酮。

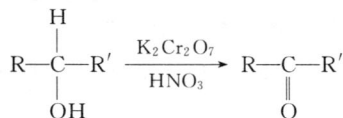

$$2K_2Cr_2O_7 + 3RCH_2OH + 16HNO_3 \longrightarrow 4Cr(NO_3)_3 + 4KNO_3 + 3RCOOH + 11H_2O$$

$$R-\overset{\overset{\displaystyle H}{|}}{\underset{\underset{\displaystyle OH}{|}}{C}}-R' \xrightarrow[HNO_3]{K_2Cr_2O_7} R-\overset{\overset{\displaystyle}{}}{\underset{\underset{\displaystyle O}{\|}}{C}}-R'$$

反应后溶液变为蓝色。叔醇不能被氧化。借此可将伯、仲醇与叔醇相区别。

讨论

① 本试验可用于所有的醇，不必考虑醇的相对分子质量和溶解度等因素。

② 易被氧化的醛、酚和烯醇等均对试剂显正性反应，但可根据它们的特性反应来区别。

③ 一些能被高锰酸钾氧化的烯烃如 $ArCH=CHAr$ 却不能被铬酸氧化，可借此进一步区分烯烃和醇。

④ 可用丙酮作溶剂，但最好事先用高锰酸钾处理，或用丙酮做空白试验对照。

5.3.1.3 α-多羟醇的检验——高碘酸试验

有两个或两个以上的羟基连接在相邻碳原子上的二元或多元醇，容易被高碘酸氧化为醛或醛和甲酸。

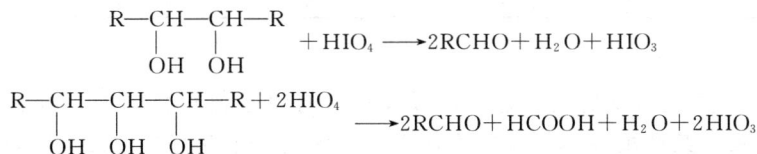

$$R-\underset{\underset{\displaystyle OH}{|}}{CH}-\underset{\underset{\displaystyle OH}{|}}{CH}-R + HIO_4 \longrightarrow 2RCHO + H_2O + HIO_3$$

$$R-\underset{\underset{\displaystyle OH}{|}}{CH}-\underset{\underset{\displaystyle OH}{|}}{CH}-\underset{\underset{\displaystyle OH}{|}}{CH}-R + 2HIO_4 \longrightarrow 2RCHO + HCOOH + H_2O + 2HIO_3$$

反应中生成的碘酸，能与硝酸银的稀硝酸溶液作用，生成白色的碘酸银沉淀。

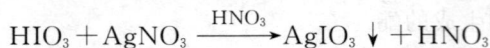

$$HIO_3 + AgNO_3 \xrightarrow{HNO_3} AgIO_3 \downarrow + HNO_3$$

可以借席夫试验检验反应生成的醛。但在试验前应证实试样中无醛存在。

能被高碘酸氧化的化合物包括1,2-二醇、α-羟基醛、α-羟基酮、1,2-二酮和α-羟基酸。它们的反应速率按上述次序递减，但是某些α-羟基酸如柠檬酸在上述实验条件下，得负性结果。

本试验对能溶于水的试样最适用，不溶于水的试样可以用1,4-二氧六环作为溶剂。

5.3.1.4 IR谱鉴定醇类

（1）O—H伸缩 在3600～3200cm^{-1}区域有个中强的吸收，且通常是宽峰。在稀溶液中或几乎不成氢键时，是个尖峰，位于3600cm^{-1}附近，在较浓的溶液中，或形成相当程度的氢键时，是个宽峰，位于3400cm^{-1}附近，有时两峰同时出现。

（2）C—O伸缩 在1200～1050cm^{-1}区域有强吸收，伯醇的吸收更接近1050cm^{-1}，叔醇和酚类更接近1200cm^{-1}。仲醇的吸收介于这个范围内。以此了解羟基碳链取代情况。

5.3.2 酚类化合物的检验

酚类除间甲酚、间位取代的卤代酚是液体外，其余均为固体。一元酚类有强烈的气味（药味）。除硝基酚外，多数纯酚应为无色，酚带颜色往往是被氧化而引起的。一元酚在水中溶解度很小，随着苯环上羟基增多，在水中溶解度增大。邻、间、对苯二酚属S_1组。酚均溶于5%NaOH而不溶于5%NaHCO$_3$溶液。苯酚属S_1-A_2组，其他大多数酚均属A_2组。

酚的检验常用三氯化铁试验和溴水试验。

（1）三氯化铁试验 大多数酚类，遇到三氯化铁溶液均可形成有色配合物。

$$6C_6H_5OH + FeCl_3 \longrightarrow [(C_6H_5O)_6Fe]^{3-} + 6H^+ + 3Cl^-$$

有色配合物的颜色，往往因所用溶剂、反应物的浓度、溶液的pH值以及反应时间的不同而改变。表5-1列出几种酚与三氯化铁的颜色反应。

表 5-1 几种酚与三氯化铁的颜色反应

化合物	颜色	化合物	颜色
苯酚	蓝色	水杨酸	紫色
间苯二酚	蓝紫色	α-萘酚	无色（有粉色沉淀）
邻苯二酚	深绿色	对羟苯甲酸	无色（有黄色沉淀）
对苯二酚	蓝绿,褐色	3,4-二羟苯甲酸	蓝紫色
β-萘酚	无色,加甲醇后变绿色	苯三酚	蓝紫色

讨论

① 大多数酚产生强烈的红、蓝、紫或绿色，有时颜色短暂即逝，故必须在溶液刚刚混合时仔细观察。某些酚在本试验中不显正性，因此在未获得其他证据时，负性试验不应

算作有效。

② 含有烯醇型结构的化合物，如 β-二酮类化合物、乙酰乙酸乙酯等，分子中由于存在着酮式和烯醇式平衡的混合物，对本试验呈正性。肟类常呈红色或红紫色。

（2）溴水试验　酚类能使溴水褪色，形成溴代酚析出。

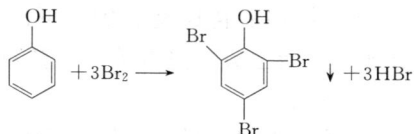

讨论

① 含有易被溴取代的氢原子的化合物，以及易被溴水氧化的化合物，如芳胺、硫醇等均可使溴水褪色。

② 脂肪族烯醇类与溴水作用而褪色。

③ 某些多元酚如间苯二酚，它的溴化物在水中也溶解，故只表现褪色而无沉淀析出。

（3）IR 谱鉴定酚类

① O—H 伸缩可在 $3600cm^{-1}$ 附近见到。

② C—O 伸缩可在 $1200cm^{-1}$ 附近见到。

③ 在 $1400cm^{-1}$ 和 $1650cm^{-1}$ 之间可见到典型的芳环吸收。

④ 芳香族 C—H 可在 $3100cm^{-1}$ 附近见到。

5.3.3　羰基化合物的检验

羰基化合物包括醛、酮两大类。

醛、酮除甲醛（沸点 $-21℃$）和乙醛（沸点 $20℃$）在室温下是气体外，其他醛、酮都是液体或固体。甲醛有刺激味，其他醛、酮都有特殊气味，灼烧时常带蓝色火焰。甲醛、乙醛、丙酮易溶于水和溶于乙醚为 S_1 组。丙醛在 $100g$ 水中溶解 $16g$，仍属 S_1 组。正丁醛属于 S_1-N 组。其他的醛和酮大多数均溶于浓 H_2SO_4 中，属 N 组。

醛、酮由于两者都具有羰基，所以均能与羰基试剂发生加成缩合反应，例如与羟胺作用生成肟，与肼类缩合生成腙等。醛由于羰基上连有活泼氢，很易被弱的氧化剂所氧化，借此来区别醛和酮。

5.3.3.1　醛和酮的检验

（1）2,4-二硝基苯肼试验　醛和酮都能与 2,4-二硝基苯肼反应，生成黄色或橙黄色的 2,4-二硝基苯腙沉淀。

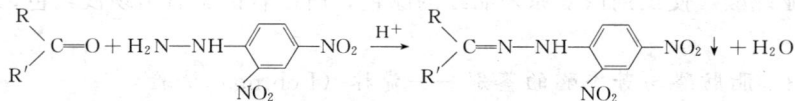

（R、R′为烷基、芳基或氢）

讨论

① 2,4-二硝基苯腙的颜色与醛、酮的分子结构有一定关系，不含共轭结构的醛和酮的腙，一般为黄色，若羰基与双键或苯环共轭时，所生成的腙常为橙色甚至红色，有些长链脂肪酮形成的腙为油状物。由此可以估计羰基化合物的结构。

② 某些烯丙基醇和卞醇，可被试剂氧化成醛和酮，再进一步反应生成腙，某些醇可能由于含少量醛或酮，而遇试剂也可能生成少量沉淀，通常可以忽略，但要审慎。缩醛由于容易发生水解，也可得到正性结果。

③ 做本试验要注意控制液体试样的加入量，否则反应生成的腙能溶解于试样中而误认为负性。在此情况下，可加入少量水观察有否结晶析出。

④ 非水溶性试样，可用乙醇作溶剂，但需做空白试验进行对照，以防乙醇中含有少量醛的干扰。

（2）羟胺盐酸盐试验　根据羰基化合物与羟胺盐酸盐发生缩合反应后，生成盐酸使溶液 pH 值变化的事实来鉴定醛和酮。

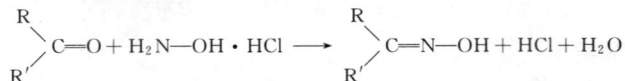

$$\begin{array}{c}R\\R'\end{array}\!\!C{=}O + H_2N{-}OH \cdot HCl \longrightarrow \begin{array}{c}R\\R'\end{array}\!\!C{=}N{-}OH + HCl + H_2O$$

讨论

① 醛和大多数酮与试剂能很快反应，某些相对分子质量大、空间阻碍大的酮，需要加热后才能发生反应。

② 糖、醌等在本试验中呈负性反应。

5.3.3.2　醛的检验——席夫（Schiff）试验

品红盐酸盐是一种桃红色的三苯甲烷染料，与硫酸作用后即生成无色品红醛试剂（亦称席夫试剂）。此试剂与醛作用时，形成一种红紫色醌型染料。

讨论

① 一般脂肪醛和芳香醛都得正性结果。但是芳香醛反应较慢，酮不反应，以示区别。

② 要注意分辨反应后产生颜色的色调，正性结果的颜色与品红的浅红或桃红是不同的，它带有蓝紫色调。

③ 本试剂在受热或在碱性溶液中易分解。所以反应需在弱酸性溶液中进行；反应时，切勿加热。试剂需现用现配，以防分解脱去亚硫酸。

④ 惟有甲醛在强酸条件下，能与试剂发生反应，其他醛都不反应，利用这一特性可以在其他醛存在下，检验甲醛的存在。

⑤ 该试剂能与甲基酮、α, β-不饱和酮、有机碱以及某些不饱和化合物发生反应，失去分子中的亚硫酸。使试剂恢复原来品红的颜色，所以若试验后出现浅红色，便不能视作正性结果。

5.3.3.3　脂肪醛与芳香醛的鉴别——费林（Fehlng）试验

费林溶液是含硫酸铜和酒石酸钾钠的氢氧化钠溶液，它能使脂肪醛发生氧化，同时生成红色氧化亚铜沉淀。但不能氧化芳香醛。

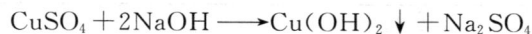

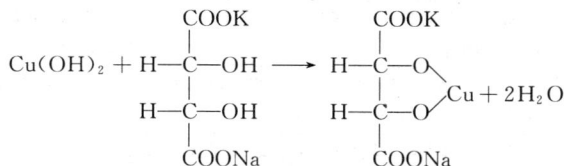

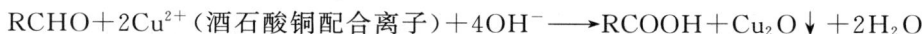

$$CuSO_4 + 2NaOH \longrightarrow Cu(OH)_2 \downarrow + Na_2SO_4$$

$$RCHO + 2Cu^{2+}(酒石酸铜配合离子) + 4OH^- \longrightarrow RCOOH + Cu_2O \downarrow + 2H_2O$$

讨论

① 有些高级脂肪醛不发生反应。有些具有还原性的化合物，例如，羟甲酮、苯肼、羟胺、酚类等，也会呈正性反应。还原性单糖也可用此方法检验。

② 本试验正性结果明显与否，与所用试样的浓度大小有关，当试样浓度由小到大时，反应中的颜色由草绿色变成黄色，到橙色，到红色沉淀，甚至形成铜镜。

5.3.3.4　IR谱鉴定醛和酮

羰基通常是红外光谱中最强吸收的基团之一，吸收范围很宽：$1800 \sim 1650cm^{-1}$，醛基有非常特征的CH伸缩吸收：两个尖峰位于超出—C—H，═C—CH 或 ≡C—H，C═O的通常吸收区域很远的地方。

醛	酮
C═O 伸缩在 $1750 \sim 1650cm^{-1}$，标准伸缩在 $1725cm^{-1}$ 附近	伸缩在 $1780 \sim 1650cm^{-1}$，标准伸缩在 $1715cm^{-1}$ 附近
—CHO 伸缩在 $2850 \sim 2750cm^{-1}$ 处一般有两个弱到中强谱带 2820 及 $2720cm^{-1}$	

5.3.4　羧酸及其衍生物的检验

C_2 以下的一元脂肪酸是液体，二元或多元羧酸以及芳香羧酸都是固体。$C_1 \sim C_2$ 的一元酸有强烈的刺激性酸味，$C_4 \sim C_6$ 酸有难闻的臭味，C_7 以上的酸难闻的臭味逐渐减小。$C_1 \sim C_4$ 一元酸溶于水，也溶于乙醚，属 S_1 酸性组。低级二元和多元羧酸溶于水，但不溶于乙醚，属 S_2 酸性组。其他所有羧酸都属 A_1 组。

羧酸衍生物性质见表 5-2。

5.3.4.1　羧酸的检验

（1）碘酸钾-碘化钾试验　羧酸与碘酸钾-碘化钾溶液混合后，温热能析出碘，碘遇淀粉溶液呈蓝色。

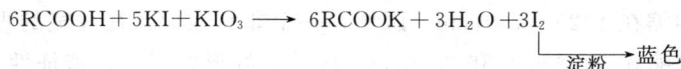

$$6RCOOH + 5KI + KIO_3 \longrightarrow 6RCOOK + 3H_2O + 3I_2 \xrightarrow{淀粉} 蓝色$$

表 5-2　羧酸衍生物性质

羧酸衍生物	物　态	溶　度　组
酯	低级酯和一些芳香酯是具有挥发性香味的液体，高级酯是蜡状固体	C_5 以下属 S_1 组，乙酸乙酯为 S_1-N 组，其他酯为 N 组
酸酐	一元脂肪酸酐，从乙酸酐到葵酸酐均为液体，对黏膜有刺激性。二元酸酐和芳酸酐为固体	除乙酸酐属 S_1 酸性组外，其他均为 N 组
酰胺	除甲酰胺是液体外，其他酰胺都是无色固体。没有特殊气味	$C_5 \sim C_6$ 以下酰胺，属 S_2 组，其他酰胺属 M 组
酰氯	低级酰氯是具有刺激性气味的液体，高级酰氯为无色晶体	C_5 以下酰氯溶于水（实际为水解）属 S 酸性组。其他酰氯属 N 组

讨论

① 在某些情况下，需要多加一些淀粉，方能出现碘-淀粉复合物的特殊蓝色。

② 固体试样可与 KI 及 KIO_3 共同研细，若有碘的棕色出现，即表明正性结果，或在混合物中加几滴淀粉溶液再观察。

（2）羟肟酸铁试验　将羧酸转变为酰氯后再转变为酯，后者与羟胺作用生成羟肟酸，羟肟酸与三氯化铁在弱酸性溶液中即刻生成有颜色的可溶性羟肟酸铁，大多数这样的盐呈紫红色或深红色，当浓度大时颜色更深。

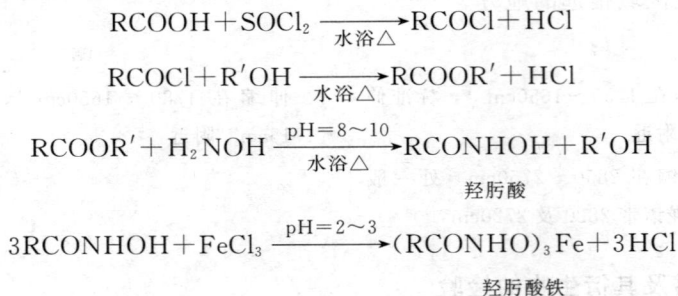

$$RCOOH + SOCl_2 \xrightarrow[\text{水浴}\triangle]{} RCOCl + HCl$$

$$RCOCl + R'OH \xrightarrow[\text{水浴}\triangle]{} RCOOR' + HCl$$

$$RCOOR' + H_2NOH \xrightarrow[\text{水浴}\triangle]{pH=8\sim10} RCONHOH + R'OH$$
$$\text{羟肟酸}$$

$$3RCONHOH + FeCl_3 \xrightarrow{pH=2\sim3} (RCONHO)_3Fe + 3HCl$$
$$\text{羟肟酸铁}$$

讨论

① 在实验中，一般加入 $1\sim2$ 滴三氯化铁溶液即足以出现羟肟酸铁盐的颜色，然而，有时需适当多加些，但若加入 1mL 三氯化铁还不出现特殊颜色，即为负性结果。

② 所有酰卤、酸酐及酯类对本试验都给出正性结果。这些化合物可以利用元素分析（如酰卤含有卤素）、溶度试验（这些化合物均属中性）等，而与羧酸区分。

③ 脂肪族伯、仲硝基化合物，在碱性溶液中形成酸式结构，与三氯化铁作用，也呈正性反应。

④ 如果试样在酸性条件下，能直接和三氯化铁发生颜色反应，就不能进行此反应。

（3）IR 谱鉴定羧酸

① C＝O。伸缩在 $1725\sim1690cm^{-1}$ 区域，一个非常强而且往往宽的吸收。

② O—H。伸缩在 $3300cm^{-1}$ 和 $2500cm^{-1}$ 区域，峰形宽而散，特征性很强。

5.3.4.2 羧酸衍生物的检验

（1）羟肟酸铁试验 酯、酰卤、酸酐及酰胺都可以使其生成相应的羟肟酸，利用羟肟酸铁试验，检验它们的存在。

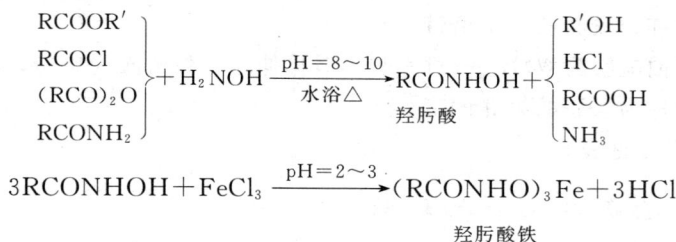

$$\left.\begin{array}{l}RCOOR' \\ RCOCl \\ (RCO)_2O \\ RCONH_2\end{array}\right\} + H_2NOH \xrightarrow[\text{水浴}\triangle]{pH=8\sim10} \underset{\text{羟肟酸}}{RCONHOH} + \left\{\begin{array}{l}R'OH \\ HCl \\ RCOOH \\ NH_3\end{array}\right.$$

$$3RCONHOH + FeCl_3 \xrightarrow{pH=2\sim3} \underset{\text{羟肟酸铁}}{(RCONHO)_3Fe} + 3HCl$$

上述各类物质可利用元素分析（如酰卤含卤素、酰胺含氮）、溶度试验及其他性质加以区别。

（2）IR谱鉴定羧酸衍生物

① 酯

C=O 伸缩在 $1750\sim1730cm^{-1}$ 处有强吸收，标准伸缩在 $1735cm^{-1}$ 附近。

C—O—C 伸缩在 $1300\sim1050cm^{-1}$ 附近有两个带，该吸收带一般比 C=O 的吸收带强，而且较稳定，是鉴定酯的重要依据。

② 酸酐

C=O 伸缩有两个吸收带，分别出现在 $1860\sim1800cm^{-1}$ 和 $1800\sim1750cm^{-1}$ 区间，它们的强度和酸酐的结构有关。链状酸酐的高波数带较低波数带强。而环状酸酐低波数带较高波数带强，借此可区别两类酸酐。

C—O—C 伸缩吸收带比较强，链状酸酐伸缩在 $1170\sim1050cm^{-1}$ 附近，环状酸酐伸缩在 $1300\sim1200cm^{-1}$ 附近。

③ 酰卤

表 5-3 酰胺的特征吸收

酰　　胺	游离态/cm^{-1}	缔合态/cm^{-1}
R—C—NH$_2$ ，N—H 伸缩（O）	3500,3400 有两峰	3350～3200 有几个峰
Ⅰ带	约 1690	约 1650
Ⅱ带	约 1600	约 1640
R—C—NH$_2$ ，N—H 伸缩（O）	约 3400	约 3300,约 3070 两峰
Ⅰ带	1680	1655
Ⅱ带	1530	1550
R—C—N〈R R′　Ⅰ带（O）	1650	1650

C=O　伸缩在 $1815\sim1785cm^{-1}$。

④ 酰胺

红外光谱对鉴定酰胺很有帮助，其特征吸收带主要有三种。

C=O　伸缩称为酰胺的第Ⅰ谱带；

N—H　伸缩伯酰胺为双峰——对称和不对称伸缩，仲酰胺为单峰，叔酰胺无此峰；

N—H　弯曲称为酰胺的第Ⅱ谱带。

酰胺的特征吸收见表 5-3。

5.4　有机含氮化合物的检验

5.4.1　胺类化合物的检验

甲胺、二甲胺、三甲胺和乙胺在常温下是气体，多数脂肪胺均为液体，C_{10} 以上的胺是固体。纯芳香胺是无色液体或固体，由于氧化作用的结果，它们常略带棕色。低级胺有不愉快的或很难闻的臭鱼一样的气味。芳香胺的气味不像脂肪胺那样大，但芳香胺有毒而且容易渗入皮肤。吸入蒸气或皮肤与之接触都能引起中毒。

$C_1\sim C_4$ 胺溶于水呈碱性，属 S_1 或 S_2 组。其余大多数胺都溶于 5%HCl 中，属 B 组。

一个含氮化合物，若其水溶液呈碱性，或在盐酸中的溶解度大于在水中的溶解度，或者它的水溶液含有卤素离子或其他酸根离子，那么该化合物可能是一个胺或它的盐。留下的问题是肯定它究竟属伯、仲胺还是叔胺。通常用兴士堡试验和亚硝酸试验加以确定。

5.4.1.1　兴士堡（Hinsberg）试验

苯磺酰氯或对甲苯磺酰氯与伯胺及仲胺反应，分别生成单取代和二取代磺酰胺，单取代磺酰胺可溶于碱，二取代磺酰胺不溶于碱。叔胺在这些条件下不起反应。

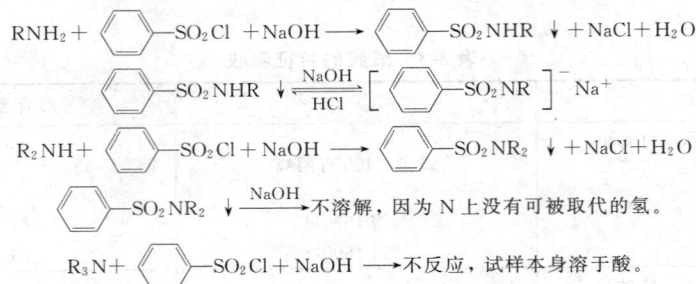

$$RNH_2 + \text{〈苯〉}—SO_2Cl + NaOH \longrightarrow \text{〈苯〉}—SO_2NHR \downarrow + NaCl + H_2O$$

$$\text{〈苯〉}—SO_2NHR \downarrow \xrightarrow[HCl]{NaOH} \left[\text{〈苯〉}—SO_2NR\right]^- Na^+$$

$$R_2NH + \text{〈苯〉}—SO_2Cl + NaOH \longrightarrow \text{〈苯〉}—SO_2NR_2 \downarrow + NaCl + H_2O$$

$$\text{〈苯〉}—SO_2NR_2 \downarrow \xrightarrow{NaOH} 不溶解，因为 N 上没有可被取代的氢。$$

$$R_3N + \text{〈苯〉}—SO_2Cl + NaOH \longrightarrow 不反应，试样本身溶于酸。$$

讨论

① 要注意控制试剂与试样用量，如果用过量的苯磺酰氯与伯胺反应，可能生成二苯磺酰胺，不再溶于碱，而呈固体析出，而误认为是仲胺。

② 若仲胺分子中含有羧基、酚羟基等酸性基团时，与苯磺酰氯作用后的产物也能溶于氢氧化钠溶液中，得到与胺相同的结果，用此法就不能与伯仲胺区分。

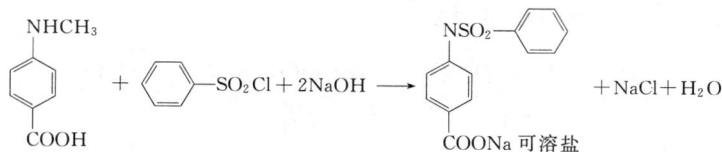

故试样在溶度试验中属于两性化合物时，不宜做此试验。

③ 有些相对分子质量大的伯胺，生成的磺酰胺钠盐，在水中溶解度较小，不易溶于稀碱液中，应注意与仲胺的差别。

5.4.1.2 亚硝酸试验

亚硝酸试验可用于区别各种不同的胺。

脂肪族伯胺与亚硝酸作用，生成醇并放出氮气。

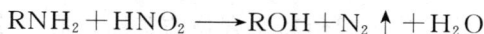

$$RNH_2 + HNO_2 \longrightarrow ROH + N_2 \uparrow + H_2O$$

芳香族伯胺与亚硝酸作用，生成重氮盐，加入 β-萘酚碱溶液，立即生成红色偶氮染料。

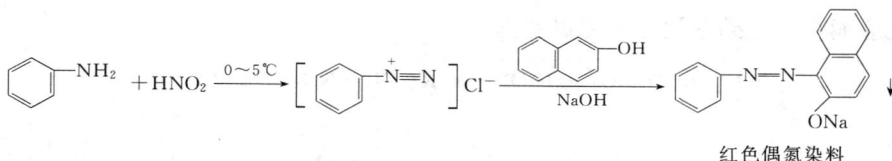

红色偶氮染料

脂肪族仲胺和芳香族仲胺与亚硝酸作用，生成 N-亚硝基仲胺，常为难溶于水的黄色油状物或低熔点固体。

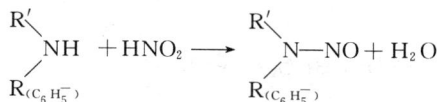

脂肪族叔胺与亚硝酸不反应，但在稀酸中可形成可溶性的盐。若再加碱，又可析出游离的叔胺。

N,N-二烷基取代的芳叔胺，氨基对位无取代基时，与亚硝酸作用，生成对亚硝基芳叔胺盐酸盐，呈红棕色溶液或橙黄色固体，用碱中和后，得到绿色的对亚硝基芳叔胺。

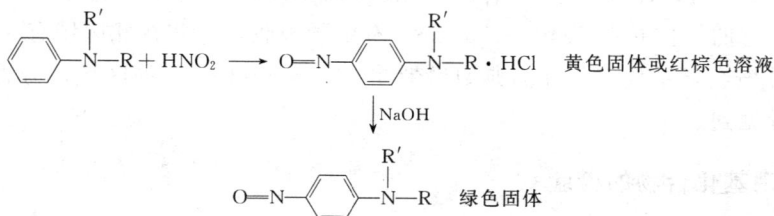

讨论

① 此试验最适用于把脂肪族和芳香族伯胺与仲胺区分开来。也可将脂肪族伯胺与芳香族伯胺加以区分。仲胺与叔胺都生成亚硝基化合物，常不易区分。

② 酰胺和酚能与亚硝酸发生下列反应。

$$RCOHN_2 + HNO_2 \longrightarrow RCOOH + N_2\uparrow + H_2O$$

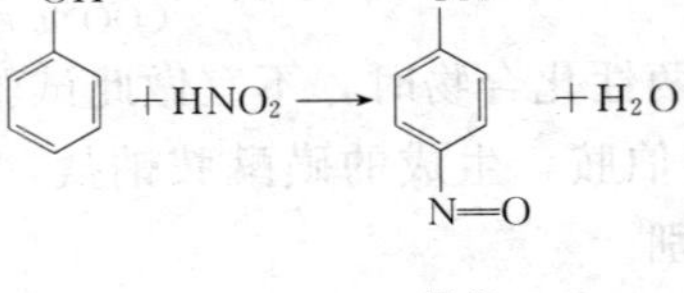

黄色

根据溶度试验和羟肟酸铁试验区分脂肪伯胺和酰胺。根据元素定性和三氯化铁试验区分芳香仲胺和酚。

③ 亚硝酸试验可用于伯、仲、叔硝基化合物的鉴别，伯、仲硝基化合物与亚硝酸作用均生成蓝色 α-亚硝基化合物，而伯硝基化合物的亚硝基衍生物能溶于碱，溶液显红色。仲硝基化合物的亚硝基衍生物不能溶于碱。叔硝基化合物与亚硝酸不起反应。所以利用亚硝酸的反应能将三种硝基化合物加以鉴别。

$$RCH_2NO_2 + HNO_2 \longrightarrow R{-}\underset{\displaystyle NO}{\underset{|}{CH}}{-}NO_2 + H_2O \quad \text{蓝色}$$

$$\xrightarrow{NaOH} \left[R{-}\underset{\displaystyle NO_2}{\underset{|}{C}}{-}NO_2 \right]^- Na^+ \quad \text{红色}$$

$$R_2CHNO_2 + HNO_2 \longrightarrow R_2{-}\underset{\displaystyle NO}{\underset{|}{C}}{-}NO_2 + H_2O \quad \text{蓝色}$$

④ 亚硝基化合物已被证实有致癌作用，应避免接触，并应立即清除这些溶液。

5.4.1.3　IR 谱鉴定胺类

① N—H 伸缩。脂肪族和芳香族伯胺都在 3500～3300cm^{-1} 区域显示两个吸收（双重峰，由于对称和不对称伸缩所致）。仲胺在该区域显示单一吸收，叔胺无 N—H 键。

② N—H 弯曲。伯胺在 1640～1560cm^{-1} 有中强吸收，仲胺在此区域有一个弱吸收。

③ 芳香族胺会显示代表苯环的典型谱带在 1650～1400cm^{-1} 的区域，芳香 C—H 可在 3100cm^{-1} 附近见到。

5.4.2　硝基化合物的检验

脂肪族硝基化合物多数是无色且具有愉快香味的液体。芳香硝基化合物是浅黄色的高沸点液体或固体，芳环上硝基越多颜色越深。硝基化合物具有毒性，较多地吸入它们的蒸气或粉尘，或者长期与皮肤接触都能引起中毒。脂肪族硝基化合物微溶于水，具有 α-氢的硝基化合物能溶于 5％NaOH，不溶于 5％NaHCO₃，属 A₂ 组。其他均属 M 组。

硝基烷烃和硝基芳烃可以从简单物理性质与外观上，也可以从酸性基上（伯、仲硝基化合物具有弱酸性基）进行初步判断。然而，许多硝基化合物可在氢氧化亚铁试验和氢氧化钠丙酮试验中呈正性反应。

（1）氢氧化亚铁试验　大多数硝基化合物，特别是芳香硝基化合物很容易将氢氧化亚铁（绿色）氧化成氢氧化铁（棕红色）。

$$C_6H_5NO_2 + 4H_2O + 6Fe(OH)_2 \longrightarrow C_6H_5NH_2 + 6Fe(OH)_3 \downarrow$$

绿色　　　　　　　　　　　　　　棕红色

讨论

① 几乎所有硝基化合物都呈正性反应。一般的硝基化合物在 30s 内即呈正性反应。其反应速率与硝基化合物在溶液中的溶解度有关，溶解度大的反应较快。

② 亚硝基化合物、醌类、硝酸酯和亚硝酸酯等也具有氧化性，也能发生此反应。

③ 试样本身呈橙色或其他颜色，勿做此试验。

（2）氢氧化钠-丙酮试验　苯及其同系物的多元硝基衍生物，当与丙酮和氢氧化钠溶液混合时，产生显色反应。反应机理尚不清楚。一般情况下，二硝基化合物显蓝紫色，三硝基化合物显血红色，一硝基化合物不显色（或很淡的黄色），但也有例外。

几种多硝基化合物在本试验中产生的颜色如下。

1,3,5-三硝基苯	深红色	2,4,6-三硝基间甲酚	无色
2,4,6-三硝基甲苯	深红色	1,2-二硝基苯	无色
2,4,6-三硝基苯酚	橙色	1,4-二硝基苯	绿黄色

讨论

① 苯环上有氨基、酰氨基、羟基时，对本试验有干扰。阻碍红色或紫色的形成。如大多数二硝基及三硝基酚试验时产生黄色、黄橙色或绿黄色。2,4-二硝基苯胺产生红色，因而与三硝基芳烃所显颜色相混淆。

② 脂肪族硝基化合物在本试验中不显色，呈负性反应。

（3）IR 谱鉴定硝基化合物　—NO₂ 伸缩在 1560～1350cm⁻¹ 附近有两个强谱带。与苯环或烯键共轭的硝基的该吸收带移向低频，在 1520～1350cm⁻¹ 两处有强吸收。

5.5　有机含硫化合物的检验

常见的含硫化合物有硫醇、硫酚、硫醚、磺酸类及磺酰胺类等。

5.5.1　硫醇、硫酚的检验

此类化合物大多数为液体，有极难闻的臭味。在水中溶解度很小。都易溶于 5％ NaOH 溶液而不溶于 5％ NaHCO₃，属于 A₂ 组。

（1）硫化铅试验　硫醇、硫酚与铅酸钠作用生成黄色铅盐，如再和硫作用即刻生成硫化铅黑色沉淀。

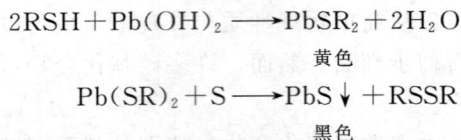

$$2RSH + Pb(OH)_2 \longrightarrow PbSR_2 + 2H_2O$$
黄色

$$Pb(SR)_2 + S \longrightarrow PbS\downarrow + RSSR$$
黑色

（2）IR谱鉴定硫醇、硫酚　硫醇和硫酚的红外光谱在 $2600\sim2500cm^{-1}$ 区出现巯基（SH）的伸缩吸收带。虽然吸收很弱，但由于在这一区域出现谱带的基团不多，仍可用于鉴定巯基。

5.5.2　磺酸类的检验

磺酸是有机酸中的强酸，溶度试验一般属于 S_2 酸性组或 A_1 组。磺酸在空气中往往潮解，它们的碱土金属盐类能溶于水，如果元素定性分析时，试样中含有硫，同时观察到上述这些现象，就会推测试样可能是磺酸，再通过羟肟酸铁试验和氢氧化钠-氢氧化镍试验来检验。

（1）羟肟酸铁试验

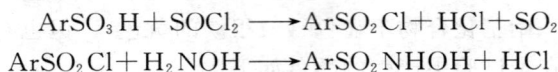

$$ArSO_3H + SOCl_2 \longrightarrow ArSO_2Cl + HCl + SO_2$$
$$ArSO_2Cl + H_2NOH \longrightarrow ArSO_2NHOH + HCl$$

磺酸羟肟酸与乙醛作用生成羟肟酸和亚磺酸。

$$ArSO_2NHOH + CH_3CHO \longrightarrow CH_3CONHOH + ArSO_2H$$

在碱性条件下，加入三氯化铁，若有紫红色羟肟酸铁出现，并有红棕色沉淀亚磺酸铁产生，则表明试样是磺酸。

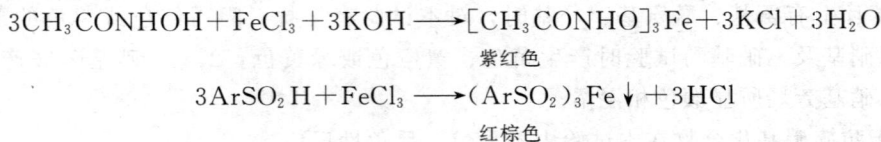

$$3CH_3CONHOH + FeCl_3 + 3KOH \longrightarrow [CH_3CONHO]_3Fe + 3KCl + 3H_2O$$
紫红色

$$3ArSO_2H + FeCl_3 \longrightarrow (ArSO_2)_3Fe\downarrow + 3HCl$$
红棕色

讨论

① 磺酰卤也可发生类似反应。

② 磺酸盐可与盐酸混合蒸干后,用残渣按此法检验。

（2）氢氧化钠-氢氧化镍试验　磺酸与氢氧化钠共熔时生成亚硫酸氢钠。

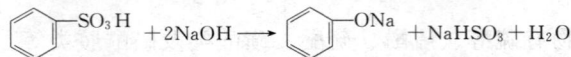

$$\text{〔}C_6H_4\text{〕}-SO_3H + 2NaOH \longrightarrow \text{〔}C_6H_4\text{〕}-ONa + NaHSO_3 + H_2O$$

反应生成物用盐酸酸化，即有二氧化硫放出，二氧化硫遇涂有氢氧化镍的滤纸，反应生成黑色 $NiO(OH)_2$。

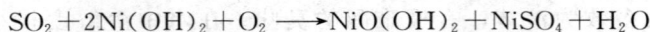

$$SO_2 + 2Ni(OH)_2 + O_2 \longrightarrow NiO(OH)_2 + NiSO_4 + H_2O$$

黑色 $NiO(OH)_2$ 遇乙酸联苯胺变蓝。

其他硫化物如硫脲与氢氧化钠共熔生成硫化钠，酸化生成硫化氢，遇 $Ni(OH)$ 生成黑色 NiS，与乙酸联苯胺不反应，以此同磺酸区别。

磺酰胺也可用此法检验，并与其他硫化物相区别。

实验 5.1　官能团的检验

一、实验目的
1. 掌握各种官能团的检验方法。
2. 熟悉各官能团的特征反应。

不饱和化合物试验

1. 高锰酸钾溶液试验

（1）试剂　1%高锰酸钾水溶液。

（2）步骤　取 0.1g 或 3 滴液体试样溶于 2mL 水或丙酮（不含醇）中，向此溶液中逐滴加入 1%高锰酸钾水溶液，边加边极力振荡，如加 2 滴以上，在 1min 内褪色即表明为正性反应。表明试样含不饱和官能团或还原性官能团。

2. 溴的四氯化碳溶液试剂

（1）试剂　2%溴的四氯化碳溶液。

（2）步骤　取 1mL 四氯化碳加入 0.1g（或 0.2mL）试样振荡，使其溶解，向此溶液中逐滴加入 2%溴的四氯化碳溶液，振摇观察，加 2 滴试剂，在 1min 内褪色，即表明为正性反应。

一切与溴易发生取代反应的化合物如苯酚在本实验条件下均可使溴褪色；当观察到溴褪色时，可在试管口放一蓝色石蕊试纸，若试纸变红，说明发生的是取代反应，有溴化氢放出。

（3）本实验试样　汽油、桂皮酸、苯酚、苯。

卤代烃试验

1. 硝酸银醇溶液试验

（1）试剂　2%硝酸银醇溶液，2mol·L⁻¹硝酸。

（2）步骤　取 1mL 2%硝酸银醇溶液于试管中，加入 0.03g 或 2 滴试样，振荡 5min，观察有无沉淀析出，如无沉淀加热至沸，观察有无沉淀及沉淀颜色，如有沉淀在此试管中加入 2 滴 2mol·L⁻¹硝酸溶液，沉淀不溶解为卤化银，沉淀溶解可能是有机酸的银盐。如果溶液微浑浊，不能认为是正性反应，应作空白试验对照。

2. 碘化钠丙酮溶液试验

（1）试剂　碘化钠丙酮溶液：称 15g 碘化钠溶于 100mL 纯丙酮中，保存在棕色试剂瓶中（此溶液放置久时颜色变红，即有碘析出就不能再用）。

（2）步骤　取 1mL 碘化钠丙酮溶液加入 2 滴液体试样，若为固体试样则取 0.05g 溶于少量丙酮中，再将此样液滴至试剂中，振摇后于室温静置 3min，观察有无沉淀，如无沉淀于 50℃ 水浴中温热 6min，冷至室温，再观察有无沉淀。

（3）本试验试样　乙酰氯、氯苯、2,4-二硝基氯苯、氯丁烷、仲氯丁烷、叔氯丁烷、三氯甲烷。

羟基化合物试验

1. 硝酸铈试验

（1）试剂　称取 20g 硝酸铈铵，加 50mL 2mol·L⁻¹ 硝酸加热溶解，放冷，溶液呈黄色。

（2）步骤　溶解 30mg（或 1 滴）试样于 1～2mL 水（或 1,4-二氧六环）中，加入 8～10 滴硝酸铈试剂，振荡后观察溶液颜色的变化。

如显红棕色为正反应，如生成棕色或绿色沉淀表示试样是酚类。

2. 卢卡斯试验——伯、仲、叔醇的鉴别

（1）试剂　卢卡斯试剂：取 200g 氯化锌在火上加热以除尽水分，然后加强热使熔化，称取 136g 熔块溶于 90mL 浓盐酸中，冷却防止氯化氢逸走，储于磨口瓶中。

（2）步骤　取 3～5 滴试样放于干燥试管中，加入 2mL 卢卡斯试剂，用力振荡，观察是否浑浊，放置是否分层，立即反应者为叔醇，5min 后反应或水浴加热后反应者为仲醇，无反应者为伯醇。

若对仲醇和叔醇的识别尚有怀疑时，可将 2～3 滴试样与 2mL 浓盐酸混合振摇，仲醇不发生反应，叔醇在 10min 分层。

3. 硝铬酸试验——叔醇与伯、仲醇的鉴别

（1）试剂　8mol·L⁻¹ 硝酸，5% 重铬酸钾溶液。

（2）步骤　取 1mL 8mol·L⁻¹ 硝酸置于试管中，加入 5% 重铬酸钾溶液 3～5 滴，随后加入试样 2～3 滴（固体 20mg）振荡，在 5min 内呈现蓝色时，为正性反应。

4. 三氯化铁试验——鉴别酚类

（1）试剂　1% 三氯化铁溶液。

（2）步骤　取 0.02g 试样，溶于 2mL 水中，加 0.5～1mL 1% 的三氯化铁溶液，摇匀，立即观察颜色变化，必要时作空白加以对照。

（3）本实验试样　乙醇、正丁醇、仲丁醇、叔丁醇、苯酚、对苯二酚、邻苯二酚、α-萘酚、β-萘酚、水杨酸。

羰基化合物试验

1. 2,4-二硝基苯肼试验-羰基的鉴定

（1）试剂　2,4-二硝基苯肼试剂配制方法如下。

A 法：在 50mL 30% 高氯酸（由商品 60% 高氯酸加一倍水）中，溶解 1.2g 2,4-二硝基苯肼，配成后溶液储于棕色瓶中，可长期使用。

B 法：取 3g 2,4-二硝基苯肼，溶在 15mL 浓硫酸中，把所得溶液缓缓搅入 70mL 95% 乙醇和 20mL 水的混合液中，过滤。

（2）步骤　在小试管中，加入 1mL 2,4-二硝基苯肼试剂，加 0.1g（或 2 滴）试样，用力

振荡，析出沉淀的表明是正性反应，有时析出油状的 2,4-二硝基苯棕，但放置后可析出结晶。

2. 羟胺盐酸盐试验——羰基的鉴定

（1）试剂　0.5％盐酸羟胺乙醇溶液：取 5g 盐酸羟胺，溶于 1000mL95％乙醇中，如 pH 值小于 3.7 时，可用少量 5％的氢氧化钠乙醇溶液，将其 pH 值调至 3.7～3.9。

（2）步骤　取 1mL 盐酸羟胺溶液，放入试管中，加 2 滴液体试样（或几粒固体试样）加以振荡，试其 pH 值在 3.7 以下者即为正性反应。

3. 席夫试验——醛与酮的鉴别

（1）试剂　消色品红试剂（席夫试剂）：取 0.2g 品红盐酸盐于 100mL 热水中，冷却后加 2g 亚硫酸钠及 2mL 浓盐酸，然后用水稀释至 200mL，储于棕色瓶中。若溶液变红色，则不能使用。

（2）步骤　在小试管中加入 1mL 消色品红试剂以及 2 滴试样，（不溶于水的试样先溶于无醛乙醇中），摇匀后观察，在 3～4min 内有颜色变化（紫红色），则表示醛存在，加入 1mL 浓盐酸，颜色经久不褪的是甲醛。

4. 费林试验——脂肪醛与芳香醛和酮的鉴别

（1）试剂

费林 A：溶解 17.3g 结晶硫酸铜于足量水中，稀释至 250mL。

费林 B：溶解 35g 氢氧化钠及 90g 结晶酒石酸钾钠于足量水中，然后稀释至 250mL。

（2）步骤　在试管中加入 1mL 费林 A 和 1mL 费林 B，混匀后，加 3 滴液体试样或 0.1g 固体试样（可预先溶于 1mL 水），振荡后，在沸水浴中加热 3min，析出红色的氧化亚铜沉淀，表示脂肪醛存在，如果试样量很少时，常产生绿色浑浊。

（3）本实验试样　甲醛、乙醛、苯甲醛、丙酮。

羧酸及其衍生物试验

1. 羟肟酸铁试验——羧酸的鉴定

（1）试剂　亚硫酰氯，正丁醇，2mol·L⁻¹氢氧化钾乙醇液，1mol·L⁻¹盐酸羟胺乙醇液，2mol·L⁻¹盐酸溶液，10％三氯化铁溶液。

（2）步骤　取 0.1g 或 0.2mL 试样放于试管中，加入 3～4 滴亚硫酰氯置沸水浴中加热 1min，冷后加入 0.5mL 正丁醇，再置沸水浴中加热 1min，冷后加 1mL 水，振荡分层后，取出酯层于另一试管中，加入 1mL 盐酸羟胺乙醇液，振荡后，用 2mol·L⁻¹氢氧化钾乙醇液中和至 pH＝8～10，加热煮沸数分钟，冷后用 2mol·L⁻¹盐酸酸化至 pH＝2，逐滴加入 10％三氯化铁溶液呈紫红色即为正性反应。

2. 羟肟酸铁试验——羧酸衍生物的鉴别

（1）试剂　2mol·L⁻¹氢氧化钾乙醇液，2mol·L⁻¹盐酸溶液，10％三氯化铁溶液。

（2）步骤　在小试管中，加入液体试样 0.2mL 或固体试样 0.05g，加入 0.5mL 盐酸羟胺乙醇溶液，振荡后，用 2mol·L⁻¹盐酸中和至 pH＝2。然后逐滴加入 10％三氯化铁溶液，呈紫红色、蓝紫色、琥珀色均为正性反应。

(3) 本实验试样　苯甲酸，乙酰氯，乙酸酐，乙酸乙酯，乙酰胺。

胺 类 试 验

1. 苯磺酰氯试验（邢思伯试验）伯、仲、叔胺的鉴别

(1) 试剂　苯磺酰氯，25%盐酸溶液，10%氢氧化钠溶液。

(2) 步骤　取 2 滴或 0.1g 胺于试管中，加 0.5mL 10%氢氧化钠和 4 滴苯磺酰氯，用软木塞塞紧，用力振荡，微热，但不可煮沸，直至无苯磺酰氯气味为止，用水冷却，观察是否有沉淀或黄色油状物生成，再加 0.5mL 10%氢氧化钠用力振荡，观察沉淀是否溶解，溶者为苯磺酰伯胺的钠盐，取出少许油状物，加浓盐酸酸化，油状物溶解，则说明是叔胺，不溶者为仲胺的苯磺酰胺。

2. 亚硝酸试验——芳伯、仲、叔胺的鉴别

(1) 试剂　2mol·L⁻¹亚硝酸，0.5mol·L⁻¹亚硝酸钠，β-萘酚，10%氢氧化钠。

(2) 步骤

芳伯胺重氮偶合试验：取 3 滴试样放在试管中，加入 2mol·L⁻¹盐酸 0.5mL 和 0.5mol·L⁻¹亚硝酸钠 0.5mL，振荡，得芳伯胺重氮盐溶液。另取 0.1g β-萘酚放在试管中，用10%氢氧化钠 2mL 溶解，加入 3～5mL 水，把重氮盐溶液倒入此试管中，析出橙红色沉淀时，试样为芳伯胺。

芳仲胺亚硝化反应：取 3 滴试样放在试管中，加入 2mol·L⁻¹盐酸 0.5mL 和 0.5 mol·L⁻¹亚硝酸钠 0.5mL，振荡，观察，析出黄色油状物为芳仲胺。

芳叔胺与亚硝酸反应：取 3 滴试样放在试管中，加入 2mol·L⁻¹盐酸 0.5mL 和 0.5mol·L⁻¹亚硝酸钠 0.5mL，振荡，观察颜色，加入 10%氢氧化钠 1mL，观察颜色变化，加热煮沸后再观察颜色变化。

(3) 本实验试样　苯胺，N-甲基苯胺，N,N-二甲基苯胺。

硝基化合物试验

1. 氢氧化亚铁试验——硝基的鉴定

(1) 试剂　5%硫酸亚铁溶液，2mol·L⁻¹氢氧化钾乙醇溶液，1mol·L⁻¹硫酸溶液。

(2) 步骤　取试样 2～3 滴或几小颗固体试样于试管中，加入 1.5mL 新配制的 5%硫酸亚铁水溶液，加入 1 滴 1mol·L⁻¹硫酸和 1mL 2mol·L⁻¹氢氧化钾乙醇溶液，立即用塞子塞好试管，并加以振摇，若在 1min 内沉淀由淡绿色变为红棕色，即为正性结果（固体试样可用几滴乙醇或丙酮溶解后，再加入硫酸亚铁溶液）。

2. 氢氧化钠丙酮溶液试验

(1) 试剂　丙酮，10%氢氧化钠水溶液。

(2) 步骤　取 0.05g 或 2～3 滴试样，放于试管中加入 1mL 丙酮和 1mL 10%氢氧化钠溶液，边加边振摇，二元硝基化合物很快显紫蓝色，三元硝基化合物显深红色，一元硝基化合

物无显色反应。

（3）本实验试样　硝基苯，2,4-二硝基氯苯，间二硝基苯。

含硫化合物试验

氢氧化钠——氢氧化镍试验

（1）试剂　氢氧化钠；氢氧化镍：取 1g 氯化镍用水溶解，再用氢氧化钠将其沉淀为氢氧化镍，过滤，用水冲洗至中性。25％盐酸；乙酸联苯胺：取 50mg 联苯胺溶于 10mL 2mol·L⁻¹的乙酸中，用水稀释至 100mL，过滤备用。

（2）步骤　取 3 粒氢氧化钠放于干燥大试管中，加入 0.1g 试样，然后加热熔融，冷后，用少量水溶解，溶液用 25％盐酸酸化，用涂有氢氧化镍的滤纸放在管口，微微加热试管，管中放出气体，如涂有氢氧化镍的滤纸变黑，加 1 滴乙酸联苯胺，立即显蓝色，即为磺酸类，如不变蓝即为硫化物。

（3）本实验试样　硫脲，对氨基苯磺酸。

习　　题

1. 用溴的四氯化碳和高锰酸钾水溶液检验不饱和烃时，各有什么局限性和缺点？如果结合起来使用有何优点？

2. 丙烯醇和苯酚均使溴-四氯化碳褪色，如何区分它们？

3. 根据下列情况，能得到什么结论？

（1）某含卤化合物对高锰酸钾水溶液试验呈正性反应，但对硝酸银溶液试验呈负性反应。

（2）某化合物在元素分析时含卤素，但对硝酸银醇溶液呈负性反应。

4. 试推断下列化合物中，哪些遇硝酸银醇溶液在室温下即产生卤代银沉淀；哪些需要加热后方产生沉淀；哪些在加热后也不产生沉淀。

（1）CH_2 $=$ $CH-CH_2Cl$；

（2）CH_3CH_2Cl；

（3）CH_2 $=$ $CHCl$；

（4）$C_6H_5CH_2Cl$；

（5）$C_6H_5CH_2CH_2Cl$；

（6）C_6H_5Br；

（7）$ClCH_2COOH$；

（8）$CH_3CH_2NH_2·HCl$；

（9）$(CH_3)_3CBr$；

（10）CCl_4

5. 试推断下列化合物中，哪些遇碘化钠-丙酮溶液在室温下即产生沉淀；哪些要加热至 50℃方产生沉淀；哪些在室温下反应并析出游离的碘；哪些在此试验中呈负性反应。

（1）CH_3COCl；　　（2）$CHCl_3$；　　（3）$CH_3CH_2CH_2Cl$；

（4）$CH_3CH_2CH_2Br$；　　（5）CH_2BrCH_2Br；　　（6）$C_6H_5CH_2Br$；

（7）C_6H_5Br；　　（8）$(CH_3)_3CBr$；　　（9）CH_2ClCH_2Cl；　　（10）$C_6H_5SO_2Cl$

6. 试述伯、仲、叔醇的鉴别方法。

7. 下对化合物哪些遇三氯化铁水溶液能发生显色反应。

(1) 甲苯酚；　　　(2) 硝基甲烷；　　　(3) α-萘酚；

(4) 乙酰丙酮；　　(5) 水杨酸；　　　(6) $CH_3CONHOH$；

(7) 对硝基苯酚；　(8) $CH_3-\underset{\underset{O}{\|}}{C}-CH_2COOH$

8. 羰基化合物如何检出？醛和酮如何鉴别？甲醛和其他醛如何区别？

9. 用简单方法鉴别下列各组化合物。

(1) 丙醛、丙酮、丙醇和异丙醇；

(2) 戊醛、2-戊酮和苯甲醛；

(3) $R-\underset{\underset{H}{|}}{\overset{\overset{H}{|}}{C}}-R'$，$RCH_2OH$，$CH_3-\underset{\underset{C_2H_5}{|}}{CH}-Cl$，$\underset{H_3C}{\overset{H_3C}{>}}C=O$，$CH_3CH_2-\underset{\underset{CH_3}{|}}{CH}-OH$，对甲苯酚；

(4) 对羟基苯甲酸，对甲基苄醇，对羟基苯甲醛，苯甲醛。

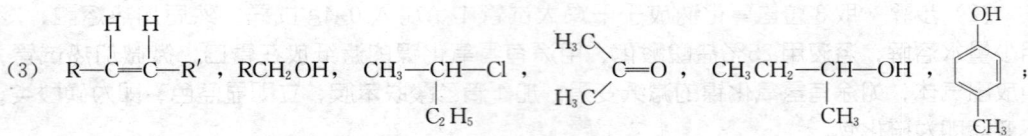

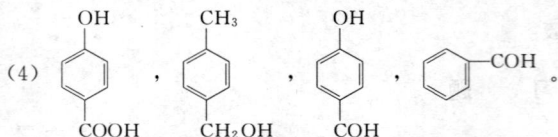

10. 试举出能直接或间接用羟肟酸铁试验检验出来的官能团，并写出反应式。

11. 有三瓶没有标签的试剂，它们分别如下。

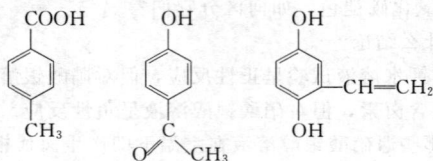

对甲苯甲酸，对羟基苯乙酮，2,4-二羟基苯乙烯

用简单的化学方法加以鉴别。

12. 用简单的方法区别下列各组化合物。

(1) 苯甲酸和肉桂酸；　　　　　(2) 乙酸和乙醇；

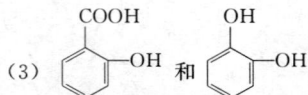

(3) 水杨酸 和 邻苯二酚。

13. 试由 1-氯戊烷、正戊酸乙酯、正丁酸混合物中分离出正丁酸。

14. 下列氨基化合物与亚硝酸作用，有什么现象发生？写出主要的反应式。

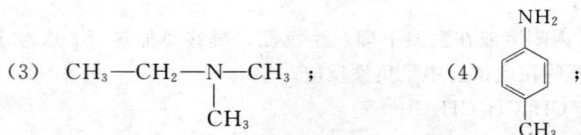

(1) $CH_3-\underset{\underset{CH_3}{|}}{CH}-CH_2-NH_2$；　　　　(2) $CH_3-\underset{\underset{CH_3}{|}}{CH}-NH-CH_3$；

(3) $CH_3-CH_2-\underset{\underset{CH_3}{|}}{N}-CH_3$；　　　　(4) 对甲基苯胺；

(5) N-甲基苯胺；　　　　　　(6) N,N-二甲基苯胺；

(7) 苯-CH₂NH₂

15. 借官能团鉴定试验，区别下列各组化合物，并写出反应式。

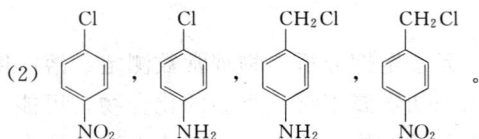

(1) 对位-NHCH₃/COOH ， 对位-NHCH₃/COCH₃ ， 对位-CH₂NH₂/COOH ；

(2) 对位-Cl/NO₂ ， 对位-Cl/NH₂ ， 对位-CH₂Cl/NH₂ ， 对位-CH₂Cl/NO₂ 。

16. 选择最佳方法，分别鉴定出下列各组化合物。

(1) 乙酸乙酯、乙醇、苯甲醛、乙醚、丙酮、氯仿；

(2) 乙酸、乙酸酐、乙酰氯、氯化苄、甲酰胺、乙醛；

(3) 乙醇、仲丁醇、苯胺、硝基苯、对氯苯甲醛、四氯化碳、丙酮；

(4) 对苯二酚、乙酰苯胺、苯甲酸、氯乙酸、苯磺酸、对氨基苯甲酸。

6 查阅文献和制备衍生物

当一个单纯的有机未知物，经过初步审察、元素定性分析、物理常数测定、溶解度试验和官能团的检验后，根据实验结果，可以推测未知物属于哪一类型的化合物，可能含有哪些官能团。如果它属于人们已经研究过，知道分子结构的化合物，就应设法查阅有关文献资料，从而推测物质可能是哪几种化合物，再通过制备未知物的衍生物及测定其物理常数，并与找出的可能的化合物比较，才能最后确定未知物是哪一种化合物。

6.1 查阅文献

查阅资料的目的，是为了找到与未知物分析检验结果想一致的可能化合物。首先应该查阅中文的有关参考书或工具书，从中找到直接资料或间接资料。若中文资料中不易找到，也可以从外文的有关专业参考书或工具书及有关的期刊杂志中查阅。

有关主要参考书、工具书简单介绍如下。

(1) 余仲建编的《有机化合物的系统鉴定法》(1959 年版)，本书收集了约 2600 多种有机化合物，衍生物表是按各类化合物编排的，各表又按化合物物理常数的大小次序，分固体和液体化合物列出，表中除了各化合物本身的物理常数外，还列出其相应的衍生物的熔点数据。

(2) 陈耀祖编著的《有机分析》(1981 年版)，本书所列的有机化合物衍生物表，其编排方法与上书基本相似。

(3) 分析化学手册《化学分析》分册。

本书选择列出近 300 个常见有机化合物，分为 19 个表排列。见本书附表"衍生物表"。

如果遇到上述书中未被收录的化合物时，可查阅《海氏有机化合物辞典》，原著为英文，四卷，中译本 1963 年出版 (科学出版社)。其中化合物译名按英文字母排列，每个化合物都列出结构式、相对分子质量、来源、理化性质及其衍生物的性质，并简单注明其制备方法的参考文献。

如果是一般常见有机化合物，通常能在上述资料中查到可能化合物。在这些资料中找不到的有机化合物，可在贝尔斯坦 (F. K. Beilstein) 的《有机化学大全》(德文) 或美国《化学文摘》(ChemicalAbstracts) 中查找。

在查阅各种文献资料时，应该找出符合下列四个条件的可能化合物。

（1）与未知物含有相同的元素；

（2）与未知物的溶度试验一致；

（3）与未知物所包含官能团相同，属于同一类型的化合物；

（4）熔点或沸点在未知物的上下 5℃ 范围内。符合上述条件的化合物可能是一个或几个。

由文献中查出可能的化合物，就应该做未知物的衍生物。

6.2　未知物的确证

验证一个未知物，大致采用以下几种方法。

（1）与标准试样比较　一个未知物结构的验证，不论是用化学方法或任何一种仪器方法都离不开和标准试样的比较。特别是利用波谱法验证结构，和标准试样对照尤为重要。在化学鉴定中通常将标准试样和未知物混合，测定混合熔点，以验证未知物与标准试样的同一性。

（2）与标准图谱进行对照　由于运用各种仪器来鉴定化合物日益广泛，目前国际上不少国家都出版了各类有机物的标准图谱，如红外图谱、紫外图谱、核磁共振图谱、质谱和光谱数据集。把未知物的光谱图与标准图谱进行对照是验证结构的简便方法。未知物的光谱图与已知化合物的光谱图对照，两张光谱图中的峰相重，基本上可以肯定是一种化合物。

（3）衍生物的制备　有机化合物系统鉴定法中，仅测出未知物的物理常数、所含元素及官能团是不够的，因为含有相同的元素及官能团，物理常数相近（熔点或沸点在 ±5℃ 范围内）的化合物绝非一种，所以应当进一步制备衍生物，如果制得的衍生物的熔点，与其中某一可能化合物的相应衍生物的熔点数值很相近，即可确定试样为该化合物了。

由此看来，制备衍生物是确定未知物的最后一步。而且制备衍生物简单方便，不需要更多的仪器，所以是验证未知物的常用方法。

6.3　衍生物的制备

绝大多数有机物可以同许多物质发生化学反应，生成新的化合物，但是，不是任何一个反应都可以成为人们制备衍生物的方法。一个满意的衍生物应具备一定的条件。

6.3.1　选择衍生物的原则

（1）制备衍生物的方法应尽可能简单，副反应少，产品收率高，易于精制。

（2）衍生物应具有固定的熔点，且在 50～250℃ 之间，最好在 100～200℃ 之间。熔点低于 50℃ 常常不易析出结晶，也不易纯化；高于 250℃ 的固体在加热时，常常发生分解或其他变化，同时在测定熔点时温度计外露段的误差也大。

（3）衍生物的熔点与未知物的熔点至少要相差 5℃ 以上，同时各可能化合物相应衍生

物的熔点，也必须至少相差5℃以上，以便于鉴别。例如

名　称	沸点/℃	肟熔点/℃	缩氨脲熔点/℃	苯腙熔点/℃
邻氯苯甲醛	208	76	229~230	86
间氯苯甲醛	208	70~71	228	134

从衍生物熔点看，缩氨脲熔点太接近，苯腙熔点相差大是最好的衍生物，其次是肟。

（4）所选衍生物，除有固定熔点外，最好还具有其综合特点，以作补充证据。

6.3.2　部分化合物的重要衍生物的制备

（1）芳烃的衍生物　制备芳烃的固体衍生物有以下几种方法。

① 硝化法。芳烃可以硝化为固体多硝基物，如有必要还可以将硝基物进一步还原成胺，再酰化为酰胺而加以鉴定。

$$C_6H_6 \xrightarrow{HNO_3} C_6H_5NO_2 \xrightarrow{[H]} C_6H_5NH_2 \xrightarrow{(CH_3CO)_2O} C_6H_5NHCOCH_3$$

② 氧化法。仅有一个侧链或有两个侧链的芳烃可以氧化成为相应的芳酸。

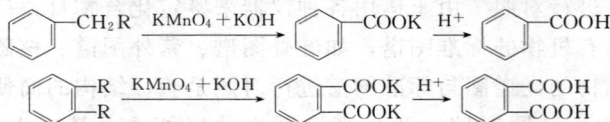

（2）醇类的衍生物

① 醇类可以和3,5-二硝基苯甲酰氯反应生成相应的固体酯。

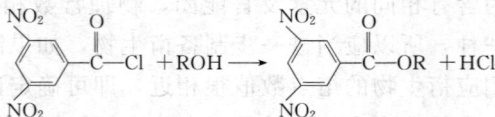

主要副产物为3,5-二硝基苯甲酸，可以用碳酸钠溶液洗涤除去。伯、仲醇较易酯化，叔醇比较困难，往往生成卤代烃或脱水生成烯，若在反应混合物中加入少量的吡啶，可得到较好的结果。

② 醇类与异氰酸苯酯反应生成苯氨基甲酸酯。

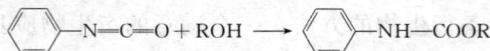

生成苯氨基甲酸酯的难易程度和醇的分子结构有关，伯醇反应较快，仲醇较慢，叔醇比较困难，并且脱水成烯的副反应较显著。

（3）酚的衍生物　酚类除了和醇类一样可制成固体羧酸酯、固体氨基甲酸酯以外，还可以制成芳氧乙酸和固体溴代酚。

① 酚类与氯乙酸在氢氧化钠存在下能缩合成芳氧乙酸。

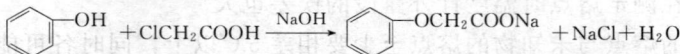

② 在许多情况下，酚与溴水作用极易生成固体溴代酚，方法简单，产率高。

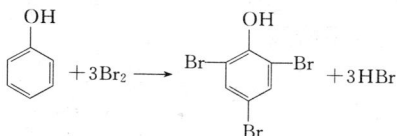

$$\text{（苯酚）}+3Br_2 \longrightarrow \text{（2,4,6-三溴苯酚）}+3HBr$$

（4）醛酮类衍生物　醛和酮都能和苯肼反应生成相应的腙，其中以对硝基苯肼和2,4-二硝基苯肼最常用。此外，也可以与氨基脲反应生成缩氨脲，和羟胺反应生成肟。

① 2,4-二硝基苯腙

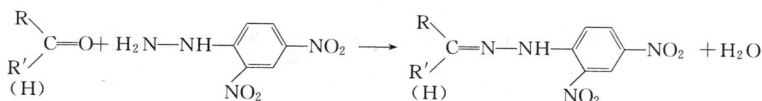

$$\begin{array}{c}R\\R'\\(H)\end{array}C{=}O + H_2N{-}NH{-}\text{（2,4-二硝基苯基）}{-}NO_2 \longrightarrow \begin{array}{c}R\\R'\\(H)\end{array}C{=}N{-}NH{-}\text{（苯基）}{-}NO_2 + H_2O$$

一些羰基化合物2,4-二硝基苯腙具有多晶现象。不同晶形的熔点可能相差 $1\sim2℃$，有的相差可大到 $20℃$，相对分子质量大的羰基化合物的2,4-二硝基苯腙熔点太高，可采用苯肼或对硝基苯肼来制备相应的苯腙。

② 缩氨脲

$$\begin{array}{c}R\\R'\\(H)\end{array}C{=}O + H_2N{-}NH{-}\overset{\overset{\displaystyle O}{\|}}{C}{-}NH_2 \longrightarrow \begin{array}{c}R\\R'\\(H)\end{array}C{=}N{-}NH{-}\overset{\overset{\displaystyle O}{\|}}{C}{-}NH_2 + H_2O$$

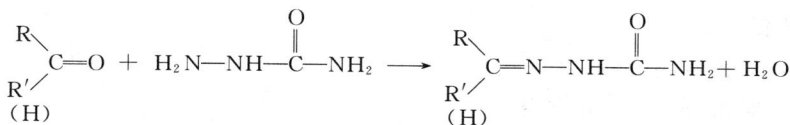

低级脂肪醛形成缩氨脲的反应进行的非常缓慢，如甲醛和氨基脲混合，10 天尚没有结晶析出。因此，4 个碳以下的醛不宜用此法。

（5）羧酸的衍生物　羧酸的衍生物主要是制备成固体酰胺或固体酯。

① 酰胺。羧酸与氯化亚砜或五氧化二磷反应，使生成酰氯，而后再与氨水或芳胺反应，生成固体酰胺。

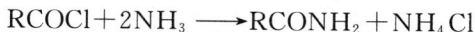

$$RCOOH + SOCl_2 \longrightarrow RCOCl + SO_2 + HCl$$
$$RCOCl + 2NH_3 \longrightarrow RCONH_2 + NH_4Cl$$
$$RCOCl + C_6H_5NH_2 \longrightarrow C_6H_5NHCOR + HCl$$

8 个碳以下的羧酸可以直接与对甲苯胺在 $180\sim200℃$ 时共热制取酰甲苯胺。

② 羧酸酯。羧酸钠与对硝基氯化苄反应生成固体对硝基苄酯。

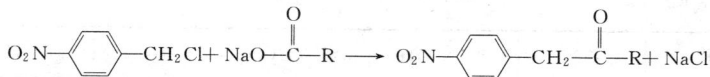

$$O_2N{-}\text{（苯基）}{-}CH_2Cl + NaO{-}\overset{\overset{\displaystyle O}{\|}}{C}{-}R \longrightarrow O_2N{-}\text{（苯基）}{-}CH_2{-}\overset{\overset{\displaystyle O}{\|}}{C}{-}R + NaCl$$

（6）胺类衍生物　伯胺和仲胺可以制成酰胺，叔胺的氮原子上已无氢原子，不能制成酰胺，但可制成铵盐。

① 酰胺。伯胺和仲胺最容易制备的衍生物是乙酰胺和苯甲酰胺。相对分子质量大的伯、仲胺和乙酸酐反应生成固体乙酰胺类：

$$\text{◯—NH}_2 + (CH_3CO)_2O \longrightarrow \text{◯—NHCOCH}_3 + CH_3COOH$$

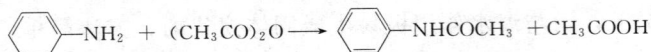

低相对分子质量的胺可以制成苯甲酰胺：

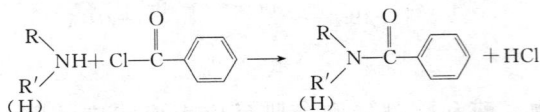

$$\begin{array}{c} R \\ \diagdown \\ N-H \\ \diagup \\ R'(H) \end{array} + Cl-\overset{\displaystyle O}{\underset{\displaystyle \|}{C}}-\text{◯} \longrightarrow \begin{array}{c} R \\ \diagdown \\ N-\overset{\displaystyle O}{\underset{\displaystyle \|}{C}}-\text{◯} \\ \diagup \\ R'(H) \end{array} + HCl$$

② 铵盐。叔胺不和上述试剂反应，但可与苦味酸反应，生成苦味酸盐，这种衍生物也适用于伯、仲胺。

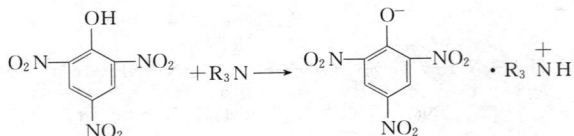

$$O_2N-\text{◯}^{OH}_{NO_2}-NO_2 + R_3N \longrightarrow O_2N-\text{◯}^{O^-}_{NO_2}-NO_2 \cdot R_3\overset{+}{N}H$$

6.4 未知物分析报告示例

未知物：编号 No.3

鉴定结果：正丁醇

（1）初步试验

① 物态：无色透明液体。

② 嗅味：略带刺鼻的醇嗅气味。

③ 灼烧试验：燃烧时火焰显淡蓝色，无残渣。

（2）物理常数测定

① 沸点：第一次 114～117℃ ⎫
　　　　第二次 115～118℃ ⎬ 经校正

② 相对密度 ρ：第一次 0.8120，第二次 0.8120。

③ 折射率 $n_D^{20} = 1.3988$。

（3）元素分析

元素	N	S	Cl	Br	I	其他元素
结果	－	－	－	－	－	

（4）溶度试验

溶剂	水	乙醚	5%NaOH	5%NaHCO₃	5%HCl	浓 5%H₂SO₄	分组
结果	+	+	－	－	－	－	S₁

溶度试验溶于水，溶液对石蕊呈中性。有可能为水溶性中性含氧化合物。

（5）官能团化学鉴定和光谱鉴定

① 化学鉴定

试　验	现　象	推　论
Br$_2$-CCl$_4$	—	无 $\diagup$C=C$\diagdown$
KMnO$_4$	—	无 $\diagup$C=C$\diagdown$
硝酸铈	棕红色溶液	有醇羟基（C$_6$ 以下的醇）
硝铬酸	蓝绿色溶液	有伯或仲醇羟基
卢卡斯	—	是伯醇羟基（C$_6$ 以下）
2,4-二硝基苯肼	—	无 $\diagup$C=O
羟肟酸铁	—	不是酯

注：试验结果表明未知物可能是饱和伯醇。

② LR 谱鉴定

溶　剂	特征谱带/cm^{-1}	推　断
CCl$_4$	3600, 3300（强，宽）	有—OH 伸缩
	1025（宽）	有—C—O 伸缩

（6）查阅文献　《有机分析》陈耀祖编著。

可能的化合物	沸点/℃	衍生物和它的熔点/℃		相对密度
		3,5-二硝基甲酸酯	苯氨基甲酸酯	
正丁醇	117.7	64	61	0.8096
2-仲醇	119	62		0.8092
异丁醇	108	87	86	0.8020
3-戊醇	116	97	49	0.8204

（7）衍生物的制备

名　称	3,5-二硝基苯甲酸酯	苯氨基甲酸酯
实测熔点/℃	62～63	58～60
文献值	64	61

实验 6.1　未知物分析

一、实验目的

灵活运用已学过的鉴定方法，对未知物进行系统鉴定，以确定未知物是哪一种化合物。

二、实验步骤

1. 初步审察

观察试样的物理状态、颜色、气味。

2. 灼烧试验

观察试样的燃烧情况，灼烧后是否有残渣并试其残渣的酸碱性。

3. 物理常数测定

固体试样测定熔点，液体试样测定沸点，必要时可测折射率。

4. 元素定性分析

分析未知物中是否含有氮、硫、卤等元素。

5. 溶度试验

试验试样在水中的溶解性，水溶性试样，再进行乙醚溶度试验。

非水溶性试样再进行在 5%HCl、5%NaOH、5%NaHCO₃、浓 H₂SO₄ 中的溶度试验，找出未知物所在的组别。

6. 官能团检验

根据前面五项结果选择官能团的检验方法，对未知物可能具有的官能团进行分析检验，并推出未知物的类型。

7. 查阅资料

根据已取得的实验结果查阅有关书籍，找出符合下列四个条件的化合物。

（1）熔点或沸点相差在 5℃ 左右；

（2）所含元素相同；

（3）溶度试验结果相同；

（4）官能团鉴定结果相同。

如只得到化合物的类型就应进行衍生物的制备，以最后确定未知物的结构。

8. 衍生物的制备

选择一合理的方法制备衍生物，并测定该衍生物的物理常数，与可能化合物的衍生物的物理常数比较，如果与某化合物的衍生物的物理常数一致，即可确定未知物为该化合物。详细记录每一步骤取得的结果，并填入未知物系统鉴定实验报告中。

未知物系统鉴定实验报告

初步检验	物　态		颜　色			气　味	
灼烧试验	火焰情况		熔化、升华			残渣颜色及酸碱性	
物理常数测定	熔点/℃		沸点/℃			折射率	
元素定性	N	S		Cl		Br	I
溶度定性	H₂O	乙醚	5%HCl	5%NaOH	5%NaHCO₃	浓 H₂SO₄	组别

续表

	鉴定方法	现　　象	结　　论
官能团检验			

通过上述试验将可能的未知物列于下表。

	可能的化合物	熔点/℃	沸点/℃	折射率
查阅资料				
结　　论	未知物是：			

习　　题

1. 制备一个理想的衍生物应具备哪些条件？

2. 根据下列实验结果逐步推断出未知物试样为何物。

（1）试样 1

① 无色液体、有醇香味、燃烧时为蓝色火焰，无残渣存留。

② 沸点为 98.5～101.10℃，$\rho = 0.8060$　$n_D^{20} = 1.3940$。

③ 元素鉴定：不含杂元素。

④ 溶度试验：S_1 组、水溶液对酚酞和石蕊溶液均不变色。

⑤ 官能团检验

酰氯试验	（＋）	卢卡斯试验	（＋）
直接羟肟酸铁试验	（－）	硝铬酸试验	（＋）
2,4-二硝基苯肼试验	（－）	溴的四氯化碳试验	（－）
硝酸铈试验	（－）		

⑥ IR 谱结果　重要谱带：$3600cm^{-1}$、$3300cm^{-1}$、$1025cm^{-1}$（较宽）。

⑦ 衍生物制备：3,5-二硝基苯甲酰氯反应得一白色固体，熔点为 74～76℃。

（2）试样 2

① 白色晶体，燃烧时有黑烟、无残渣存留。

② 熔点为 145～148℃。

③ 元素鉴定：含 N。

④ 溶度试验

水	乙醚	5%NaOH	5%NaHCO₃	5%HCl	浓 H₂SO₄	组别 A₁（B）
－		＋	＋	＋		A₁（B）

⑤ 官能团鉴定

高锰酸钾试验	（＋）	兴士堡试验	生成物溶于碱液
溴的四氯化碳试验	（＋）	直接羟肟酸铁试验	（－）
氢氧化亚铁试验	（－）	间接羟肟酸铁试验	（＋）
亚硝酸试验	生成物与 β-萘酚	碘酸钾-碘化钾试验	（＋）

反应生成红色沉淀

⑥ 衍生物制备　3,5-二硝基苯甲酸衍生物，熔点 276～278℃。

（3）根据以下试验结果，确定溶度组和未知物结构。

未知物：白色固体，元素定性含 N，可能的分子式 $C_8H_9O_2N$。

溶度试验结果

水	乙醚	5%NaOH	5%NaHCO₃	5%HCl	浓 H₂SO₄	溶度组
－		＋	＋	＋		

官能团检验结果

试验方法	反应情况	结　论
Fe(OH)₂ 试验	－	
兴士堡试验	生成物溶于 5%NaOH 溶液	
亚硝酸试验	生成黄色沉淀	
间接羟肟酸铁试验	＋	

写出未知物可能的结构式。

7 有机元素定量分析

7.1 概述

元素定量分析是研究有机化合物的基本步骤之一。顾名思义,元素定量分析是对有机化合物中所含元素进行含量测定,分析化合物的组成。这部分内容在科学研究以及有机化学工业生产中,都有着重要的作用。

一般元素定量分析,主要测定有机化合物的常见组成元素,如碳、氢、氮、硫、磷、卤素等。氧的百分含量通常不直接测定,而是在测得其他所有元素的含量后,从 100% 减去这些数值得到。

在有机化学的研究领域中,无论是新合成的有机化合物或天然提取物,都需要进行元素定量分析,这对于鉴定其结构是非常重要的;在化学工业生产中,则可通过元素定量分析,检验原料、半成品和成品的质量和规格。

测定有机化合物中的元素时,通常包括三个步骤:试样的分解、干扰元素的消除及在分解产物中测定元素的含量。

分解有机物的方法,可分为干法分解和湿法分解两类。

干法分解是使有机化合物在适当的条件下燃烧分解,而湿法分解则为酸煮分解,经分解有机化合物中的待测元素转化为简单的无机化合物或单质。

分解产物可采用化学分析法或物理、物理化学分析方法进行测定,根据测定方法的不同,在测定前需对分解产物进行干扰元素的消除。

元素定量分析过去多采用常量分析和半微量分析,因用样量较大,分析时间较长,难于满足有机化学领域的发展需要。随着分析测试手段的改进,目前多倾向于发展微量分析。近年来,随着分析技术和计算机技术的发展,各种自动化元素分析仪相继问世,几种元素的同时快速测定,标志着元素定量分析的水平达到了一个新的高度。

元素定量分析主要用于确定实验式,所以其准确度习惯采用与理论值相对照的绝对误差表示。经典元素分析法的允许绝对误差一般为 ±0.3%。

本章着重讨论有机化合物中碳、氢、氮、硫、磷和卤素等元素测定的基本原理和基本方法。

7.2　元素的测定

7.2.1　碳和氢的测定

有机化合物的基本组成元素是碳和氢，所以碳和氢含量的测定是有机元素定量分析的一项重要任务。

测定碳和氢的常用方法通常是燃烧分解法。将待测物放入装有催化剂和氧化剂的燃烧管中，在氧气流中进行燃烧，使有机物完全氧化。其中碳元素转化为二氧化碳；氢元素转化为水，将其中的干扰元素去除后，用吸收剂吸收产生的水和二氧化碳。吸收剂吸收前后的质量之差，即为燃烧试样产生的水和二氧化碳的质量，经换算后，即可求出试样中碳和氢的百分含量。为了有效地测定有机化合物中碳和氢的含量，首先应使有机化合物完全燃烧分解，将其中的碳和氢定量地转化为二氧化碳和水。为了达到这个目的，主要是靠提高反应温度及改进燃烧管内催化剂的氧化性能的方法。现在我国多采用高锰酸银的热解产物做催化剂进行碳和氢的测定。整个分析过程包括试样的燃烧分解、干扰元素的消除、分解产物的测定等三个步骤。

7.2.1.1　试样的燃烧分解

利用高锰酸银的热解产物作催化剂，在（500±50）℃的条件下，使试样在氧气流中燃烧分解，其中的碳和氢定量的转化为 CO_2 和 H_2O。

高锰酸银的热解产物是一种带金属光泽的黑色粉末，由高锰酸银的晶体加热分解而得。据研究，此热解产物在温度不超过 790℃ 时，组成比为银：锰：氧＝1：1：（2.6～2.7），常写成 $AgMnO_2$。其内部结构是金属银以原子状态均匀地分散在二氧化锰晶格表面的空隙中，形成活性中心，因此具有很强的吸收卤素和硫的能力。

热解产物中的 MnO_2，在 500℃ 以下就具有很高的催化氧化性，足以使有机化合物完全分解并氧化。若温度超过 600℃，则容易分解，颜色变成褐红色，且催化效能降低。

由于工作温度较低（500±50）℃，所以可以使用普通耐高温的玻璃燃烧管。但是，对于某些难分解的试样，例如含硅、硼和硫元素的有机化合物氧化不易完全。因此，在目前采用的燃烧分解法中，常使用高锰酸银的热解产物和四氧化三钴联用的混合型催化剂。四氧化三钴（$CoO＋Co_2O_3$）是一种可逆氧化剂。在氧气流中于较低温度下有很强的催化氧化效能，能使甲烷在 345℃ 定量氧化完全。但吸收卤素和硫的能力却不及高锰酸银的热解产物，两种催化剂联用，彼此取长补短，协同作用，有利于碳和氢的测定。实践证明是一类行之有效的性能优良的催化氧化剂。

燃烧方法有两种，一种是将装有试样的铂舟或石英舟置于燃烧管中，在缓慢的氧气流（6～8mL·min^{-1}）下，缓缓加热使试样融化，然后将融化后的液滴或试样蒸气慢慢赶入催化剂填充区，使之氧化成二氧化碳和水等，最后随气流进入吸收区。此燃烧方法由于氧气流速慢，所以燃烧的时间较长，共需约 30min 左右。

另一种燃烧方法为将装有试样的铂舟或石英舟放在一端开口，另一端封闭的石英套管中，把开口一段与氧气流方向一致，放入燃烧管内（挥发性液体用毛细管称样，将毛细管折断放在铂舟或石英舟中，毛细管开口方向与气流方向相反）。氧气流速为 $35 \sim 50$ mL·min^{-1}，先在套管底部逆向加热试样，然后再顺向加热，试样裂解产物伴随快速氧气流氧化，并进入催化剂填充区。

这种燃烧方法使试样在氧气不充足的小套管中加热分解，燃烧产生的有机小分子，一经逸出套管口便与燃烧管内充足的氧气流相遇，立即氧化，并迅速进入催化剂填充区，定量氧化成 CO_2 和 H_2O。燃烧速度快（$10 \sim 15min$），不需冲洗，效果较好。缺点是所用小套管在装样时表面吸附水，干扰氢的测定。另外在燃烧过程中要防止试样热分解产物突然冲出套管，引起燃烧氧化不完全。

7.2.1.2 一般干扰元素的消除

在碳和氢的测定中，有机物中的氮、硫、卤素是常见的干扰元素。试样燃烧分解后，它们均转化为酸性气体，能被碱石棉吸收，干扰碳的测定。

卤素和硫的干扰可以被高锰酸银的热解产物消除，因为卤素与银在较高温度下生成卤化银；硫的燃烧产物为三氧化硫，与银作用生成硫酸银，从而消除干扰。含氮化合物燃烧时，生成产物为二氧化氮，可用活性二氧化锰吸收。活性二氧化锰实际上是水合二氧化锰，表面存在的羟基具有吸附活性，吸收二氧化氮后，生成硝酸锰并释出水。

$$Mn(OH)_4 + 2NO_2 \longrightarrow Mn(NO_3)_2 + 2H_2O$$

在氮氧化物吸收管的后半段填装吸水剂以吸收反应生成的水。

7.2.1.3 燃烧产物的测定

样品中的碳和氢经燃烧后生成二氧化碳和水，用吸收剂吸收后称量。

（1）吸收剂 常用的吸水剂有无水氯化钙、无水硫酸钙、硅胶、无水高氯酸镁和五氧化二磷等。其中以无水高氯酸镁为最好，它吸水快、吸收容量大，吸水量可达自身质量的 60%，因此，使用期比其他吸收剂长，另外，它吸水后体积缩小，不致堵塞吸收管。由于具有上述优点，使它成为广泛应用的理想吸水剂。

二氧化碳一般用碱石棉吸收。碱石棉是一种浸有浓氢氧化钠的石棉，干燥后，粉碎成 $20 \sim 30$ 目颗粒。氢氧化钠和二氧化碳反应后，生成碳酸钠和水。

因此，在二氧化碳吸收管内，碱石棉的后面必须填加一段无水高氯酸镁。一方面吸收反应释出的水不致造成碳的测定误差，同时，使经过水和二氧化碳两支吸收管前后的气流保持同样的干燥度。

（2）吸收顺序 由于无水高氯酸镁只能吸收燃烧产物中的水，而碱石棉除吸收二氧化碳外，还能吸收水和二氧化氮。因此，无水高氯酸镁吸收管，必须安装在碱石棉管的前面。对于含氮有机物，应在水吸收管和二氧化碳吸收管之间，装上氮氧化物吸收管以消除氮的干扰。

7.2.1.4 仪器装置

经典的燃烧分解测定碳和氢的装置，主要由燃烧管和一系列吸收管组成。如图 7-1 所示为以高锰酸银的热解产物作催化剂的装置。

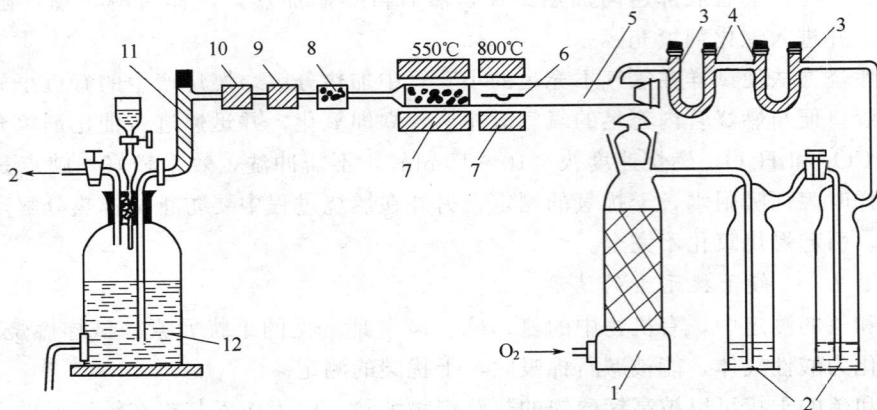

图 7-1 微量碳氢测定装置

1—干燥塔；2—缓冲瓶；3—无水高氯酸镁管；4—烧碱石棉管；5—燃烧管；6—石英舟；7—加热电炉；
8—水吸收管；9—氮氧化物吸收管；10—CO₂吸收管；11—防护管；12—吸气装置

(1) 氧气源 以氧气钢瓶为氧气源。氧气流速由氧气表控制，用装有浓硫酸的计泡计测量，为了除去氧气中的二氧化碳、水分等杂质，必须在出口处装洗气瓶（内装 40％氢氧化钠）、干燥塔（内装硅胶或 4A 分子筛）和净化管（U 形管两支，内装无水高氯酸镁和碱石棉）。

(2) 燃烧管 由耐高温玻璃制成，通常用石英管，其形状和大小如图 7-2 所示。内装有银丝、石棉和高锰酸银的热解产物。测定时，将试样放入铂舟或石英舟中，再置于石英管中进行燃烧分解。

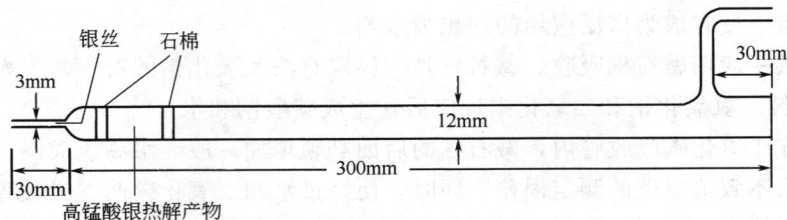

图 7-2 燃烧管及填充物

(3) 吸收管 吸收管的形状和大小见图 7-3。燃烧分解出来的气体，首先通过水吸收管，再经氮氧吸收管，最后通过二氧化碳吸收管。

水吸收管：内装无水高氯酸镁，管的两端以薄石棉加以固定。

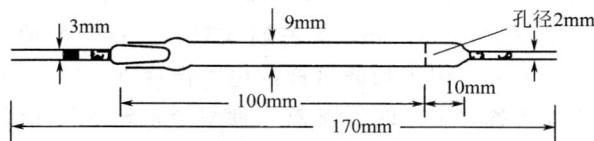

图 7-3 吸收管

氮氧化物吸收管：依次填装石棉、二氧化锰、石棉、无水高氯酸镁、石棉。

二氧化碳吸收管：依次填装石棉、碱石棉、石棉、无水高氯酸镁、石棉。

（4）防护管　装无水高氯酸镁，两端塞石棉。防止外界水气浸入吸收管。防护管如图 7-4。

（5）吸气装置　如图 7-5 所示，马氏瓶装满水，对仪器提供温和负压，使气体容易流过。当系统内压

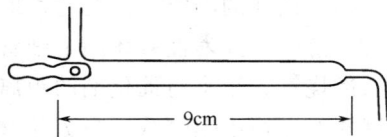

图 7-4 防护管

减少时，可防止空气进入吸收管。它还可以作为系统内气体流速测定的参考装置。此外，可以利用马氏瓶检查仪器系统是否漏气。

7.2.1.5　主要试剂

（1）石棉，酸洗石棉和工业石棉两种。

（2）银丝，直径 0.2mm 银丝。

（3）无水高氯酸镁，分析纯 30～40 目和 60 目颗粒。

（4）碱石棉，20～30 目。

（5）二氧化锰：二氧化锰经 5% 硫酸加热处理，过滤，水洗至中性。干燥后研碎取 10～14 目细粒。

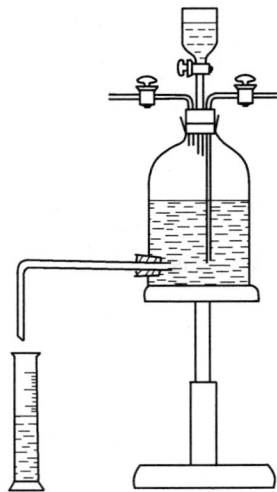

图 7-5 吸气装置

（6）高锰酸银的热解产物：48.5g 高锰酸钾溶于 1000mL 沸水中；取 51g 硝酸银溶于少量水中，在搅拌下倾入高锰酸钾溶液中，搅拌静置至室温，过滤，水洗得粗品，再用水重结晶。精制品放入 60～70℃ 烘箱干燥，将烘干后的高锰酸银放入干燥试管中，置于 120℃ 电炉内加热，则很快剧烈分解，体积增大约 3 倍，然后转移至蒸发皿中，于（500±50）℃ 高温炉中加热 1～2h 后，取出备用。

7.2.1.6　测定过程

（1）检查装置是否漏气　将仪器按装置图连接好，调节氧气流速为 10～15mL·min⁻¹，堵住整个系统出口，计泡计气泡停止冒出，或关闭氧气，马氏瓶中水流停止流出，说明系统不漏气。否则，表明仪器装置有漏气情况，需要逐段检查，直至不漏气。

（2）燃烧管的空烧　检查装置不漏气后，先取下 3 个吸收管 8，9，10，将防护管 11 直接连在燃烧管上，以 35～50mL·min⁻¹ 流速通入氧气。打开电炉，控制用于加热催化剂的电炉温度在（500±50）℃，用于灼烧试样的电炉温度在 700～800℃，并往返移动灼烧试样的电炉，灼烧燃烧管各部位，即空烧 2h，使整个系统在氧气流下达到平衡。

（3）测定空白值　按图 7-1 的顺序连接好 3 个吸收管 8，9，10，继续通氧加热 0.5h，然后取下吸收管，用麂皮擦拭，放置 5min 后称重，按上法进行多次测定，直至二次称量差值为水吸收管在 0.1mg 以内，二氧化碳吸收管在 0.05mg 以内为止。

（4）试样的测定　按规定称取一定量试样，固体或不易挥发试样直接将试样放入铂舟或石英舟中，挥发性液体用毛细管或安瓿球称样，再将试样放入铂舟或石英舟中。将小舟放入燃烧管，小舟与催化剂的距离约为 3～5cm，接好仪器系统各部件。通入氧气，将灼烧试样的电炉由燃烧管进口处缓缓移至试样处，停留 2min，移回进口端，再缓慢移至试样处。为防止燃烧分解后生成的水在水吸收管进口处凝结，可以用酒精灯小火微微加热此处，自吸收管接上系统后，30min 停止加热。卸下吸收管，按空白测定所述称量。

（5）结果计算　在测定过程中，将二氧化碳和水吸收管吸收前后称重，分别求得生成的水和二氧化碳的质量，按下式计算后，即可求出有机物中碳和氢的含量。

$$碳含量 = \frac{m_2 - m_1}{m} \times 27.27\%$$

$$氢含量 = \frac{m_2' - m_1'}{m} \times 11.19\%$$

式中　　$m_2 - m_1$——燃烧分解后生成的 CO_2 的质量，mg；

$m_2' - m_1'$——燃烧分解后生成的 H_2O 的质量，mg；

m——试样的质量，mg；

27.27%——二氧化碳中含碳的百分率；

11.19%——水中含氢的百分率。

习　　题

1. 试述元素定量分析的任务，一般测定步骤及分解试样的方法？
2. 燃烧法测定碳和氢的原理？燃烧分解是否可在空气流中进行？
3. 以高锰酸银的热解产物做催化剂进行碳、氢测定有何缺点和局限性，如何改进？
4. 试计算下列各化合物中各元素的百分组成。
   （1）苯甲酸；　　　　　　　　　（2）乙酰苯胺；
   （3）苯甲酰胺；　　　　　　　　（4）对二氯苯；
   （5）对氨基苯磺酸；　　　　　　（6）1-氨基-α-羟基-4-氯萘磺酸
5. 试写出具有下列元素组成的化合物的实验式。
   （1）C41.9%；H3.5%；N8.1%；Br46.5%；
   （2）C64.9%；H8.1%；N12.6%；其余是氧。
6. 将一个试样进行元素分析，所得数据如下。

碳氢分析取样 11.19mg，燃烧后称得水 4.70mg，二氧化碳 7.63mg；

卤素分析取样 24.74mg，得氯化银 54.96mg；

硅分析取样 46.72mg，得二氧化硅 21.74mg。试根据这些结果写出化合物的实验式。若这个化合物的相对分子质量为 128±1，试推测化合物为何物？

$$M_{Ag}=107.9；M_{Si}=28.08；M_{AgCl}=143.3；M_{SiO_2}=60.08$$

7.2.2 氮的测定

有机物中很多含氮化合物，如氨基酸、蛋白质、胺类等，动植物体的主要成分都是含氮化合物，因此测定有机物中氮的含量具有重要的意义。有机物中氮的测定，通常是将有机物中氮转化为 N_2 或 NH_3 的形式。然后分别用气量法或气相色谱法测定 N_2，用容量法或分光光度法测定 NH_3，从而计算有机物中氮的百分含量。前法主要归于经典的杜马法（Dumas），后者归于经典的克达尔法（Kjedahl）。

克达尔法的仪器设备简单，测定过程也比较简便，又能同时测定多个试样，所以国内外应用较为普遍，多用于化工生产的常规分析。此法尤其适于氨基酸、蛋白质中氮的测定，但不能直接用于硝基化合物、亚硝基化合物、偶氮化合物及肼、脲等的测定。杜马法仪器装置比较复杂，因此，在实际应用中不如克达尔法普遍，但杜马法对于大多数含氮化合物都适用。所以，在使用克达尔法有困难或结果可疑的情况下，往往可用杜马法来测定或核对结果。

7.2.2.1 克达尔法

克达尔法亦称硫酸消化法。

（1）基本原理　克达尔法全过程可分为：消化煮解、碱化蒸馏、吸收和滴定等四步。

① 消化煮解。含氮化合物在催化剂的存在下，用浓硫酸煮沸分解，有机物中的氮转化为 NH_3，被过量浓硫酸吸收生成 NH_4HSO_4。如以氨基乙酸为例，可用下式表示。

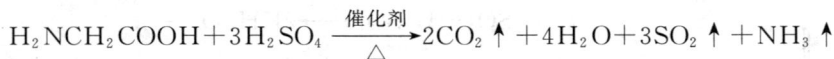

$$H_2NCH_2COOH+3H_2SO_4 \xrightarrow[\triangle]{催化剂} 2CO_2\uparrow+4H_2O+3SO_2\uparrow+NH_3\uparrow$$

$$NH_3+H_2SO_4 \longrightarrow NH_4HSO_4$$

② 碱化蒸馏。于消化煮解后的溶液中加入过量的碱溶液，用直接蒸馏法或水蒸气蒸馏法将 NH_3 蒸出。

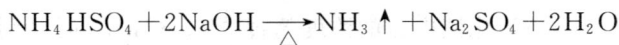

$$NH_4HSO_4+2NaOH \xrightarrow{\triangle} NH_3\uparrow+Na_2SO_4+2H_2O$$

③ 吸收。蒸馏过程放出的 NH_3，可用硼酸吸收液吸收，生成硼酸氢铵。

$$NH_3+H_3BO_3 \longrightarrow NH_4H_2BO_3$$

④ 滴定。生成的硼酸氢铵是弱酸弱碱盐，可用盐酸标准溶液直接滴定。

$$NH_4H_2BO_3+HCl \longrightarrow NH_4Cl+H_3BO_3$$

同样条件下进行空白实验。

⑤ 分析结果的计算，分析结果按下式计算。

$$氮含量 = \frac{(V-V_0)C \times 14.01}{1000m} \times 100\%$$

$$氮化物含量 = \frac{(V-V_0)CM}{1000nm} \times 100\%$$

式中　V——试样试验消耗盐酸标准溶液的体积，mL；

　　　V_0——空白试验消耗盐酸标准溶液的体积，mL；

　　　C——盐酸标准溶液的浓度，$mol \cdot L^{-1}$；

　　　m——试样的质量，g；

　　　M——氮化物的摩尔质量，$g \cdot mol^{-1}$；

　　　n——氮化物分子中氮的数目；

　　14.01——氮的摩尔原子量，$g \cdot mol^{-1}$。

　　蒸馏过程放出的NH_3，也可用一定量的酸标准溶液吸收，再用碱标准溶液滴定过量的酸。因为需用两种标准溶液，过程麻烦，使用者较少。

　　克达尔法广泛应用于含氮化合物中总氮量的测定。也常用于化合物含量的测定。如食品中蛋白质含量的测定，一般都是测定总氮量后，乘以换算系数如 6.25 来计算出含量。此法迄今被作为法定的标准检验方法。又如利尿药物双氢氯噻嗪等较复杂的含氮化合物，通常也采用克达尔法测其含量。

　　(2) 测定条件

　　① 试样的分解条件。在消化过程中为了加速分解过程，缩短消化时间，常加入适量的无水硫酸钾或硫酸钠和催化剂（统称消化剂）。

　　硫酸钾与硫酸反应生成硫酸氢钾，可提高反应温度（纯硫酸沸点330℃，添加硫酸钾后，可达400℃）。但是硫酸钾的用量不可过多，否则消耗过多的硫酸，使硫酸用量不足，而且温度过高，生成的硫酸氢铵也会分解，放出氨气，使氮损失，测得值偏低。

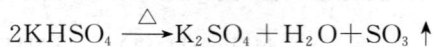

$$K_2SO_4 + H_2SO_4 \longrightarrow 2KHSO_4$$

$$2KHSO_4 \xrightarrow{\triangle} K_2SO_4 + H_2O + SO_3 \uparrow$$

$$(NH_4)_2SO_4 \xrightarrow{\triangle} NH_3 \uparrow + NH_4HSO_4$$

$$NH_4HSO_4 \xrightarrow{\triangle} NH_3 + H_2O + SO_3 \uparrow$$

图 7-6　消化装置

　　当消化液中盐的浓度超过 $0.8g \cdot mL^{-1}$ 时，则消化完毕后，内容物容易冷却结块，给操作带来困难，因此，消化过程中盐的浓度可控制在 $0.35 \sim 0.45g \cdot mL^{-1}$。在消化煮解的过程中如果硫酸消耗过多，则将影响盐的浓度，一般在克氏瓶口插入一小漏斗（如图7-6所示），以减少硫酸的损失。常用的催化剂有：硫酸铜、硒粉、氧化汞和汞等。既可以单独使用，也可混合使用。其中以硫酸铜和硒粉混合使用最普遍。硫酸铜作催化剂，其反应如下。

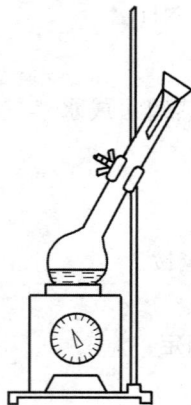

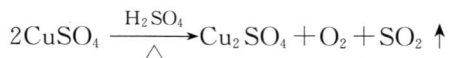

$$2CuSO_4 \xrightarrow[\triangle]{H_2SO_4} Cu_2SO_4 + O_2 + SO_2 \uparrow$$

有机物中 C，H $\xrightarrow{O_2} CO_2 \uparrow$，$H_2O$

$$Cu_2SO_4 + 2H_2SO_4 \longrightarrow 2CuSO_4 + SO_2 \uparrow + 2H_2O$$

在有机物全部消化后，溶液呈清澈的蓝绿色。硫酸铜除有催化作用外，还可在下一步碱化蒸馏时作碱性反应的指示剂。

$$CuSO_4 + 2NaOH \xrightarrow{\triangle} Cu(OH)_2 \downarrow（天蓝色）+ Na_2SO4$$

$$Cu(OH)_2 \xrightarrow{\triangle} CuO \downarrow（黑色）+ H_2O$$

硒粉催化效能高，可大大缩短消化时间。一般用量不超过 $0.1 \sim 0.2g$（常量法），如用量过多，在消化过程中易生成 $(NH_3)_2SeO_3$，继而分解放出 NH_3，造成氮的损失。

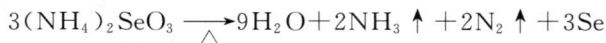

$$3(NH_4)_2SeO_3 \xrightarrow{\triangle} 9H_2O + 2NH_3 \uparrow + 2N_2 \uparrow + 3Se$$

硒是一种有毒元素，消化过程中放出 SeO_2、SeH_4，易引起中毒，所以实验室要有良好的通风设备，方可使用这种催化剂。

汞和氧化汞也是效能较高的催化剂，但在消化时，常形成不挥发的硫酸汞配合物。为此，消化完全后，要加入硫代硫酸钠，使它分解成硫化汞沉淀。

$$[Hg(NH_3)_2]SO_4 + Na_2S_2O_3 + H_2O \longrightarrow HgS \downarrow（黑色）+ Na_2SO_4 + (NH_4)_2SO_4$$

由于产生的黑色沉淀 HgS，会使蒸馏容器不易清洗，且汞化合物有毒性污染，因此在克达尔法中，如不用汞催化剂可以消化完全时，宜避免用这种催化剂，以简化以后的操作。

对难分解的化合物，可添加适量的氧化剂以加速消化。常用的氧化剂是 30% 的过氧化氢，消化速度快，操作简便。但是氧化剂的作用过于激烈，容易使氨进一步氧化为 N_2，造成氮的损失。因此使用时要特别注意，必须消化完全冷却后，再加数滴过氧化氢。

催化剂和氧化剂的选择，特别难于一致，各种配合方式在有关标准中均有规定，表7-1 列出部分实例。

表 7-1　消化剂及浓硫酸用量

分析项目	试样量/g	消化剂及用量	浓硫酸用量/mL
土壤分析	$1.0 \sim 10$	$10gK_2SO_4 + 1gCuSO_4 + 0.1gSe$	30
肥料分析	$2.5 \sim 5$	$0.7gHgO$ 或 $0.65gHg$	30
食品分析	$1 \sim 3$	$10gK_2SO_4 + 0.5gCuSO_4$	25
药物分析	$25 \sim 30mg$（以氮计）	$10gK_2SO_4 + 0.5gCuSO_4$	20
化学试剂	$25 \sim 30mg$（以氮计）	2g 接触剂[①]	适量
甜菜蜜糖中总氮量	1.5	30% H_2O_2 15mL	20
尿素分析	1	—	5

① 接触剂：$Se : CuSO_4 \cdot 5H_2O : K_2SO_4 = 0.5 : 1 : 20$ 研细。

消化过程中，当消化液刚刚清澈时，并不表示所有的氮均转变为铵盐，因此消化液清亮时仍需继续消煮一段时间，一般为 30min 致使反应消化完全。

② 碱化蒸馏和吸收。碱化蒸馏和吸收可用直接蒸馏法和水蒸气蒸馏法，装置如图7-7和图7-8 所示。

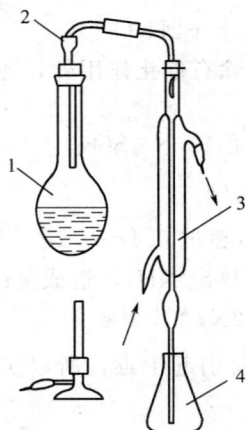

图 7-7　直接蒸馏法
1—凯氏定氮瓶；2—安全球；
3—冷凝器；4—锥形瓶

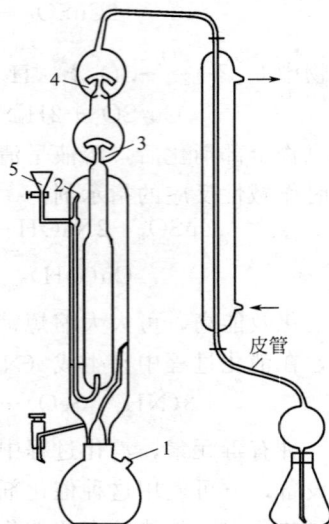

图 7-8　水蒸气蒸馏法
1—水蒸气发生瓶；2—蒸气室；
3—安全球；4—冷凝管；5—节门漏斗

　　a. 碱的用量。常用 40％的氢氧化钠溶液。其用量约为消化时所用硫酸体积的 4～5 倍（至消化液呈蓝黑色为止）。采用直接蒸馏法时，要注意防止强酸强碱中和时产生的热量使 NH₃ 逸出损失。中和时应沿瓶壁缓慢地加入足够的碱液，使酸液和碱液分为两液层。全部装置安装好后再混合。

　　b. 蒸馏速度。蒸馏时加入锌粒或沸石，防止溶液过热或产生爆沸，开始蒸馏时速度不可过快，以免蒸出的 NH₃ 未及吸收而逸出；硼酸吸收液在蒸馏过程中应保持室温；空白试验和正式试验蒸馏液的体积要基本一致（相差应在±10mL 以内）。蒸馏体积不同，影响溶液 pH 值，以致影响滴定耗酸量。

　　c. 硼酸吸收液及其用量。硼酸溶液的浓度和用量以能足够吸收 NH₃ 为宜。常用浓度为 2％～4％（4％为饱和溶液）大致可按每毫升 1％ H_3BO_3 能吸收 0.46mg 氮计算。因此可根据消化液中含氮量估计硼酸的用量，适当多加。

　　为了保持指示剂用量一致，以减少滴定误差，最好配成硼酸-指示剂混合溶液使用。指示剂可选用溴甲酚绿-甲基红或亚甲基蓝-甲基红混合指示剂。他们除作为滴定终点指示剂外，也可作为硼酸吸收 NH₃ 的指示剂。

　　上述方法仅适用于硫酸消化时，容易分解生成硫酸氢铵的含氮化合物，如胺、氨基酸、酰胺以及它们的简单衍生物。

　　（3）还原后克达尔定氮法　克达尔定氮法的局限性在于不能使硝基、亚硝基、偶氮基、肼或腙等含氮有机物中的氮完全转变成硫酸氢铵。因此，当测定这类试样时，需要在分解以前用适当的还原剂将这些官能团还原。常用的还原剂有锌-盐酸、红磷-氢碘酸、水杨酸-硫代硫酸钠、德氏达（Devarda）合金（50%Cu、45%Al、5%Zn）等。还原后硫酸消化法没有适当的通用方法，可在测定某化合物前，用已知纯试样进行条件试验，以确定测定方法。

应用实例： 硝化棉含氮量测定。

硝化棉即纤维素硝酸酯 $[C_6H_7O_2(ONO_2)_3]_n$。根据含氮量的不同，分为火棉（氮含量＝12.5%～13.8%）和胶棉（氮含量＝10.5%～12%）。火棉是无烟火药的主要原料，胶棉是赛璐珞的主要原料。所以，总氮量是产品规格和用途的重要参数。

含氮量的测定：硝化棉在氧化介质（H_2O_2）中，用氢氧化钠皂化后生成硝酸钠。氢氧化钠再与德氏达合金作用释放出氢气，将硝酸钠还原释出 NH_3，被硼酸溶液吸收后，用盐酸标准液滴定。

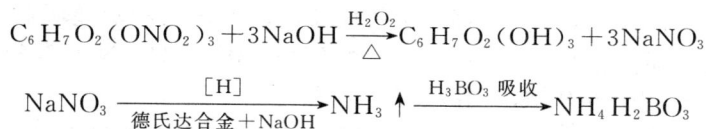

$$C_6H_7O_2(ONO_2)_3 + 3NaOH \xrightarrow[\triangle]{H_2O_2} C_6H_7O_2(OH)_3 + 3NaNO_3$$

$$NaNO_3 \xrightarrow[\text{德氏达合金} + NaOH]{[H]} NH_3 \uparrow \xrightarrow{H_3BO_3 \text{ 吸收}} NH_4H_2BO_3$$

皂化时加入过氧化氢，是为了防止其他还原物的生成。用德氏达合金还原，被广泛用于无机硝酸盐，尤其在肥料工业分析中。

（4）微量氮化物总含氮量的测定　克达尔法侧定微量氮化物总含氮量，将 NH_3 从碱性溶液中蒸出后，可用比色法或分光光度法测定。

① 纳氏试剂法。在碱性条件下，铵盐能与纳氏试剂反应生成棕黄色配合物。

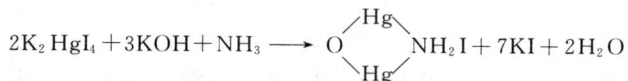

$$2K_2HgI_4 + 3KOH + NH_3 \longrightarrow O{\overset{\displaystyle Hg}{\underset{\displaystyle Hg}{\Big\langle}}}NH_2I + 7KI + 2H_2O$$

其颜色的深浅与氮含量成正比，可在 425nm 波长下测定其吸光度，然后与标准溶液比较，即可求出其含氮量。方法灵敏度为 $0.02mg \cdot L^{-1}$ 氨氮。

② 酚盐法。氨与苯酚及次氯酸钠在碱性介质中，加入亚硝酰铁氰化钠催化，生成蓝色配合物（靛酚）。颜色深度与氨浓度成正比。在 pH＝11.7 的磷酸盐缓冲溶液中，当次氯酸盐浓度为 $50mg \cdot L^{-1}$、温度为 37℃ 时，方法灵敏度最高。测量范围为 $0.01 \sim 0.5$ $mg \cdot L^{-1}$ 氨氮。

7.2.2.2　杜马法

试样置于填有氧化剂和还原铜的燃烧管中，在二氧化碳气流下，于 600～800℃ 燃烧分解，有机物中的氮转变为氮气。

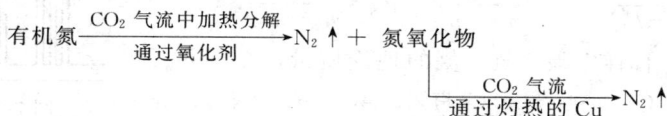

$$\text{有机氮} \xrightarrow[\text{通过氧化剂}]{CO_2 \text{ 气流中加热分解}} N_2 \uparrow + \text{氮氧化物}$$
$$\xrightarrow[\text{通过灼热的 Cu}]{CO_2 \text{ 气流}} N_2 \uparrow$$

氮气随二氧化碳气流进入装有 50% 氢氧化钾的氮量管中，二氧化碳被吸收，测量氮气的体积，再根据氮气的体积，换算成标准状况下氮气的质量，即可求出有机物中氮的含量。

经典的杜马法用氧化铜作氧化剂，近年来，已成功地应用四氧化三钴和高锰酸银热解产物作催化剂，改良了杜马法。可以顺利地测定多种难于燃烧分解的含氮化合物，并能在短时间（10~15min）内完成，得到满意的结果。

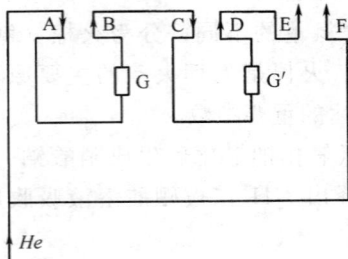

图7-9 示差吸收热导法

C、H、N测定原理图

G—水吸收管；G′—二氧化碳吸收管；

AB，CD，EF—分别为三组

热导池鉴定器的两臂

7.2.2.3 示差吸收热导法测定碳、氢、氮

试样中碳、氢、氮的测定，是有机分析的主要项目之一。经典法以燃烧法分解试样，再用称量法测定燃烧产物，此类方法不易掌握，且不能测定碳、氢的同时测定氮。20世纪60年代以来，燃烧产物的测定逐步为物理方法所代替，现在已有多种自动测定碳、氢、氮的仪器。这些仪器，以色谱型和示差吸收热导型居多。下面，仅介绍MT-2型C、H、N元素分析仪的原理及操作程序。

（1）测定原理 以氧气为助燃气，试样在氧化管内燃烧分解，燃烧产物经过氧化铜、银粒和还原铜层，使试样中的碳、氢、氮定量转变为二氧化碳、水及氮气，并与氢气一道被吸进泵体进行混合。混合气体先进入热导池测量臂，并通过装有高氯酸镁的水吸收管进入参考臂，测得水的差分信号；再通过两臂间装有碱石棉和高氯酸镁的二氧化碳吸收管，测得二氧化碳的差分信号；最后通过两臂间装有与泵体体积相当、内充满氮气的螺旋延迟管的氮热导池，测得氮的差分信号。得到的水、二氧化碳及氮的测量信号分别同试样中氢、碳、氮的含量成正比。如图7-9所示。

（2）仪器 仪器由燃烧系统、混合系统、测量系统、自动控制系统及恒温系统组成。

（3）测量程序

① 校正仪器。精确称取标准试样（精确至1μg），送入氧化管，记录标样碳氢氮棒状图（如图7-10所示），并按下式计算被测元素感量 F_C、F_H、F_N。

$$F_C = \frac{A_C}{h_C - h'_C} \quad F_H = \frac{A_H}{h_H - h'_H} \quad F_N = \frac{A_N}{h_N - h'_N}$$

式中 $A_{C,H,N}$——标样中碳、氢、氮的理论质量，$A_C = m_标 \times C\%$，$A_H = m_标 \times H\%$，$A_N = m_标 \times N\%$，mg；

$h_{C,H,N}$——标样中碳、氢、氮的峰高，mm；

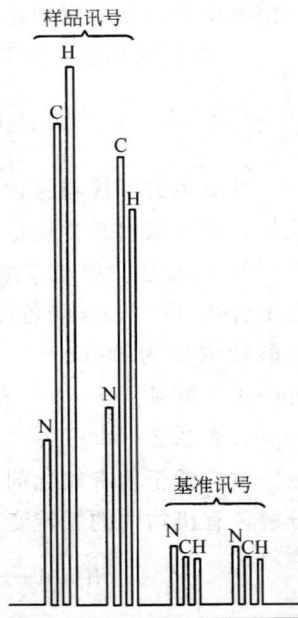

图7-10 示差吸收
热导法棒状图

$h'_{C,H,N}$——碳、氢、氮基准讯号的峰高，mm。

测出一系列感量，求其平均值 $\overline{F}_C$、$\overline{F}_H$、$\overline{F}_N$。

② 测定试样。准确称取试样，送入氧化管，并记录试样的碳、氢、氮棒状图。

③ 计算。按下式计算试样中碳、氢、氮的含量。

$$碳含量 = \frac{\overline{F}_C(h_C - h'_C)}{m} \times 100\%$$

$$氢含量 = \frac{\overline{F}_H(h_H - h'_H)}{m} \times 100\%$$

$$氮含量 = \frac{\overline{F}_N(h_N - h'_N)}{m} \times 100\%$$

式中　　　　$\overline{F}_C$，$\overline{F}_H$，$\overline{F}_N$——试样中碳、氢、氮感量平均值，$mg \cdot mm^{-1}$；

m——试样的质量，mg；

$h_C - h'_C$，$h_H - h'_H$，$h_N - h'_N$——试样中碳、氢、氮元素的实际峰高，mm。

实验 7.1　食品中蛋白质的测定

一、实验目的

巩固克达尔法定氮理论，掌握克达尔定氮仪的操作方法。

二、仪器

1. 克达尔烧瓶（500mL）。

2. 克达尔定氮仪　如图 7-8 所示。

3. 调压电炉（800W）。

4. 容量瓶（100mL）。

5. 移液管（10mL）。

6. 半微量酸式滴定管（10mL）。

7. 漏斗（Φ5cm）。

8. 玻璃球。

三、试剂与试样

1. 硫酸铜 $CuSO_4 \cdot 5H_2O$。

2. 硫酸钾。

3. 浓硫酸。

4. 硼酸溶液（2%）。

5. 氢氧化钠溶液（40%）。

6. 硫酸标准溶液 $\left[c\left(\frac{1}{2}H_2SO_4 \right) = 0.05mol \cdot L^{-1} \right]$ 或盐酸标准溶液 $[c(HCl) = 0.05mol \cdot L^{-1}]$。

7. 混合指示剂：0.1%甲基红乙醇液：0.1%溴甲酚绿乙醇液 = 1：5 或 0.1%甲基红乙醇

液：0.1%亚甲基蓝乙醇溶液＝2：1。

8. 试样：面粉、玉米、大米、花生、大豆、均可。

四、实验步骤

1. 消化煮解

精确称取 0.20～2.00g 固体试样（约相当氮 30～40mg），移入干燥的 500mL 克氏烧瓶底部，加入 0.2g 硫酸铜、6g 硫酸钾及 2.0mL 硫酸，稍摇匀后于瓶口放一小漏斗，将瓶以 45°角斜支于有小孔的石棉网上。用电炉小火加热，待内容物全部炭化，泡沫完全停止后，加大火力，并保持瓶内微沸，至液体呈蓝绿色澄清透明后，再继续加热 0.5～1h。取下冷却小心加入 20mL 水。再放冷后移入 100mL 容量瓶中，并用少量水洗克氏烧瓶，洗液并入容量瓶中，用水稀释至刻度，摇匀备用。同时做试剂空白试验。

2. 碱化蒸馏

（1）清洗水蒸气定氮仪　按图 7-8 安装好水蒸气定氮仪。于水蒸气发生瓶内装水至 2/3 处，加入数粒玻璃球，加甲基红指示液数滴及数毫升硫酸，以保持水呈酸性。开通冷却水加热水蒸气发生瓶使水沸腾，用水蒸气洗涤仪器 5min。移开火源，使仪器中的水从蒸气室压出，再从节门漏斗加水到蒸气室，关闭节门漏斗，反复多次洗涤仪器，最后打开出水口放出洗涤水，放空后关闭出水口，仪器清洗完毕。

（2）蒸馏　从水蒸气发生瓶入口处补充水和几滴硫酸。在吸收瓶中加入 10mL 硼酸吸收液及 1～2 滴混合指示剂，并使冷凝管的下端插入液面下，准确吸取 10.00mL 试样煮解液由节门漏斗流入反应室中，然后用少量水洗涤节门漏斗数次，再从节门漏斗加入 10mL 40%氢氧化钠溶液，关闭节门漏斗，开通冷却水，加热水蒸气发生瓶，进行蒸馏至氨全部蒸出（流出液约 100mL 即可），将冷凝管下端提出液面，继续蒸馏 1min 用少量水冲洗冷凝管下端外部。取下吸收瓶。

3. 滴定

以 0.05mol·L⁻¹ 硫酸或盐酸标准溶液滴定至溶液由绿色变为灰色或蓝紫色为终点。同时准确吸取 10mL 试剂空白消化液，同样条件下进行空白试验。

4. 结果计算

试样中蛋白质含量按下式进行计算。

$$蛋白质含量 = \frac{(V - V_0)c \times 14.01}{m \times \frac{10}{100} \times 1000} F \times 100\%$$

式中　V——试样试验消耗硫酸或盐酸标准溶液体积，mL；

V_0——空白试验消耗硫酸或盐酸标准溶液体积，mL；

c——硫酸或盐酸标准溶液浓度，mol·L⁻¹；

14.01——氮的摩尔质量，g·mol⁻¹；

m——试样的质量 g 或体积 mL；

F——氮换算为蛋白质的系数，一般食物为 6.25，面粉为 5.70，玉米、高粱为 6.24，大米为 5.95，花生为 5.46，大豆及其制品为 5.71。

五、说明和注意事项

1. 食品中蛋白质含量测定是评价食品营养价值的重要指标；常用食品的蛋白质含量各不相同，例如大米 7.8%，面粉 9.9%，小米 9.7%，高粱 8.2%，玉米 9.0%，大豆 36.3%，花生 26.2%，可根据食品中蛋白质含量（氮含量）计算试样称样量，但以滴定消耗标准溶液体积 10mL 以内为准。

2. 所用试剂溶液应用无氨蒸馏水配制。

3. 消化时不要用强火，应保持和缓沸腾，注意不断转动克氏烧瓶，以便利用冷凝的酸将附在瓶壁上的固体残渣洗下，以促进消化。

4. 蒸馏前若加碱量不足，消化液呈蓝色不生成氢氧化铜沉淀，此时需要增加氢氧化钠用量。

5. 蒸馏过程中要保持加热稳定，以防止倒吸现象发生。

6. 当蒸馏至吸收液变绿后，再继续蒸馏 10～15min，氨即可全部蒸出。

7. 蒸馏结束先取下吸收瓶，后停止加热，以防吸收液倒吸。

8. 对于不同的试样其操作条件必须通过试验加以确定。

思　考　题

1. 用什么方法可以检验氨是否全部蒸出？

2. 若消化液不易澄清透明，是何原因？如何补救？

3. 拟定用克达尔定氮法测定尿素或硫脲的分析方案？

习　　题

1. 克达尔法测定胺及其衍生物、硝基化合物、微量氮化物，其测定原理有何异同点？

2. 杜马法定氮为什么在二氧化碳气流中进行？在氧气中可否？

3. 用克达尔法测定双氢氯噻嗪（$C_7H_8O_4S_2N_3Cl$，相对分子质量 297.75）中氮含量。称取试样 0.2182g 消化后，定容于 250mL 容量瓶，摇匀。吸取 10.00mL 进行蒸馏，生成的氨用硼酸吸收后，用 0.01005mol·L^{-1}盐酸标准溶液滴定，消耗 8.76mL，空白试验消耗 0.05mL。求：（1）试样中总氮量？（2）试样的百分含量？

4. 测定某含氮试样，称取试样 2.000g 消化蒸馏析出的氨用硼酸吸收后，用硫酸标准溶液滴定，消耗 8.23mL。另取纯硫酸铵 0.6100g 加入过量氢氧化钠，蒸馏析出的氨，用硼酸吸收后，用同一硫酸标准溶液滴定，消耗 20.00mL。计算试样中含氮量？$M_{硫酸铵}=132.2$。

5. 将一试样进行元素分析，所得数据如下。

碳氢分析：取样 21.50mg，燃烧后称得水质量为 14.43mg，二氧化碳质量为 60.78mg。

克达尔法定氮：取样 0.1978g 消化后直接碱化蒸馏，生成的氨用硼酸吸收后，用 0.1015mol·L^{-1}盐酸标准溶液滴定消耗 20.95mL，空白试验消耗 0.12mL。

试根据以上结果写出化合物的经验式，若此化合物的相对分子质量为 93±0.5，试推测化合物的化学式，化合物的结构式。

7.2.3　卤素的测定

有机物中卤素的测定方法较多，其共同点是将有机物中的卤素通过氧化或还原法定量地转变为无机卤化物，然后用化学分析或物理化学分析法测定卤素含量。常用的方法有：卡里乌斯（Carius）封管法、过氧化钠分解法、改良斯切潘诺夫法和氧瓶燃烧法。

卡里乌斯封管法用发烟硝酸作氧化剂，有硝酸银存在时，于密闭管中，300℃左右灼烧分解试样，碳和氢被氧化生成二氧化碳和水，卤素转变为卤离子后与硝酸银作用，生成卤化银沉淀。用称量法测定。

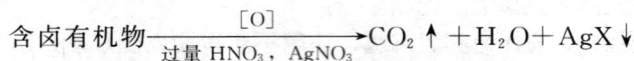

$$含卤有机物 \xrightarrow[\text{过量 HNO}_3，\text{AgNO}_3]{[O]} CO_2 \uparrow + H_2O + AgX \downarrow$$

此法适用于任何类型的含卤有机物，由于过程复杂；加热时有爆炸的可能，所以生产上很少采用。

过氧化钠分解法当含卤有机物和过氧化钠在镍弹中共同熔融时，被氧化分解，卤素转变为卤离子，再用称量法或容量法来测定。

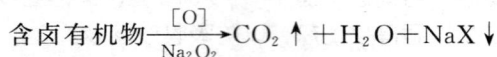

$$含卤有机物 \xrightarrow[\text{Na}_2\text{O}_2]{[O]} CO_2 \uparrow + H_2O + NaX \downarrow$$

此法适用于任何含卤有机物，而且过程比较简单，但是必须使用特殊设备——镍弹，不易推广。

改良斯切潘诺夫法用醇和金属钠反应生成新生态氢，使含卤有机物还原分解，生成卤化钠，用硝酸酸化后，以称量法或容量法进行测定。

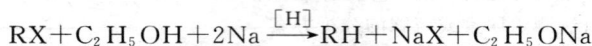

$$RX + C_2H_5OH + 2Na \xrightarrow{[H]} RH + NaX + C_2H_5ONa$$

此法只适于较活泼的含卤有机物，不适于卤素直接和苯环连接的惰性卤化物和多卤化物。若采用乙醇胺或乙醇胺-1,4-二氧六环混合溶液作溶剂，适用于分析大多数含氯、溴及碘的有机物，其方法称劳歇尔法（W. H. Rauscher）。

氧瓶燃烧法自 1955 年由薛立格（Schonigeer）创立以来，由于它具有简便、快速的特点，所以获得了很大的发展。目前，这个方法除了能用来定量测定卤素和硫以外，已广泛应用于有机物中磷、硼等其他非金属元素与金属元素的定量测定，并且已被应用于有机物中元素的定性分析，它几乎能适用于绝大多数有机物中杂元素的定性鉴定。

7.2.3.1 氧瓶燃烧法

氧瓶燃烧法是将试样包在无灰滤纸内，点燃后，立即放入充满氧气的燃烧瓶中，以铂丝（或镍铬丝）作催化剂，进行燃烧分解，燃烧产物被预先装入瓶中的吸收液吸收，试样中的卤素、硫、磷、硼、金属分别形成卤离子、硫酸根离子、磷酸根离子、硼酸根离子及金属氧化物而被溶解在吸收液中。然后，根据各个元素的特点采用一般方法（通常是容量法）来测定其中的各个元素的含量。其全过程包括燃烧分解、吸收和测定三个步骤。

本法的主要仪器，除了滴定仪器以外，只需要燃烧瓶如图 7-11 所示。其容积为 250mL，500mL 和 1000mL 等，瓶塞下端焊接一根铂丝（直径 0.5～0.8mm 为宜），铂丝下端弯成钩形［图 7-11（a）］，也可做成铂片夹［图 7-11（b）］或螺旋形状［图 7-11（c）］。

其长度一般伸到瓶中央处。如果只测含氯试样，可用镍铬丝代替，也能得到可靠的结果，但镍铬丝不耐烧，易损坏。

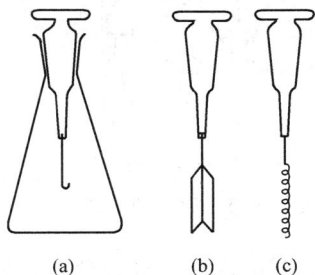

图 7-11　燃烧瓶及铂金丝　　　图 7-12　包试样的滤纸　　　图 7-13　试样的包裹

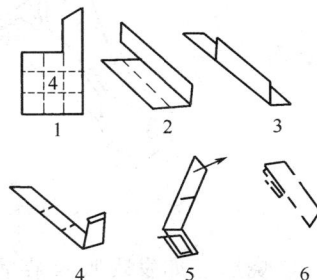

　　根据试样量选择燃烧瓶的容积，因为燃烧试样的量和需要氧气的量有关，也和燃烧后产生的瓶内压力有关。若燃烧瓶容积对试样量来说较小则容纳氧气量较少，就可能使燃烧不完全，也易于使瓶内压力过高，增加爆炸的可能性；若燃烧容积过大，增加吸收时间，也浪费氧气。

　　燃烧瓶的容积和试样量的大致比例为

　　3～5mg 试样，选用 250mL 燃烧瓶；

　　10～20mg 试样，选用 500mL 燃烧瓶；

　　20～50mg 试样，选用 1000mL 燃烧瓶。

　　固体试样和沸点较高的液体试样可直接称在无灰滤纸的中央（图 7-12）。图 7-12 中虚线表示包折的地位，其折叠方向和方法如图 7-13　1，2，3，4，5，6 次序所示。包折妥善后，将其折合部分紧夹在铂金丝上，滤纸尾部朝下斜方向悬在空间。

　　沸点较低的试样，可以将试样封入胶囊中的滤纸条上，把开口端捏压黏合（图 7-14）后，再同样用滤纸裹住，夹在铂金丝上。

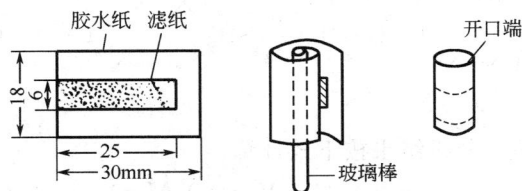

图 7-14　液体试样称样用小胶囊制法试样的包制

　　进行半微量分析时，每次称取试样 10～50mg 于燃烧瓶中加入适量的吸收液，通氧 30～60s，点燃滤纸尾部，立即插入燃烧瓶中，按紧瓶塞，并小心倾斜燃烧瓶如图 7-15 所示。为安全起见，在插入瓶塞后，取瓶姿势如图 7-16 所示（瓶底向后，注意勿对向他人）。要带上护目镜及皮手套，最好在防护屏后操作。

105

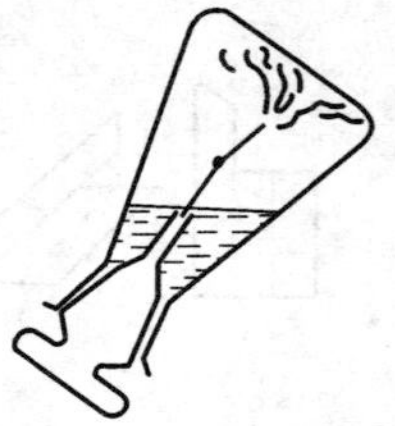

图 7-15 试样的燃烧

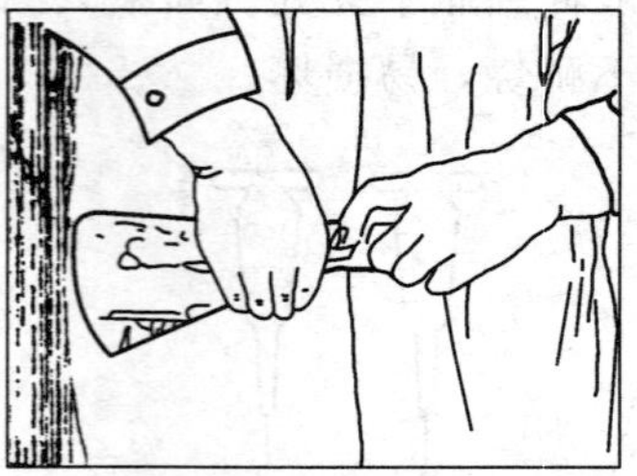

图 7-16 氧瓶分解燃烧时取瓶方式

燃烧后，如发现吸收液呈现黑色颗粒或见到滤纸碎片，则表明试样未分解完全，必须重作。

燃烧完毕，将燃烧瓶剧烈震荡数分钟，至白烟完全消失，即吸收完全。打开瓶塞，用少量水淋洗瓶塞及铂丝。按各元素的测定方法进行测定。

7.2.3.2 氯、溴的测定——汞液滴定法

（1）基本原理 含氯或溴的有机物在氧气中燃烧分解，分解产物用氢氧化钠或氢氧化钠和过氧化氢混合液吸收。

燃烧分解 $\quad$ 有机卤化物 $\xrightarrow{\text{燃烧}(O_2,\ Pt)}$ $HX + X_2 + CO_2 + H_2O + \cdots$

吸收
$$HCl(HBr) + NaOH \longrightarrow NaCl(Br) + H_2O$$
$$Br_2 + 2NaOH + H_2O_2 \longrightarrow 2NaBr + O_2 + 2H_2O$$

加热煮沸溶液，除去过量的过氧化氢，调节溶液呈弱酸性（pH≈3.2），用硝酸汞标准溶液滴定，卤离子与汞离子生成几乎不离解的卤化汞，以二苯卡巴腙（二苯偶氮碳酰肼）为指示剂，微过量的汞离子与二苯卡巴腙生成紫红色的配合物，指示滴定终点。

$$2Cl^-(Br^-) + Hg^{2+} \longrightarrow HgCl_2(HgBr_2)$$

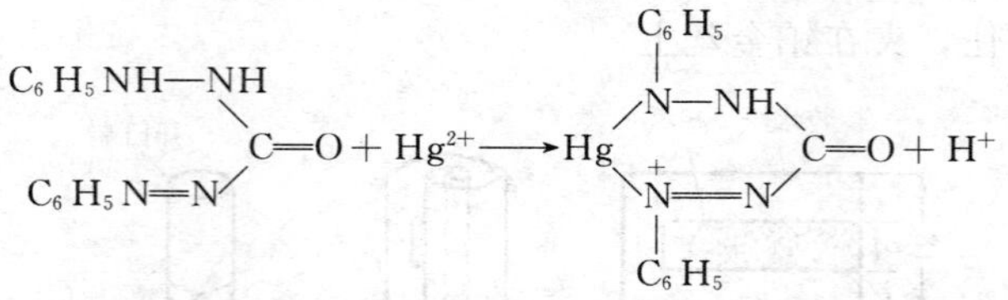

同样条件下进行空白实验。分析结果按下式计算。

$$卤素含量（X\%） = \frac{(V-V_0)cM_X}{m} \times 100\%$$

$$卤化物含量 = \frac{(V-V_0)cM}{mn} \times 100\%$$

式中 $\quad V$——试样试验消耗硝酸汞标准溶液的体积，mL；

$\qquad V_0$——空白试验消耗硝酸汞标准溶液的体积，mL；

$\qquad c$——硝酸汞标准溶液的浓度，mol·L^{-1}；

  m——试样的质量，mg；

  M——卤化物的摩尔质量，g·mol^{-1}；

  M_X——卤素的相对原子质量，g·mol^{-1}；$M_{Cl}=35.45$，$M_{Br}=79.90$；

  n——卤化物分子中卤素的数目。

（2）测定条件

① 吸收液及其用量。一般情况下，有机氯化物燃烧分解时，完全转变为氯化氢，因此用水或碱液吸收即可。有机溴化物燃烧分解时，除生成溴化氢外，还有部分被氧化转变成单质溴，所以必须用过氧化氢溶液作为吸收液。用量为 10～15mg 试样，以浓度为 1％的氢氧化钠溶液 10～15mL 作为吸收液，并向其中加入 4 滴 30％的过氧化氢溶液。在测定溴时，过氧化氢溶液的用量应该适当增加。

② 滴定条件。溶液酸度约为 pH＝3.2 为宜，酸度过大，二苯卡巴腙与 Hg^{2+} 反应的灵敏度降低；碱性溶液中，二苯卡巴腙呈红色，与滴定终点颜色相近。

在 80％乙醇介质中进行滴定，二苯卡巴腙汞合物电离度降低，使终点更为明显。滴定终点颜色应由淡黄—红—紫。若直接出现紫色，红色不明显，说明指示剂已变质，必须重新配制。

（3）硝酸汞标准溶液 硝酸汞标准溶液用结晶硝酸汞[Hg(NO$_3$)$_2$·H$_2$O]配制，常用浓度为 0.01～0.02mol·L^{-1} $\left[\frac{1}{2}Hg(NO_3)_2\right]$。配制时需加入适量的硝酸，使其酸度为 0.05mol·L^{-1}，以防止硝酸汞水解。在此酸度下，硝酸汞溶液浓度在一个月内稳定不变，但在室温较高（超过 35℃）时，变化较大，需适量增加酸度。配制的硝酸汞溶液需放置 24h，如有沉淀，过滤。用氯化钠基准物标定其浓度。

标定时，精确称取一定量基准氯化钠，用少量水溶解后，加入一定量乙醇（水：乙醇＝1:4），以溴酚蓝为指示剂，用稀硝酸调节溶液酸度至 pH≈3.2，加入二苯卡巴腙指示剂，用硝酸汞标准溶液滴定至溶液由黄色变为红紫色即为终点。同时进行空白试验。

硝酸汞标准溶液的浓度按下式计算。

$$c\left[\frac{1}{2}Hg(NO_3)_2\right]=\frac{m}{58.45(V-V_0)}$$

式中 V——标定时消耗硝酸汞标准溶液的体积，mL；

  V_0——空白试验消耗硝酸汞标准溶液的体积，mL；

  m——氯化钠的质量，mg；

  58.45——氯化钠的摩尔质量，g·mol^{-1}。

也可用标准品溴代苯甲酸进行标定，操作方法和试样测定相同。

7.2.3.3 碘的测定

（1）汞液滴定法 含碘有机物在氧气中燃烧分解，其中的碘元素除生成碘离子外还生成游离碘和碘酸根。因此，以硫酸肼溶液或硫酸肼和氢氧化钾混合溶液为吸收液，使其还原为碘离子，在溶液 pH≈3.5±0.5 的条件下，用硝酸汞标准溶液滴定。

$$含碘有机物\xrightarrow[KOH, H_2O_2]{O_2, Pt}CO_2+H_2O+KI+KIO_3+I_2$$

$$2I_2+H_2N-NH_2 \cdot H_2SO_4+6KOH\longrightarrow4KI+K_2SO_4+6H_2O+N_2$$

$$2KIO_3+3H_2N-NH_2 \cdot H_2SO_4+6KOH\longrightarrow2KI+3K_2SO_4+3N_2+12H_2O$$

$$2I^-+Hg^{2+}\longrightarrow HgI_2\downarrow$$

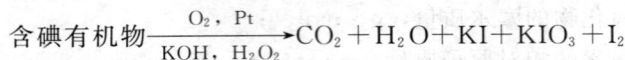

肼有足够的还原能力，硫酸肼在空气中稳定，且过量时不干扰滴定终点。若以硫酸肼作吸收液，可以不调节 pH 值而利用试样分解产物的酸度直接在水中滴定。

使用 80% 乙醇作滴定介质时，碘化汞沉淀溶解度增加，而离解度降低，不干扰终点的观察，而二苯卡巴腙汞合物在此介质中溶解度增大，使终点更为明显。

硝酸汞标准溶液用碘化物作基准物进行标定，也可用标准品——碘代苯甲酸进行标定。

（2）碘量法　含碘有机物在氧气中燃烧分解，分解产物用氢氧化钾溶液吸收。

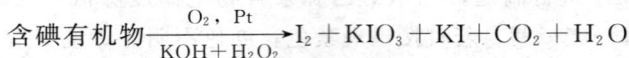

$$含碘有机物\xrightarrow[KOH+H_2O_2]{O_2, Pt}I_2+KIO_3+KI+CO_2+H_2O$$

将溶液中和至弱酸性（pH＝3～4），加入过量溴水，使碘离子和游离碘全部氧化为碘酸根：

$$2I^-+Br_2\longrightarrow I_2+2Br^-$$

$$I_2+5Br_2+6H_2O\longrightarrow2HIO_3+10HBr$$

用甲酸除去过量的溴。

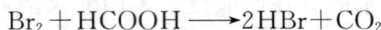

$$Br_2+HCOOH\longrightarrow2HBr+CO_2$$

加入过量碘化钾并酸化，碘化钾被碘酸氧化析出碘，用硫化硫酸钠标准溶液滴定，从而计算碘的含量。

$$HIO_3+5KI+5HCl\longrightarrow3I_2+5KCl+3H_2O$$

$$I_2+2Na_2S_2O_3\longrightarrow2NaI+Na_2S_4O_6$$

分解吸收后的溶液可用 pH≈4 的乙酸-乙酸钠缓冲溶液调节 pH 值。然后滴加溴水直至溶液维持棕色不褪，为使氧化反应完全，还应放置 5～10min。

除过量溴时，要逐滴加入甲酸，直至溶液呈无色，滴加甲基红指示剂，若颜色不被漂白，表明溴已除尽。

从反应全过程可看出化学计量关系为

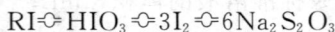

$$RI\leftrightharpoons HIO_3\leftrightharpoons3I_2\leftrightharpoons6Na_2S_2O_3$$

碘元素物质的量 n_1 为

$$n_1=\frac{1}{6}n_{Na_2S_2O_3}$$

本法以淀粉作指示剂，终点十分明显，测定准确度较高。除此外，碘量法还可在氯、溴等卤素存在下测定碘。因此，碘量法为测定碘元素的最常用方法，该法最大的缺点是不够简便、快速。

7.2.3.4　卤素测定的其他方法

（1）离子选择性电极法　这是近十几年来迅速发展的一门电化学分析新学科。由于所用的仪器简便、价廉、灵敏度高，因而发展很快。目前已制成（F^-、Cl^-、Br^-、I^-）离子选择性电极，可以用做电位滴定的指示电极或者直接测定卤素离子的浓度。后者以标准曲线法或标准加入法来求取卤素离子的浓度。试样的分解常采用氧瓶燃烧法。

应用实例　碘的测定。

有机碘化物在氧气中燃烧分解，分解产物用硫酸肼水溶液吸收。再用硝酸银标准溶液滴定，以碘离子选择性电极和双液接饱和甘汞电极在 pH 计上指示滴定终点。

① 仪器。自动电位滴定计 ZD-2、ZD-1 型（或 PHS-1 型），碘离子选择性电极 303型，双液接饱和甘汞电极 801 型，也可用 217 型甘汞电极。

② 测定程序。准确称取一定量试样（3～4mg），以 15mL 2％硫酸肼水溶液作吸收液，燃烧分解并吸收完全后，将溶液转移至烧杯内，在电磁搅拌下，用 $0.005mol \cdot L^{-1}$ 硝酸银标准溶液滴定至毫伏值突变为终点。

硝酸银标准溶液用重结晶碘化钾进行标定，其方法与测定试样相同。

氟离子存在不影响本法测定，但溴干扰严重。

（2）微库仑法　微库仑法是属于电分析法中的一种。能测定含量在 1％以下或者几微克甚至一微克以下的元素，即适合于微量或痕量元素的分析。方法快速、灵敏，又可以节省大量试剂。

应用实例　石油产品添加剂及含添加剂润滑油中氯含量测定。

试样在氧瓶中燃烧分解，分解产物用过氧化氢碱性溶液吸收。将吸收液蒸发浓缩并定量转移到含有恒定银离子的酸性电解液中，试液中的氯离子同电解液中的银离子反应致使指示电流发生变化，指示电流将这一变化输送给放大器，放大器又输出一相应电流于电解阳极，电解产生银离子以补充消耗的银离子。测量补充银离子所需要的电量，根据法拉第电解定律，可求出试样中的氯的含量。

① 仪器及设备

a. 库仑仪：YS-2A 型库仑仪。

b. 电解池如图 7-17 所示。可用体积为 50mL 的烧杯，配上圆形带孔的有机玻璃盖，以固定电极。烧杯外面可包上一层红色透明纸，以防止氯化银沉淀见光分解。电解池中装有 4 个电极，除电解阳极因在滴定过程中消耗，应使用稍长银丝外，其余 3 个电极均为直径1.6mm、长 5cm 的银丝。电解阴极放在磨砂管内与阳极隔离。

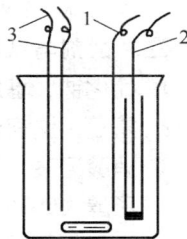

图 7-17　电解池
1—电解阳极；2—电解阴极；3—指示电极

② 测定程序

a. 平衡电解池溶液。电解池中加入一定量酸性电解池溶液（1L 溶液中含 100mL 冰乙酸、3mL 浓硝酸）。电解电流为 0.1～10mA，进行电解，使溶液中银离子保持在一定的浓度。

b. 校正仪器。溶液平衡后，向电解池中加入 $10\mu L$ 氯的标准溶液（其浓度为 0.1 $mol \cdot L^{-1}$氯化钠）。进行电解，若测得值与理论值相差 $\pm 5\%$，说明仪器正常，可进行试样分析。

c. 试样测定。准确称取试样 $10\sim 20mg$（$Cl\%<1\%$）用 10mL 吸收液（10mL 水中加入 10 滴 $0.1mol \cdot L^{-1}KOH$ 和 10 滴 30%过氧化氢）燃烧并吸收完全后，将吸收液蒸发浓缩并转移至电解池内，进行电解，记下电量读数。

d. 计算。按下式计算试样中氯含量。

$$氯含量（Cl\%）=\frac{A}{2700+m}\times 100\%$$

式中　A——仪表读数，mC；

　　　m——试样质量，mg；

　　　2700——电解 1mg 氯所需电量，mC。

实验 7.2　氧瓶燃烧法测定有机卤含量

一、实验目的

1. 掌握氧瓶燃烧法分解试样的原理和操作。
2. 掌握汞量法测定卤素含量的原理及终点判断方法。

二、仪器

1. 氧气钢瓶。
2. 燃烧瓶（500mL），如图 7-11 所示。
3. 半微量酸式滴定管（10mL）。
4. 称量滤纸，用定量滤纸剪成如图 7-12 所示。
5. 锥形瓶（250mL）。

三、试剂与试样

1. 氯化钠，基准试剂。
2. 氢氧化钠溶液（1%）。
3. 硝酸溶液（$0.5mol \cdot L^{-1}$，$0.05mol \cdot L^{-1}$）。
4. 乙醇（95%）。
5. 过氧化氢溶液（30%）。
6. 溴酚蓝指示剂（0.2%乙醇液）。
7. 二苯卡巴腙指示剂（1%无水乙醇溶液）。用前现配，存放期不得超过两周。
8. 硝酸汞标准溶液，$0.01[1/2Hg(NO_3)_2 \cdot H_2O]mol \cdot L^{-1}$。

配制：称取硝酸汞$[Hg(NO_3)_2 \cdot H_2O]1.75g$，溶于 10mL，$0.5mol \cdot L^{-1}$硝酸中待硝酸汞全部溶解后，再用 $0.05mol \cdot L^{-1}$硝酸稀释至 1000mL，放置 24h 后标定。

标定：取基准氯化钠于 100℃ 干燥 4h 或置于坩埚内大火炒到发出响声后再炒片刻，置于干燥器冷至室温。精称 0.24～0.28g 用少量水溶解后，转入 250mL 容量瓶中，用水稀释至刻度，精取 5.00mL 于 250mL 锥形瓶中，加入 20mL 乙醇、3 滴溴酚蓝指示剂，用 0.5mol·L^{-1} 硝酸中和至刚显黄色再过量 1 滴，加入 5 滴二苯卡巴腙指示剂，用 0.01mol·L^{-1} 硝酸汞标准溶液滴定至溶液由黄色变为紫红色即为终点。

9. 试样：对硝基氯苯（$M = 157.5$）。

四、实验步骤

1. 称样

精确称取试样 10～15mg，置于称样滤纸中央，按规定折叠后（如图 7-13 所示），夹于燃烧瓶铂丝的螺旋钩上，使滤纸尾部向下。

2. 燃烧和吸收

于燃烧瓶中加 10mL 1%氢氧化钠溶液和 5 滴 30%过氧化氢溶液，然后将氧气导管伸入燃烧瓶中，管尖接近吸收液液面，通入氧气 20～30s，点燃滤纸尾部，迅速插入燃烧瓶中，压紧瓶塞，小心倾斜燃烧瓶，让吸收液封住瓶口（如图 7-15 所示）待燃烧完毕，按紧瓶塞，用力振摇 15min，至瓶内白烟完全消失，说明吸收完全。

3. 滴定

在燃烧瓶的槽沟中加少量水，转动并拔下瓶塞，用少量水洗涤瓶塞和铂丝，将溶液煮沸浓缩至 5mL，冷却后，加入 20mL 乙醇、3 滴溴酚蓝指示剂，逐滴加入 0.5mol·L^{-1}硝酸至吸收液刚显黄色，再过量 1 滴，加入 5 滴二苯卡巴腙指示剂，用 0.01mol·L^{-1}硝酸汞标准溶液滴定至溶液由黄色变为紫红色即为终点。同样条件进行空白试验。

根据实验结果计算对硝基氯苯含氯量和对硝基氯苯含量。

五、说明和注意事项

1. 如果燃烧后，吸收液中存在黑色小块或溶液带色，说明燃烧分解不完全，应找出原因，重新进行实验。

2. 为安全起见，燃烧分解时，最好戴护目镜和皮手套操作。倾斜燃烧瓶时，瓶底向后，注意勿对向他人。

3. 试样称样量，视其中卤素含量的多少而定，以滴定消耗硝酸汞标准溶液体积不超过 10mL 为度。试样称样量确定后，再选择燃烧瓶和测定条件以拟定正确的测定方案。

思　考　题

1. 试样燃烧分解不完全的原因有哪些？

2. 在开始滴定前，以溴酚蓝作指示剂，用稀硝酸将吸收液调至黄色的作用是什么？为何要加入 95％乙醇？

3. 如何判断二苯卡巴腙指示剂是否失效？

4. 如果硝酸汞标准溶液中出现絮状物，原因何在？是否还进行标定？应如何处理？

习　题

1. 氧瓶燃烧法测定卤素，燃烧分解产物是什么？若燃烧中只有氯元素，吸收液中是否需要加入过氧化氢，为什么？

2. 汞量法测定卤离子与银量法相比，有何优越性？

3. 氧瓶燃烧法测定对硝基氯苯中氯含量，在下列情况时，分析结果是偏低还是偏高？为什么？

(1) 试样燃烧分解后，吸收液呈黄色；

(2) 吸收液以溴酚蓝为指示剂调节酸度时，加入 2mL 0.5mol·L^{-1}HNO$_3$，溶液已呈黄色；

(3) 吸收液选用酚酞为指示剂调节酸度，用 0.2mol·L^{-1}HNO$_3$ 中和至无色；

(4) 滴定时未加乙醇；

(5) 滴定所用硝酸汞标准溶液浑浊并有絮状物。

4. 用氧瓶燃烧法当氯、溴共存或氯、碘共存时，如何分别测定各元素的含量？写出测定原理。

5. 氧瓶燃烧分解后，用碘量法测定三碘甲烷中碘元素含量，在下列情况时，分析结果是偏低还是偏高？为什么？

(1) 试样燃烧分解后，燃烧瓶中有棕色烟雾即打开瓶塞；

(2) 分解吸收后的溶液用 pH＝6 的乙酸-乙酸钠缓冲溶液调节 pH 值；

(3) 滴加溴水至溶液呈棕色后，立即滴加甲酸至溶液无色；

(4) 用甲酸除去过量溴时，滴加甲基红指示剂，颜色立即褪去，未继续加甲酸；

(5) 用硫代硫酸钠滴定时，过早加入淀粉指示剂。

6. 测定对二氯苯含量，称取试样 16.7mg，燃烧分解后，用 0.01174mol·L^{-1}Hg(NO$_3$)$_2$ 标准溶液滴定，消耗 9.58mL，空白消耗标准溶液 0.04mL。计算 (1) 试样中氯含量；(2) 对二氯苯含量。

7.2.4 硫的测定

有机物中硫的测定，通常采用氧化法或还原法分解试样，将有机物中的硫转变成硫酸盐或硫化物，然后用称量法、容量法或物理化学分析法测定。目前，普遍采用氧瓶燃烧法分解试样，方法所用的仪器和实验操作与测定卤素相同。

氧瓶燃烧法的基本原理是有机硫化物在氧瓶中燃烧分解，分解产物用过氧化氢水溶液吸收。

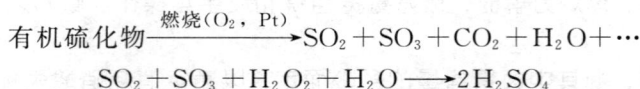

$$有机硫化物 \xrightarrow{\text{燃烧}(O_2, Pt)} SO_2 + SO_3 + CO_2 + H_2O + \cdots$$

$$SO_2 + SO_3 + H_2O_2 + H_2O \longrightarrow 2H_2SO_4$$

加热煮沸溶液，除去过量的过氧化氢，冷却后加入适量乙醇，以钍啉为指示剂，在 pH＝4 时，用高氯酸钡标准溶液滴定，当溶液中有微过量钡离子存在时，与指示剂生成红色配合物。

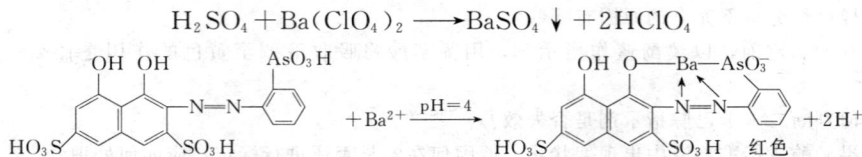

$$H_2SO_4 + Ba(ClO_4)_2 \longrightarrow BaSO_4 \downarrow + 2HClO_4$$

终点时溶液由黄色变为红色，色泽相近，较难辨认。可加入少量亚甲基蓝做屏蔽剂，则终点由淡黄绿色变为玫瑰红色，变化较敏锐。

滴定在 80% 的乙醇介质中进行，硫酸钡沉淀的溶解度降低，使沉淀反应快速完成。

此外，也使生成的有色物的电离度降低，使终点更加敏锐，便于观察。也可用二甲砜偶氮Ⅲ作滴定指示剂，亚甲基蓝作屏蔽剂，在 pH＝1.9 的溶液中，滴定终点颜色由玫瑰紫色变为灰蓝色，变化敏锐，易于观察。

在同样条件下进行空白实验。分析结果按下式计算。

$$硫含量 = \frac{(V - V_0)c \times 16.03}{m} \times 100\%$$

式中 V——试样试验消耗高氯酸钡标准溶液的体积，mL；

V_0——空白试验消耗高氯酸钡标准溶液的体积，mL；

c——高氯酸钡标准溶液的浓度，mol·L^{-1}

m——试样的质量，mg；

16.03——硫原子的摩尔质量，g·mol^{-1}。

8 有机官能团定量分析

8.1 概述

有机物的官能团是指化合物分子中具有一定结构特征，并反映该化合物某些物理特性和化学特性的原子或原子团。官能团定量分析就是根据这些物理特性或化学特性进行含量测定的。故可分为物理分析法和化学分析法。化学分析法建立的比较早，方法比较成熟，操作简单，至今仍沿用。但化学分析法试样用量大，消耗时间较长，近年来，随着科学技术的进步，各种各样的仪器分析方法得到迅速发展，但仪器分析法的基础仍是化学分析法，所以，本章主要讨论化学分析法，由于仪器设备简单价廉，操作技术容易掌握，所以在生产和科研中应用广泛。

官能团定量分析主要解决两个问题：①通过对试样中某组分的特征官能团的定量测定，从而确定组分在试样中的百分含量，这主要应用于有机化工生产中原料、中间体的控制分析和成品的规格分析；②通过对某物质特征官能团的定量测定，来确定特征官能团在分子中的百分比和个数，从而确定或验证化合物的结构。这种分析主要解决物质的鉴定和确定结构等科学研究中的问题。

8.1.1 官能团定量分析的特点

官能团定量分析主要是通过官能团之间的转化反应进行测定。各类有机物具有其特征的官能团，而具有相同官能团的不同化合物，其官能团的反应活性，由于不同程度地受分子中其他部分的组成和结构的影响，因而在不同化合物中的同一个官能团，表现出不同的反应活性。由此可知，一种官能团的分析方法或分析条件不可能适用于所有含这种官能团的化合物。例如碳-碳双键化合物的测定，通常使用溴加成法，但双键化合物的反应活性往往受到分子其他部分的影响，使溴加成法不能适用于其测定。只有掌握官能团分析的基本原理，了解分子的组成、结构和实验条件对鉴定结果的影响，根据具体的分析对象，正确选择分析方法和实验条件，才能获得满意的结果。

由于有机物之间的反应一般都是分子反应，官能团之间的转化速度一般都比较慢，而且许多反应是可逆的，很少能满足直接滴定的条件。例如采用肟化法测定羰基化合物含量时，先加入过量的盐酸羟胺，使之与羰基化合物完全反应，测定剩余的盐酸羟胺，从而确定羰基化合物的含量。所以如何根据具体情况，采取有效措施来提高反应速率和使反应趋于完全，是官能团定量分析中突出的并需要研究解决的问题。

官能团分析反应的专属性比较强，其他共存成分一般无干扰，不必将待测组分从试样中分离出来。例如要测乙酸乙酯中游离乙酸的含量，可将试样用中性乙醇溶解后，以碱标准溶液直接滴定，酯基无干扰。

8.1.2 官能团定量分析的一般方法

官能团定量分析是以官能团的化学反应为基础，在一定条件下，使试剂与官能团进行定量的化学反应，待反应完全后，测量试剂的消耗量或反应的生成物，然后，经过计算求出官能团及其组分的含量。测量的物质包括酸、碱、氧化剂、还原剂、气体，水分以及沉淀或有色物等，采用的分析方法都是化学分析中常用的几种典型方法。

① 酸碱滴定法；
② 氧化还原滴定法；
③ 沉淀滴定法；
④ 水分测定法；
⑤ 气体测量法；
⑥ 比色分析法。

对每一种官能团来讲，往往可以采用几种方法测定，应该了解每种测定方法的应用范围和适用性。

8.2 烃类化合物的测定——烯基化合物的测定

8.2.1 概述

有机化合物的分子中含有碳-碳双键或碳-碳叁键的，属于不饱和化合物。下面只讨论含碳-碳双键的烯基化合物不饱和度的测定。

有机化合物分子中的烯基，具有较高的反应活性，容易发生亲电加成反应。利用它的这一化学特性，建立了测定烯基化合物不饱和度的方法。根据所用的加成试剂的不同，可分为卤素加成法、氢加成法、硫氰加成法等。前两种方法应用较广泛，将予以重点讨论。

8.2.2 卤素加成（卤化）法

卤素加成法是利用过量的卤化剂与烯基化合物起加成反应，然后测定剩余的卤化剂。

在卤素加成中，氟、氯、溴的单质作为卤化剂过于活泼，往往伴随取代反应发生。而碘的活性较小，进行加成反应一般比较困难。由此可知，直接使用单质卤素作为卤化剂，难以满足分析反应的必备条件，因而大都是使用它们的化合物。例如氯化碘，溴化碘、碘的乙醇溶液，溴酸盐-溴化物的酸性溶液，溴的溴化物溶液等。以上几种卤化剂各有其优缺点和应用范围，应该根据实际情况选用。

实践证明，单纯的化合物或简单的混合物的不饱和度测定，一般都有较好的重现性，并能得到符合理论值的测定结果。对于天然产物，例如动植物油脂、石油产品等，由于成分复杂，分子中的烯基所处的结构环境不同，不仅使用不同的加成剂所测定的数据差异很大，即或使用同一种卤化剂，也常常因为分析条件的不同而产生较大的分析误差。由上述情况可知，欲获得重现性较好的测定结果，必须严格遵守规定的测定条件。另外，对天然产物的不饱和度进行测定所得到的结果，不一定是真实的数据，因而只能作为在相同条件下的比较数据使用。

卤素加成法测定烯基化合物的不饱和度时，分析结果有以下三种表示方法。

① 双键的百分含量，这种表示方法适用于对纯样品做结构分析。

② 烯基化合物百分含量，这种表示方法常用于化工生产中对产品做规格分析。

③ "碘值"或"溴值"，其定义是在规定条件下，每 100g 试样在反应中加成所需碘或溴的克数。这种表示方法常用于油脂分析。

（1）氯化碘加成法　氯化碘加成法又名韦氏（Wijs）法。

① 基本原理。使过量的氯化碘溶液和不饱和化合物分子中的双键进行定量的加成反应

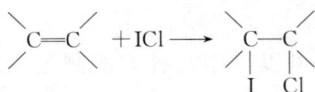

$$
\begin{array}{c}
\diagdown \\
\diagup
\end{array}
C=C
\begin{array}{c}
\diagup \\
\diagdown
\end{array}
+ICl \longrightarrow
\begin{array}{c}
\diagdown \\
\diagup
\end{array}
\underset{\underset{I}{|}}{C}-\underset{\underset{Cl}{|}}{C}
\begin{array}{c}
\diagup \\
\diagdown
\end{array}
$$

反应完全后，加入碘化钾溶液，与剩余的氯化碘作用析出碘，以淀粉作指示剂，用硫代硫酸钠标准溶液滴定，同时做空白试验。

$$KI + ICl \longrightarrow I_2 + KCl$$

$$I_2 + 2Na_2S_2O_3 \longrightarrow 2NaI + Na_2S_4O_6$$

分析结果计算公式如下。

$$烯基含量 = \frac{(V_0 - V)c \times 24.02/2}{1000m} \times 100\%$$

$$烯基化合物含量 = \frac{(V_0 - V)c \times M/2}{1000nm} \times 100\%$$

$$碘值 = \frac{(V_0 - V)c \times 126.9}{1000m} \times 100$$

式中　V_0——空白试验消耗硫代硫酸钠标准溶液的体积，mL；

V——试样试验消耗硫代硫酸钠标准溶液的体积，mL；

24.02——烯基的摩尔质量，$g \cdot mol^{-1}$；

M——烯基化合物的摩尔质量，$g \cdot mol^{-1}$；

126.9——碘的摩尔原子量，$g \cdot mol^{-1}$；

c——硫代硫酸钠浓度，$mol \cdot L^{-1}$；

m——试样的质量，g；

n ——试样分子中烯基的个数。

氯化碘溶液可用冰乙酸或乙醇做溶剂，但氯化碘乙醇溶液与不饱和化合物的加成反应速率较慢，一般需要 6h，甚至 24h 才能反应完全，所以不适用于生产。

氯化碘的乙酸溶液是将碘溶解于冰乙酸中，然后通入干燥氯气而制得，其反应式为

$$I_2 + Cl_2 \longrightarrow 2ICl$$

也可以将三氯化碘及碘溶解于冰乙酸而制得，其反应式为

$$I_2 + ICl_3 \longrightarrow 3ICl$$

所使用的冰乙酸中不得含有还原性杂质。

在氯化碘的乙酸溶液中，碘和氯的比率应保持在 1.0～1.2 之间。而以碘比氯过量 1.5% 的溶液最为稳定，一般可保存 30 天以上。

氯化碘加成法主要用于动植物油不饱和度的测定，以"碘值"表示，是油脂的特征常数和衡量油脂质量的重要指标。例如亚麻油的碘值约为 175，桐油的碘值约为 163～173。此外，该法还适用于测定不饱和烃、不饱和酯和不饱和醇等。

苯酚、苯胺和一些易氧化的物质，对此法有干扰。

② 测定条件

a. 为使加成反应完全，卤化剂应过量 100%～150%，氯化碘的浓度不要小于 0.1 $mol \cdot L^{-1}$。

b. 试样和试剂的溶剂通常用三氯甲烷或四氯化碳，也可用二硫化碳等非极性溶剂。

c. 加成反应不应有水存在，仪器要干燥，因 ICl 遇水发生分解。

d. 反应时瓶口要密闭，防止 ICl 挥发；并忌光照，防止发生取代副反应。一般应在暗处静置 30min；碘值在 150 以上或是共轭双键时，应静置 60min。

e. 以乙酸汞作催化剂，可在 3～5min 反应完全，催化作用可用下列反应说明。

$$Hg^{2+} + ICl \rightleftharpoons [Hg\text{-}ICl]^{2+}$$

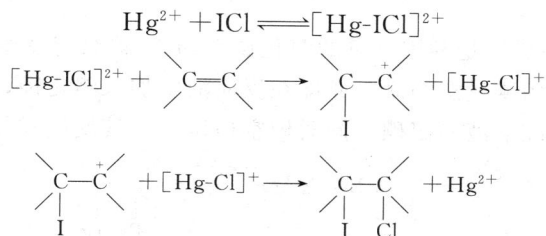

（2）碘-乙醇溶液加成法

① 基本原理。碘的乙醇溶液在有水存在时，发生水解反应。

$$I_2 + H_2O \longrightarrow HIO + HI$$

所生成的次碘酸与烯基化合物加成：

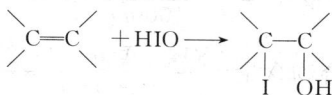

在一般条件下，碘与水的反应进行很慢，但是，当所生成的次碘酸与烯基化合物起加成反应，将次碘酸从碘与水反应的平衡体系中移去后，就进行得很快。

加成反应完全后，过量的碘用硫代硫酸钠标准溶液滴定，同时做空白试验。

由于次碘酸的氧化性比碘强，能氧化硫代硫酸根为硫酸根，干扰滴定反应。所以，在用硫代硫酸钠滴定前，先加入碘化钾与碘作用形成三碘化钾（KI_3）抑制碘再水解，并防止碘挥发，同时也增加碘在水中的溶解度。

碘-乙醇溶液法用于轻质石油产品碘值的测定。碘值是这类产品质量的重要指标，此值宜小。如航空煤油，要求在储运时性质稳定，若油中含有较多的不饱和烃，则在空气中特别是高温下，易产生胶状物质，使油品质量在储存中发生显著变化。此外，该法也用于植物油碘值的测定。但是，不适用于双键上连有吸电子基团的化合物（如蓖麻酸）等。此法操作简便快速而且费用低，准确度也能符合工业生产的要求。

碘值计算公式如下。

$$碘值 = \frac{(V_0 - V)c \times 126.9}{1000m} \times 100$$

式中　V_0——空白试验消耗硫代硫酸钠标准溶液的体积，mL；

V——试样试验消耗硫代硫酸钠标准溶液的体积，mL；

c——硫代硫酸钠标准溶液的浓度，$mol \cdot L^{-1}$；

126.9——碘的摩尔原子量，$g \cdot mol^{-1}$；

m——试样的质量，g。

② 测定条件。加成剂的用量，一般以过量 70% 为宜，过多会导致发生取代反应，过少则反应不能完全。碘的浓度约为 $0.1 mol \cdot L^{-1}$。

反应时间一般为 3～5min 左右即可。过长或过短都会使测定结果偏高或偏低。

（3）溴加成法

① 基本原理。溴加成法是利用过量的溴化试剂与碳-碳双键发生溴加成反应，并使其完全转化，剩余的溴再用碘量法回滴，亦即在反应液中加入碘化钾，碘化钾与溴作用生成碘，再用硫代硫酸钠标准溶液滴定碘。同时做空白试验。其反应式如下。

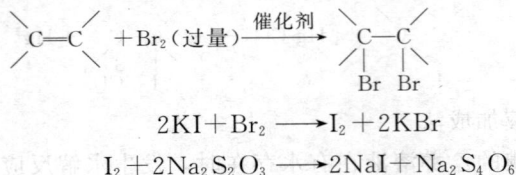

$$2KI + Br_2 \longrightarrow I_2 + 2KBr$$

$$I_2 + 2Na_2S_2O_3 \longrightarrow 2NaI + Na_2S_4O_6$$

分析结果计算公式如下。

$$烯基含量 = \frac{(V_0 - V)c \times 24.02/2}{1000m} \times 100\%$$

$$烯基化合物含量 = \frac{(V_0 - V)c \times M/2}{1000nm} \times 100\%$$

$$溴值 = \frac{(V_0 - V)c \times 79.92}{1000m} \times 100$$

式中　V_0 ——滴定空白试验消耗硫代硫酸钠标准溶液的体积，mL；

　　　　V ——滴定试样试验消耗硫代硫酸钠标准溶液的体积，mL；

　　　　c ——硫代硫酸钠标准溶液的浓度，mol·L^{-1}；

　　　　M ——试样的摩尔质量，g·mol^{-1}；

　　　　m ——试样的质量，g；

　　　　n ——试样分子中烯基的个数。

溴加成法所用的溴化试剂主要有两种。

a. 溴酸钾-溴化钾溶液，此试剂在酸性条件下即释出溴，其反应式如下。

$$KBrO_3 + 5KBr + 6HCl \longrightarrow 6KCl + 3Br_2 + 3H_2O$$

b. 溴-溴化钠的甲醇（或水）溶液，溴在溴化钠中有如下反应。

$$Br_2 + NaBr \longrightarrow NaBr\text{-}Br_2$$

这种溴和溴化钠形成的分子化合物使溴不易挥发且不易变质，与碳-碳双键发生加成反应时，不易发生取代反应。

② 测定条件

a. 若在汞盐催化下进行溴加成时，可以限制取代反应，并能加速反应的进行。在此反应中溴析出的速度与酸的浓度有关，应保持溶液刚好呈酸性，这样可以使溴的浓度保持在相当低的数值。溴酸钾-溴化钾的酸性介质作溴化剂，可使取代反应减小到最小的限度。

b. 溴化剂的用量不宜太多，否则也能增加取代反应的可能性，但也不能太少，为保证加成反应定量完成，一般以溴化剂过量 $10\% \sim 15\%$ 为宜。

c. 在测定一些含活泼芳核或 α-碳上有活泼氢的羰基化合物中的碳-碳双键时，由于分子中含有活泼氢，会发生取代反应而使分析结果偏高，因此，反应必须在低温下于暗处进行，以尽量避免与光接触而引发取代反应。

当双键碳原子上连有吸电子基团时，其加成反应速率慢，以致不能定量进行。因此，此法不适用于共轭双键、α，β-不饱和醛、酮等不饱和化合物的测定。

8.2.3　催化加氢法

(1) 基本原理　在金属催化剂存在下，不饱和化合物分子中的双键和氢发生加成反应。

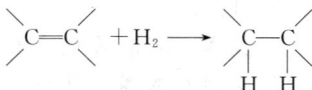

由所消耗氢气的量可以计算烯基和烯基化合物的含量。进行试样结构分析时，以每摩尔分子中所含双键数来表示测定结果。

$$V_0 = V \times \frac{p}{1013.25} \times \frac{273}{273+t}$$

$$双键数/摩尔 = \frac{V_0 M}{22415 m}$$

$$烯基含量 = \frac{24.02 V_0}{22415 m} \times 100\%$$

$$烯基化合物含量 = \frac{V_0 M}{22415 mn} \times 100\%$$

式中　V_0——标准状况下，试样消耗氢的体积，mL；

　　　V——测定条件下，试样消耗氢的体积，即量气管两次读数之差，mL。

　　　p——测定时的大气压，hPa；

　　　t——测定时的温度，℃；

　　　M——烯基化合物的摩尔质量，$g \cdot mol^{-1}$；

　　　n——烯基化合物中烯基的个数；

　　　m——试样的质量，g；

　　22415——含一个双键的不饱和化合物在标准状况下，每摩尔分子加成 22415mL 的氢，mL；

　　24.02——烯基的摩尔质量，$g \cdot mol^{-1}$。

最常用的催化剂有氧化铂、氧化钯和莱尼镍（$NiAl_2$）等，其中氧化钯的催化能力较强，氢化反应速率较快，不仅能使烯基催化加氢，而且也能使芳环中的大 π 键变成饱和键。若用莱尼镍作催化剂，则无这种作用。因此测定烯基时，应了解化合物中是否含有芳环，并选择适当的催化剂。

催化加氢仪如图 8-1 所示。

（2）测定条件　不饱和键加氢时，不会同时发生取代反应，但反应条件，如温度、氢气的压力、催化剂、溶剂以及试样的纯度等，对反应都有一定影响。对一般烯烃中的双键，在常温常压下加氢反应就可以完成。

测定时所用的氢气，必须不含氧气和硫化氢，以免催化剂被氧化或中毒而降低其活性。一般情况下，商品压缩氢气或由活泼金属与稀酸反应制取的氢气，不必纯化即可使用。

试样、溶剂等也不得含有硫化物、一氧化碳等能毒害催化剂的杂质。此外，测定系统中所用的橡胶管，应事先用氢氧化钠溶液煮，再用水煮沸除去硫后再使用。

当试样的黏度较低或试样的用量较大时，催化加氢

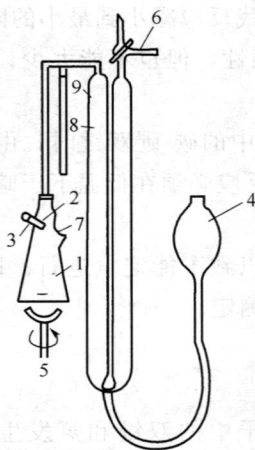

图 8-1　催化加氢仪

1—反应瓶；2—样品皿；3—样品；
4—水准瓶；5—电磁搅拌器；
6—三通活塞；7—反应瓶
排气活塞；8—量气管；
9—温度计

可以不使用溶剂。一般最常用的溶剂是冰乙酸，它能够给出质子，加速反应。其次是1，4-二氧六环，由于它的溶解性能良好，所以也常被采用。应当避免使用低沸点溶剂，因为温度变化会影响溶剂的蒸气压，使氢气体积的测量产生误差。

因为催化加氢加成反应是在催化剂的表面进行，所以，应使用细粉状或多孔性的催化剂，以增加其接触面积，提高催化效能；催化剂用量一般至少与试样等量或为试样量的2～3倍。催化剂用量大时，氢气饱和催化剂的时间也需要适当延长。因为催化剂的粉末暴露在空气中时，能引起有机溶剂着火爆炸，所以用过的催化剂，必须及时回收处理。

实验 8.1　韦氏法测定油脂碘值

一、实验目的

1. 掌握韦氏法测定油脂碘值的方法。
2. 了解韦氏液的配制方法

二、仪器

碘量瓶（500mL），移液管（25mL），滴定管（50mL）。

三、试剂与试样

1. 四氯化碳或三氯甲烷。
2. 碘化钾 20%，淀粉液 0.5%。
3. 硫代硫酸钠标准液 0.1mol·L^{-1}。
4. 韦氏液，有三种配制方法。

方法一：称取三氯化碘 8g 于干燥的 500mL 烧杯中，加冰乙酸 200mL 使溶解；另取研细的碘 9g 于干燥的 500mL 烧杯中，加四氯化碳 300mL 使其溶解，将两种溶液混合后用冰乙酸稀释至 1000mL，储于棕色试剂瓶中避光保存。

方法二：取一氯化碘 16.5g 于 1000mL 干燥烧杯中，加冰乙酸 1000mL 溶解，然后转入棕色试剂瓶中避光保存。

方法三：取 13.0g 碘于 1000mL 干燥的烧杯中，加 1000mL 冰乙酸，可微热溶解，冷却后，倾出 200mL，其余部分通入干燥的氯气（可以用工业高锰酸钾和盐酸制氯气通过水洗瓶和浓硫酸洗瓶），至溶液由红棕色变为橘红色，经检验合格后使用。

检验方法如下：

分别吸取 25.00mL 已通氯气的碘冰乙酸溶液和未通氯气的碘冰乙酸溶液于 500mL 碘量瓶中，加水 100mL、20%碘化钾溶液 15mL，用 0.1mol·L^{-1}硫代硫酸钠标准溶液滴定至淡黄色，加 2mL 0.5%淀粉液，继续滴定至蓝色刚好消失即为终点，按下式进行计算。

若 $A-2B=0$ 韦氏液合格，一般允许碘过量 1.5%左右。

若 $A-2B<0$ 说明氯气没有通够，应继续通入氯气。

若 $A-2B>0$ 说明溶液中碘不够，应按下式计算加入留存的碘液。

$$V = V_0 \frac{A - 2B}{B}$$

式中　　A ——滴定 25.00mL 韦氏液消耗硫代硫酸钠标准液体积，mL；

　　　　B ——滴定 25.00mL 留存碘冰乙醇溶液消耗硫代硫酸钠标准液体积，mL；

　　5. 试样：菜籽油或花生油。

四、实验步骤

用减量法称取油样 0.25～0.3g 于 500mL 干燥的碘量瓶中，加 10mL 三氯甲烷，轻轻摇动，使油样完全溶解，准确加入 25.00mL 韦氏液，塞紧瓶塞，并用少量碘化钾液封口（勿使流入瓶内）摇匀后放暗处（室温 20℃）60 min，取出沿瓶口加 20%碘化钾液 10mL，稍加摇动，以 100mL 水冲洗瓶塞及瓶口，用 0.1mol·L⁻¹ 硫代硫酸钠标准溶液滴定至淡黄色，加入 2mL 淀粉液，继续滴定至蓝色刚好消失即为终点。

同样条件下进行空白试验。根据实验结果计算试样的碘值。

五、说明和注意事项

1. 配制及使用韦氏液时，需严防水分进入，所用仪器必须干燥。

2. 反应时间、温度及韦氏液的浓度必须严格控制。

3. 样品试验和空白试验条件必须完全一致，特别是加入韦氏液的速度必须一致。

4. 试样称样量不应超过规定的最高克数。

韦氏法测定碘值试样参考质量如下表。

碘　值	试样参考质量/g	碘　值	试样参考质量/g
20 以下	1.20～1.22	100～120	0.23～0.25
20～40	0.70～0.72	120～140	0.19～0.21
40～60	0.47～0.49	140～160	0.17～0.19
60～80	0.35～0.37	160～200	0.15～0.17
80～100	0.28～0.30		

常用油脂的碘值和密度如下表。

名　称	碘　值	密度(15℃)/g·cm⁻³	名　称	碘　值	密度(15℃)/g·cm⁻³
牛油	35～59	0.937～0.953	菜油	94～106	0.910～0.917
羊油	33～46	0.937～0.953	蓖麻油	83～87	0.950～0.970
猪油	50～77	0.931～0.938	茶油	95～105	
鱼油	120～180	0.951～0.953	糠油	91～110	0.917～0.928
豆油	105～130	0.922～0.927	骨油	46～56	0.914～0.916
花生油	86～105	0.915～0.921	蚕蛹油	116～136	0.925～0.934(20℃)
棉籽油	105～110	0.922～0.935	亚麻籽油	170～204	0.931～0.938

思　考　题

1. 计算用三种方法配制的氯化碘溶液的浓度？用三氯化碘和氯化碘配制的溶液浓度是否需要检查？

2. 测定产生误差的主要原因有哪些？

习　题

1. 测定烯基有哪些方法，写出各法测定原理？

2. 何谓油脂的碘值和溴值？用氯化碘加成法和碘-乙醇溶液法测定时各有哪些影响因素？

3. 如何配制 1L 浓度为 $0.1 mol \cdot L^{-1}$ 的氯化碘溶液？

4. 用氯化碘加成法测定油脂碘值时，如何判断加入的 ICl 是否已过量？若试样的碘值为 $100 \sim 120$，要求 ICl 过量 1.5 倍，测定时加入 $0.1 mol \cdot L^{-1}$ ICl 25.00mL，试计算试样的称样量。

5. 0.2000g 乙烯在 20℃、1atm（1atm＝101325Pa）进行加氢反应，反应完全后，测得消耗氢气 17.00mL，试求乙烯的含量。

6. 用氯化碘加成法测定下列物质：

（1）亚麻酸　十八碳三烯［9，12，15］酸；

（2）亚油酸　十八碳二烯［9，12］酸；

（3）油酸　十八碳烯-9-酸。

写出计算烯基含量和化合物含量的公式。

8.3　含氧化合物的测定

8.3.1　羟基化合物的测定

8.3.1.1　概述

醇和酚都是含有羟基官能团的有机化合物。由于与羟基相连接部分的组成和结构不同，不仅使醇和酚分子中羟基的化学性质产生显著的差异，就是醇类分子中羟基的化学性质也不是完全相同的，酚也是如此。因此，根据羟基的某一化学性质建立的测定方法，大多是不能通用的，即使测定方法相同，测定条件也不一样。

醇的测定通常是根据醇容易酰化成酯的性质，用酰化方法测定。其中以乙酰化法应用最为普遍，按照乙酰化剂组成的不同，该法可分为乙酸酐-吡啶乙酰化法、乙酸酐-高氯酸-吡啶乙酰化法和乙酸酐-乙酸钠乙酰化法。以上方法主要用于伯醇和仲醇的测定。

邻苯二甲酸酐也是测定醇含量的较好酰化剂。其最大优点是酚、醛等不干扰测定。少量水分的存在也不影响酰化反应。只是酰化反应速率缓慢，必须使用大量过量的试剂和适当提高反应温度。此方法也只适用于伯醇和仲醇的定量测定。

叔醇中的羟基在酰化过程中，易脱水生成烯烃，难以用酰化成酯法测定，但是以三氟化硼为催化剂的乙酸-三氟化硼乙酰化法则适用，不过该法是从测定反应生成的水量计算羟基含量的。因为叔醇在实验条件下，发生酯化或脱水反应的结果都是每一个羟基产生一分子水，所以不影响分析结果的化学计量。

位于相邻碳原子上的多元醇羟基（α-多羟醇），具有醇羟基的一般性质，同时也具有其特殊性，即 α-多羟醇易被氧化，测定它们有一种专属分析法，即高碘酸氧化法。

重铬酸钾氧化法也用于测定某些 α-多羟醇，例如甘油在强酸性条件下，被重铬酸钾定量氧化，生成二氧化碳和水，过量的重铬酸钾用碘量法测定。

微量醇可以用比色法测定。其方法大多是将醇氧化成相应的羰基等化合物，然后再测定。由于各种醇的稳定性相差很大，因此很难有一个通用的方法。也可将醇酯化后，用羟肟酸铁比色法测定生成的酯。

与苯环相连的酚羟基具有弱酸性，可以在非水溶剂中，用碱标准溶液进行非水滴定。由于酚羟基邻位和对位的氢原子容易发生亲电取代反应，在室温下，一般酚类能定量地发生卤化反应，常用溴量法测定。微量酚可用比色法测定，常用显色剂有：4-氨基安替比林、对氨基苯磺酸和酚试剂等。其中 4-氨基安替比林法是灵敏度、准确度、特效性较高的方法，广泛用于三废检测。

8.3.1.2 乙酰化法

用乙酰化法测定醇的乙酰化试剂，通常选用乙酸酐。其性质比较稳定，不易挥发，酰化反应速率虽较慢，但可加催化剂来提高，必要时可加热。乙酰氯是最活泼的乙酰化试剂，酰化反应迅速，不过它比较容易挥发而损失，在定量分析中不宜采用。

不同的醇的乙酰化反应速率有很大的差异，一般规律是伯醇的乙酰化反应速率比仲醇快，烯醇的酰化速度比相应的饱和醇要慢。

酚、伯胺、仲胺、硫醇、环氧化物和低相对分子质量的醛等干扰乙酰化反应，应该在测定之前除去或用其他方法测定后改正。

（1）乙酸酐-吡啶-高氯酸乙酰化法

① 基本原理。在高氯酸和吡啶溶液中，试样和过量乙酸酐进行乙酰化反应，反应完全后，加水使剩余的乙酸酐水解，然后用碱标准溶液滴定生成的乙酸，同时做空白试验，则空白测定与试样测定消耗碱标准溶液的差值，即为试样乙酰化所消耗的酸酐值，从而可以计算出试样中醇和羟基的含量（羟值）。其反应过程如下。

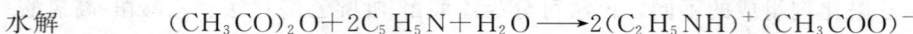

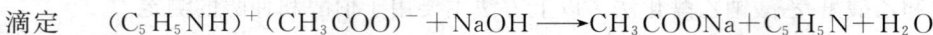

乙酰化　　　　$ROH + (CH_3CO)_2O + C_5H_5N \xrightarrow{H^+} CH_3COOR + (C_5H_5NH)^+(CH_3COO)^-$

水解　　　　　$(CH_3CO)_2O + 2C_5H_5N + H_2O \longrightarrow 2(C_2H_5NH)^+(CH_3COO)^-$

滴定　　　　　$(C_5H_5NH)^+(CH_3COO)^- + NaOH \longrightarrow CH_3COONa + C_5H_5N + H_2O$

分析结果计算公式如下。

$$醇含量 = \frac{(V_0 - V)\ cM}{1000mn} \times 100\%$$

$$羟基含量 = \frac{(V_0 - V)\ c \times 17.01}{1000m} \times 100\%$$

式中　V_0——空白试验消耗氢氧化钠标准溶液的体积，mL；

　　　V——试样试验消耗氢氧化钠标准溶液的体积，mL；

　　　c——氢氧化钠标准溶液的浓度，$mol \cdot L^{-1}$

　　　M——醇的摩尔质量，$g \cdot mol^{-1}$；

　　17.01——羟基的摩尔质量，$g \cdot mol^{-1}$；

　　　m——试样的质量，g；

n ——试样分子中羟基的个数。

在上述乙酰化试剂中，吡啶除作为溶剂外，又作为有机碱，与乙酰化反应生成的乙酸作用生成乙酸吡啶盐，以防止乙酸挥发而损失，同时吡啶对酰化反应也有催化作用，不过这种作用比高氯酸要小些。

高氯酸的催化作用，一般认为可能是它提供的氢离子先与乙酸酐作用生成酰化能力强的乙酰基阳离子，再与醇反应生成酯。

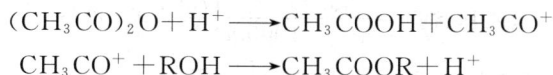

$$(CH_3CO)_2O + H^+ \longrightarrow CH_3COOH + CH_3CO^+$$

$$CH_3CO^+ + ROH \longrightarrow CH_3COOR + H^+$$

乙酰化试剂中乙酸酐和吡啶的体积比，以乙酸酐∶吡啶＝1∶3为宜。

如果试样中含有游离酸或碱时，应该另取试样，溶于吡啶后，以碱或酸标准溶液滴定后，加以校正。

本方法广泛用于大多数伯醇和仲醇羟基的测定。当试样中混有酚或醛等时不宜采用。用邻苯二甲酸酐酰化法可不受干扰。有伯胺或仲胺存在时，酰化反应完全后，用皂化法测定酯，可消除酰胺的干扰。

② 测定条件

a. 为了加快酰化反应速率，并使反应趋于完全，酰化剂的用量一般要过量50%以上。

由反应方程式可知，如所加入的乙酸酐在反应中耗尽，碱标准溶液的用量恰为空白测定值的一半。出现这种情况，说明乙酰化试剂用量不够，或至多为理论用量（这样酰化不完全），因此，应减少试样称量或增加酰化剂用量，保证滴定所消耗的碱标准溶液的量大于空白测定值的一半。

当试样中有水分时，要适当增加酰化剂的用量，如果水分过多，必须先经脱水后再测定。所使用的仪器也都必须干燥。

b. 反应的时间以及是否需要加热，取决于试样的性质和试样的相对分子质量的大小。大部分易溶于水的试样在室温10～30min即可反应完全，而相对分子质量较大的、取代基较多的化合物，需加热或提高酰化剂的浓度，有的需要加热2～3h方能反应完全。

c. 滴定常用甲酚红-百里酚蓝混合指示剂，由黄色突变为紫红色即为终点。如果试样颜色过深，妨碍终点观察时，最好改用电位法确定终点，终点pH值应为8～9。

（2）乙酸酐-乙酸钠乙酰化法　以乙酸钠作催化剂，醇与乙酸酐发生乙酰化反应，反应生成的乙酸和过量乙酸酐用碱溶液中和后，加入一定量过量的碱，使生成的酯定量皂化，剩余的碱用酸标准溶液滴定。由空白滴定和试样滴定之差值即可求得羟值和醇的含量。以季戊四醇测定为例，其反应过程如下。

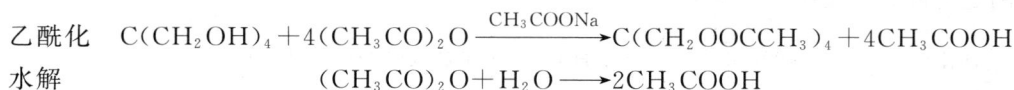

乙酰化　$C(CH_2OH)_4 + 4(CH_3CO)_2O \xrightarrow{CH_3COONa} C(CH_2OOCCH_3)_4 + 4CH_3COOH$

水解　　　　　$(CH_3CO)_2O + H_2O \longrightarrow 2CH_3COOH$

中和 $\qquad$ $CH_3COOH + NaOH \longrightarrow CH_3COONa + H_2O$

皂化 $\quad C(CH_2OOCCH_3)_4 + 4NaOH(过量) \longrightarrow C(CH_2OH)_4 + 4CH_3COONa$

滴定 $\qquad H_2SO_4 + 2NaOH \longrightarrow Na_2SO_4 + 2H_2O$

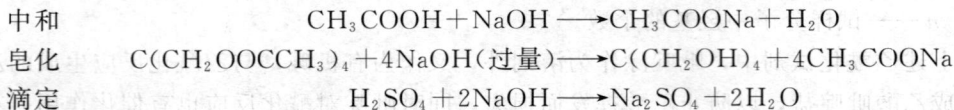

分析结果计算公式如下。

$$醇含量 = \frac{(V_0 - V)cM}{1000mn} \times 100\%$$

$$羟基含量 = \frac{(V_0 - V)c \times 17.01}{1000m} \times 100\%$$

式中 V_0 ——空白试验消耗硫酸标准溶液的体积，mL；

$\qquad V$ ——试样试验消耗硫酸标准溶液的体积，mL；

$\qquad c$ ——1/2 硫酸标准溶液的浓度，$mol \cdot L^{-1}$；

$\qquad M$ ——醇的摩尔质量，$g \cdot mol^{-1}$；

17.01 ——羟基的摩尔质量，$g \cdot mol^{-1}$；

$\qquad m$ ——试样的质量，g；

$\qquad n$ ——试样分子中羟基的个数。

中和反应和滴定反应均以酚酞作指示剂，因溶液中有乙酸钠存在，所以终点颜色均应为微红色（终点 pH 值约为 9.7）。

中和反应是本法的关键，如果中和不准确即颜色过深或过浅均会造成误差。若中和颜色过深即氢氧化钠过量，酯局部皂化使测得值偏低，反之则偏高。

以乙酸钠为催化剂，避免使用有臭有毒的吡啶是此法的一大优点，其次是操作简便、快速，准确度也较高。

此法测定醇可消除伯胺与仲胺的干扰。在反应条件下，伯胺与仲胺酰化为相应的酰胺，醇酰化为酯，用碱中和后，加入过量碱，酯被定量地皂化，而酰胺不反应。

8.3.1.3 高碘酸氧化法

在弱酸性介质中，高碘酸能定量地氧化位于相邻碳原子上的羟基。氧化结果，碳链断裂，生成相应的羰基化合物和羧酸。一元醇或羟基不在相邻碳原子上的多羟醇等均不被氧化。这就是高碘酸氧化法测定多羟醇含量的基本依据。其反应可用下列通式表示。

$$CH_2OH(CHOH)_nCH_2OH + (n+1)HIO_4 \longrightarrow 2HCHO + nHCOOH + (n+1)HIO_3 + H_2O$$

高碘酸氧化 α-多羟醇后，可以通过测定剩余的高碘酸或测定氧化产物醛或酸来计算含量。一般常用的方法有碘量法和酸量法。下面以碘量法为例进行讨论。

(1) 基本原理 试样中加入一定量且过量的高碘酸，氧化反应完全后，加入碘化钾溶液，剩余的高碘酸和反应生成的碘酸被还原析出碘，用硫代硫酸钠标准溶液滴定，同时做空白试验。由空白滴定与试样滴定之差值即可算出试样中 α-多羟醇含量。以乙二醇、丙三醇测定为例。其反应过程如下。

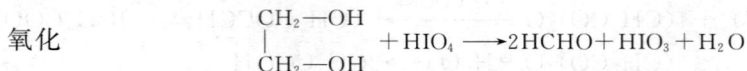

氧化 $\qquad \begin{array}{l} CH_2{-}OH \\ | \\ CH_2{-}OH \end{array} + HIO_4 \longrightarrow 2HCHO + HIO_3 + H_2O$

$$CH_2-OH$$
$$\begin{array}{l} CH_2-OH \\ | \\ CH-OH \\ | \\ CH_2-OH \end{array} +2HIO_4 \longrightarrow 2HCHO+HCOOH+2HIO_3+H_2O$$

还原 $HIO_4+7KI+7H^+ \longrightarrow 4I_2+7K^++4H_2O$

               $HIO_3+5KI+5H^+ \longrightarrow 3I_2+5K^++3H_2O$

滴定 $I_2+2NaS_2O_3 \longrightarrow 2NaI+Na_2S_4O_6$

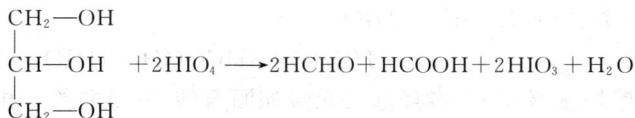

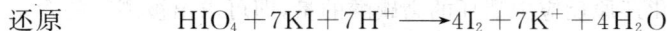

从上述反应看出，在高碘酸氧化 α-多羟醇的反应中，1mol HIO_4 产生 1mol HIO_3，少析出 1mol I_2，而 1mol I_2 与 2mol $Na_2S_2O_3$ 相当，所以，在乙二醇与高碘酸的反应中，1mol 乙二醇与 2mol $Na_2S_2O_3$ 相当，故乙二醇的物质的量 $n_{乙二醇}$ 为

$$n_{乙二醇}=\frac{1}{2}n_{Na_2S_2O_3}$$

同理，丙三醇的测定反应中的化学计量关系为

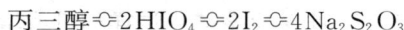

$$丙三醇 \leftrightharpoons 2HIO_4 \leftrightharpoons 2I_2 \leftrightharpoons 4Na_2S_2O_3$$

丙三醇的物质的量 $n_{丙三醇}$ 为

$$n_{丙三醇}=\frac{1}{4}n_{Na_2S_2O_3}$$

α-多羟醇的物质的量 n 用下面的通式表示为

$$n_{\alpha-多羟醇}=\frac{1}{2E}n_{Na_2S_2O_3}$$

式中，E 是与 1mol α-多羟醇反应所消耗的高碘酸的摩尔数（如乙二醇为 1，丙三醇为 2）。

分析结果计算公式如下。

$$\alpha\text{-多羟醇含量}=\frac{(V_0-V)cM}{m\times 2\times E\times 1000}\times 100\%$$

$$或\ \alpha\text{-多羟醇含量}=\frac{(V_0-V)cM}{m\times 2(n+1)\times 1000}\times 100\%$$

式中 V_0 ——空白试验消耗硫代硫酸钠标准溶液的体积，mL；

      V ——试样试验消耗硫代硫酸钠标准溶液的体积，mL；

      c ——硫代硫酸钠标准溶液的浓度，$mol \cdot L^{-1}$

      M ——α-多羟醇的摩尔质量，$g \cdot mol^{-1}$；

      E ——1mol α-多羟醇所消耗高碘酸的摩尔数；

      m ——试样的质量，g；

      n ——α-多羟醇分子中所含仲醇羟基的个数。

由于糖分子中含有多元邻位羟基，所以高碘酸氧化法也能用来测定糖。葡萄糖（己醛糖）1mol 消耗 5mol 高碘酸，果糖（己酮糖）1mol 消耗 4mol 高碘酸。

$$CH_2OH(CHOH)_4CHO+5HIO_4 \longrightarrow HCHO+5HCOOH+5HIO_3$$

$$CH_2OH(CHOH)_3COCH_2OH + 4HIO_4 \longrightarrow$$
$$HCHO + 3HCOOH + 4HIO_3 + CH_2OHCOOH$$

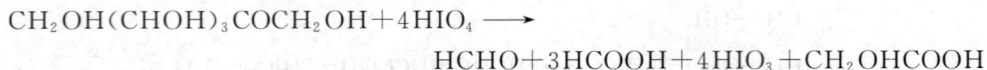

除 α-多羟醇和糖外，α-羰基醇、多羟基二元酸如酒石酸、柠檬酸等有机物，在酸性条件下，也能被高碘酸定量氧化，根据氧化还原反应中消耗的高碘酸的量，即可求出被测物的含量。

高碘酸溶液可选用高碘酸（$M_{HIO_4 \cdot H_2O} = 227.94$）、高碘酸钾（$M_{KIO_4} = 230.02$）或高碘酸钠（$M_{NaIO_4} = 213.89$）配制。其中高碘酸钠溶解度大，易纯制，故更为多用，高碘酸及高碘酸盐溶液都很稳定。常配成高碘酸水或乙酸溶液。高碘酸盐的稀硫酸溶液（酸度为 $0.05mol \cdot L^{-1}$ 或 $0.1mol \cdot L^{-1}$），常用浓度为 $0.025 \sim 0.05mol \cdot L^{-1}$。酸度对高碘酸的氧化速度有影响，用硫酸配制时比用乙酸时为快。

（2）测定条件

① 要求在滴定时，滴定试样消耗硫代硫酸钠标准溶液的体积必须超过空白试验消耗量的 80%，以保证有足够的高碘酸，使氧化反应完全，如仅为空白试验所消耗的 75%，则表明所有的高碘酸已全部消耗。此时应该减小试样称量或增加高碘酸用量，重新测定。

② 酸度和温度对氧化反应速率等有影响。较满意的条件是：$pH = 4$ 左右，反应温度宜在室温或低于室温。温度较高时会导致生成的醛或酸被进一步氧化等副反应（如 $t > 55℃$ 时，甲醛会消耗高碘酸）。当反应生成物是甲醛或甲酸时，要特别小心，因为这些化合物在室温下也会逐渐缓慢地氧化，造成测定误差。

③ 反应需静置 $30 \sim 90min$。乙二醇、丙三醇等多数化合物 $30min$，羟基酸（如酒石酸）糖（如葡萄糖）、甘露醇、环氧乙烷等常需 $60 \sim 90min$。

④ 非水溶性试样可以用三氯甲烷溶解或稀释。

实验 8.2　乙酸酐-乙酸钠-乙酰化法测定季戊四醇

一、实验目的

掌握乙酰化-水解法测定季戊四醇的原理和操作。

二、仪器

1. 锥形瓶（500mL）。

2. 酸式滴定管（50mL）。

3. 碱式滴定管（50mL）。

4. 干燥管，内装碱石灰带胶塞其大小与锥形瓶配套。

5. 调压电炉。

三、试剂与试样

1. 乙酸酐，无水乙酸钠。

2. 氢氧化钠溶液（$1mol \cdot L^{-1}$）。

3. 硫酸标准溶液，$c_{1/2H_2SO_4} = 1mol \cdot L^{-1}$。

4. 酚酞指示剂（1%乙醇液）。

5. 试样：季戊四醇（$M = 136.15$）。

四、实验步骤

精称干燥研细的试样 0.8g（准至 0.0002g）置于 500mL 干燥锥形瓶中，加入 1g 无水乙酸钠、5mL 乙酸酐，轻轻摇动，使固体湿润，在电炉上缓慢加热，微沸 2～3min，使回流现象至锥形瓶 3/4 处，取下锥形瓶，加入 25mL 水，再继续加热至沸使溶液清亮后，取下冷却至室温。加入 8 滴酚酞指示剂，用 1 mol·L^{-1} 氢氧化钠溶液中和至微粉色，然后准确滴加 50.00mL，1mol·L^{-1} 氢氧化钠溶液，在电炉上加热煮沸 10min 后，装上碱石灰干燥管，急速冷却至室温，再加 8 滴酚酞指示剂，用硫酸标准溶液 $\left[c\left(\frac{1}{2}H_2SO_4\right) = 1\text{mol·}L^{-1}\right]$ 滴定至微粉色（pH = 9.7）。

同样条件进行空白试验。根据实验结果计算季戊四醇含量和试样中羟基百分含量（羟值）。

五、说明和注意事项

1. 氢氧化钠浓度不要大于 1mol·L^{-1}，硫酸标准溶液 $\left(c\frac{1}{2}H_2SO_4\right)$ 浓度不要小于 1mol·L^{-1}，以免空白值超过 50mL。

2. 样品与固体乙酸钠应轻轻摇匀后，再加入 5mL 乙酸酐，然后轻轻摇动使乙酸酐将混合固体浸湿。

3. 乙酰化反应加热时，可轻轻转动瓶子，但切忌摇动，否则发生崩溅现象，一旦将液体溅出锥形瓶外，应重做。

4. 以氢氧化钠中和乙酸时，滴定速度不要太快，以免局部提前皂化。

思 考 题

1. 此方法是否适用于叔醇的测定？

2. 剖析分析方案：香料中伯醇或仲醇含量测定。

量取 10mL 试样、10mL 乙酸酐和 2.00g 无水乙酸钠，回流加热后，加水 50～60mL 振摇 15min，倾入分液漏斗中弃去水溶液，依次用氯化钠饱和液、碳酸钠-氯化钠溶液、氯化钠饱和液各 50mL 依次洗涤，再用蒸馏水洗至中性为止。所得乙酰化试样用 3g 无水硫酸镁干燥，至透明为止。

称取干燥乙酰化试样约 2g，准确加入 50.00mL 氢氧化钾乙醇溶液（0.5mol·L^{-1}），回流加热 1h，冷却至室温，加 5～10 滴酚酞指示剂，用 0.5 mol·L^{-1} 盐酸准溶液滴定至粉红色消失即为终点，同样进行空白试验。

回答下列问题

1. 所加各试剂的作用是什么？

2. 各步操作目的是什么？

实验8.3 高碘酸氧化法测定丙三醇含量方法的对比

实验目的

分别用高碘酸氧化碘量法和酸量法测定丙三醇含量，进行测定方法对比。

碘 量 法

一、仪器

1. 容量瓶（250mL）。

2. 碘量瓶（250mL）。

3. 移液管（25mL）。

4. 酸式滴定管（50mL）。

二、试剂

1. 碘化钾（20%），淀粉指示剂 0.5%。

2. 硫代硫酸钠标准液（0.1 mol·L^{-1}）。

3. 高碘酸溶液：取 5.5g 高碘酸（HIO_4，$2H_2O$）溶于 200mL 水中，用冰乙酸稀释至 1000mL，储于棕色瓶中备用。

三、实验步骤

精确称取 0.15～0.20g（约 3～4 滴）丙三醇于 250mL 容量瓶中，用水溶解并稀释至刻度。

吸取 25.00mL 试样溶液，于 250mL 碘量瓶中，准确加入 25.00mL 高碘酸溶液，盖好瓶塞，摇匀，于室温放置 30min，然后加入 10mL 20%碘化钾溶液，析出的碘用 0.1mol·L^{-1}硫代硫酸钠标准溶液滴定，当溶液呈淡黄色时，加 2mL 0.5%的淀粉指示剂，继续滴定至蓝色刚好消失即为终点。

同样条件下进行空白试验。根据实验结果计算试样中丙三醇含量。

四、注意事项

若试样所消耗硫代硫酸钠标准溶液体积少于空白试验的 80%，说明试样量太大，高碘酸量不足，应重做。

酸 量 法

一、仪器

1. 锥形瓶（250mL）。

2. 碱式滴定管（50mL）。

二、试剂

1. 乙二醇溶液（50%水溶液）。

2. 酚酞指示剂（1%乙醇溶液）。

3. 氢氧化钠标准液（0.1 mol·L^{-1}）。

4. 高碘酸钠溶液 [2.14%（质量/体积）]：2.14g 高碘酸钠溶于 10mL 0.5mol·L^{-1}的硫酸中，用水稀释到 100 mL。

三、实验步骤

精确称取 0.1g 丙三醇于 250mL 锥形瓶中，加水 45mL，准确加入高碘酸钠溶液 25.00mL，摇匀，于暗处放置 15min，加乙二醇溶液 5mL 摇匀，于暗处放置 20min，加酚酞指示剂 0.5mL，用 0.1 mol·L^{-1}氢氧化钠标准溶液滴定至浅粉色即为终点。

同样条件下进行空白试验。根据实验结果计算试样中丙三醇含量。

思　考　题

根据两种测定方法步骤，回答下列问题。

1. 分别说明两种测定方法的原理。

2. 碘量法测定

（1）计算高碘酸溶液的浓度（mol·L^{-1}）。

（2）根据加入高碘酸溶液的量计算试样称样量（mmol 数）所需加入碘化钾的量。

3. 酸量法测定

（1）加入乙二醇的作用是什么？

（2）计算高碘酸钠溶液的酸度（mol·L^{-1}）？根据测定加入量计算空白试验滴定时所需氢氧化钠的摩尔数。

（3）若丙三醇含量为 95%，计算试样的称样量。

习　　题

1. 测定伯醇、仲醇、叔醇、α-多羟醇的含量有哪些方法？

2. 用乙酰化法测定乙醇时，如何知道加入的乙酰化试剂是否过量？如乙醇中或乙酰化剂中含有游离羧酸，对测定含量有无影响？如有影响，如何扣除？

3. 纯的 0.2000g 季戊四醇试样，如用乙酰化法测定，理论上应加密度 1.08g·mL^{-1}，含量为 97% 的乙酸酐多少毫升？如要过量 20%，又应加多少毫升？

4. 拟定用乙酸酐-吡啶乙酰化法测定苯甲醇含量的分析方案。

（1）测定原理；

（2）所用试剂及其用量；

（3）试样称样量；

（4）含量计算公式。

5. 高碘酸氧化法测定乙二醇时，如称取试样 1.2550g，溶解后配成 250.0mL 吸取 10.00mL 于碘量瓶中进行测定，假设乙二醇含量为 95% 左右，问：

（1）理论上应加 0.1mol·L^{-1} 的高碘酸溶液多少毫升？

（2）如加入的高碘酸过量了 20%，用 0.5000mol·L^{-1} 的 $Na_2S_2O_3$ 滴定时，试样和空白试验理论上应消耗 $Na_2S_2O_3$ 多少毫升？

6. 试设计一个用重铬酸钾氧化法测定甘油含量的分析方案？如有条件可进行试样测定，并与高碘酸氧化法所测结果进行比较？

8.3.2　羰基化合物的测定

8.3.2.1　概述

醛和酮都是含有羰基（ $\diagdown$ C=O ）官能团的化合物，它们有相似的化学性质。例如醛和酮都能与羟胺缩合（肟化）反应生成肟；与肼类缩合生成腙；醛和甲基酮可与亚硫酸氢钠加成生成 α-羟基磺酸盐。但是，在醛分子中羰基上有一个氢原子，而酮羰基上没有氢原子，这种结构上的差异，使醛和酮具有不完全相同的化学性质。一般来讲，醛比酮更活泼，某些反应为醛所独有。例如，醛易被弱氧化剂氧化，并且能与席夫试剂反应，而酮难于氧化，也不与席夫试剂反应。

测定羰基化合物的常用方法有：羟胺肟化法，2，4-二硝基苯肼称量法，亚硫酸氢钠加成法，次碘酸钠氧化法和银离子氧化法等。其中羟胺肟化法和亚硫酸氢钠加成法应用较广泛，将重点予以讨论。

醛和酮与2，4-二硝基苯肼缩合生成固体沉淀2，4-二硝基苯腙，可用称量法测定。此法在生产中应用较少，但对于一些不能用羟胺法测定的羰基化合物或在复杂的混合物中测定醛和酮时，往往可以得到满意的结果。

甲醛可被次碘酸钠（I_2＋$NaOH$）溶液定量氧化，丙酮和具有 CH_3CO—结构的醛或酮（如丙酮酸）与次碘酸钠发生碘仿反应。

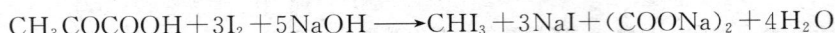

$$HCHO＋NaOI＋NaOH \longrightarrow HCOONa＋NaI＋H_2O$$

$$CH_3COCH_3＋3I_2＋4NaOH \longrightarrow CHI_3＋CH_3COONa＋3H_2O＋3NaI$$

$$CH_3COCOOH＋3I_2＋5NaOH \longrightarrow CHI_3＋3NaI＋(COONa)_2＋4H_2O$$

反应完全后，测定过量的碘，即可求出被测物的含量。此方法常用于测定水溶液中少量甲醛或丙酮的含量。

醛易被氧化银或银氨配合物［杜伦（Tollen）试剂］氧化，定量生成酸和释出银。

$$RCHO＋Ag_2O \longrightarrow RCOOH＋2Ag$$

$$RCHO＋2[Ag(NH_3)_2]OH \longrightarrow RCOOH＋2Ag＋4NH_3＋H_2O$$

氧化反应完全后，加入过量碱，再用酸标准溶液回滴；或用硫氰酸铵或碘化钾滴定过量的银离子，或用称量法测定沉淀的银。

微量醛或酮可用比色法测定，通用的显色剂是2，4-二硝基苯肼。在碱性的甲醇或乙醇溶液中，醛和酮生成的2，4-二硝基苯腙配合物呈黄色、橙色或红色，当被测物浓度为 $10^{-6}\sim10^{-4}\,mol \cdot L^{-1}$ 时，符合于吸收定律，可于 480nm 波长下进行光度测定。

醛和酮彼此互为同分异构体，例如，丙醛和丙酮，它们经常会同时在一起存在，要求分别测定其含量时，会有一定的困难。应根据试样的具体情况，选择上述方法分别测定其含量。

8.3.2.2　羟胺肟化法

羟胺法测定醛和酮最通用的方法是试样与羟胺盐酸盐（盐酸羟胺）进行肟化反应。

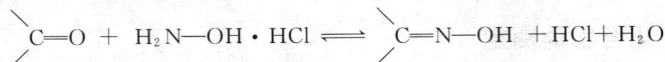

$$\diagdown C{=}O + H_2N{-}OH \cdot HCl \rightleftharpoons \diagup C{=}N{-}OH + HCl + H_2O$$

待反应完全后，用碱标准溶液滴定释出的酸或者用卡尔·费休试剂测定反应生成的水，从而计算醛或酮的含量。

在常量分析中，多采用盐酸羟胺-吡啶肟化法。

（1）基本原理　过量的盐酸羟胺在有吡啶存在下，与醛和酮发生肟化反应。反应释出的盐酸与吡啶生成盐酸盐，使肟化反应趋于完全。

$$R \diagup C{=}O + H_2N{-}OH \cdot HCl + C_5H_5N \longrightarrow R \diagup C{=}NOH + C_5H_5N \cdot HCl + H_2O$$
$$R' \diagup \qquad\qquad\qquad\qquad\qquad R' \diagup$$

（R′＝烃基或 H）

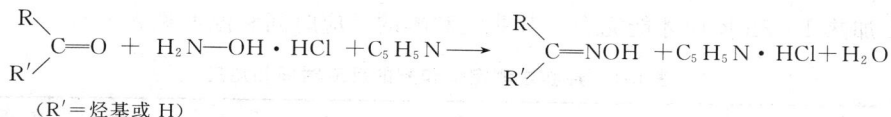

吡啶盐酸盐在以溴酚蓝为指示剂时，可以用氢氧化钠标准溶液滴定。

$$C_5H_5N \cdot HCl + NaOH \longrightarrow C_5H_5N + H_2O + NaCl$$

吡啶为有机弱碱，和反应生成的酸结合生成吡啶盐酸盐，降低释出的酸的浓度，抑制逆反应的进行。当肟化反应完全后，反应液中存在两种强酸弱碱盐——羟胺盐酸盐和吡啶盐酸盐。由于羟胺（$K_b{=}1.0\times10^{-8}$）的碱性比吡啶（$K_b{=}2.3\times10^{-9}$）的碱性稍强，所以，吡啶盐酸盐比羟胺盐酸盐更容易被强碱中和。因此，在二者共存的溶液中，当加入强碱时，必然首先中和吡啶盐酸盐。当溶液中所有的吡啶盐酸盐被中和完全后，由于羟胺盐酸盐的水解使溶液仍呈弱酸性，pH 值在 2.8～4.1 之间。所以，当用氢氧化钠标准溶液滴定时，应选用溴酚蓝（变色范围 pH＝3.0～4.6）这类在弱酸性介质中变色的指示剂，由黄色变为蓝绿色即为终点。

分析结果计算公式如下。

$$醛或酮含量 = \frac{(V-V_0)cM}{1000mn} \times 100\%$$

$$羰基含量 = \frac{(V-V_0)c \times 28.01}{1000m} \times 100\%$$

式中　V_0——空白试验消耗氢氧化钠（乙醇）标准溶液的体积，mL；

　　　V——试样试验消耗氢氧化钠（乙醇）标准溶液的体积，mL；

　　　c——氢氧化钠（乙醇）标准溶液的浓度，mol·L^{-1}；

　　　M——试样的摩尔质量，g·mol^{-1}；

　28.01——羰基的摩尔质量，g·mol^{-1}；

　　　m——试样的质量，g；

　　　n——醛或酮分子中所含羰基的个数。

试样中有酸性或碱性物质存在时，必须事先另取一份试样进行滴定校正。由于羟胺是强还原剂，所以氧化性物质有干扰。

（2）测定条件

① 反应介质。肟化反应是可逆反应。在吡啶和乙醇反应介质中，使用过量一倍的试剂，反应方能趋于完全。

乙醇可增加试样的溶解度。加快反应速率，又可以将反应生成的水稀释，降低水在溶液中的浓度，以抑制逆反应速率，使反应定量地完成。

② 反应的时间和温度。醛与羟胺的反应速率较快，容易达到完全，大部分醛和甲基酮于室温下，在乙醇溶剂中放置 30min 即能使反应完全。酮与羟胺的反应一般较慢，也不易完全，特别是某些空间位阻大的酮，需要加入吡啶，同时在室温放置 30min 以上或

在 100℃ 加热 1～2h 反应才能完全。某些醛和酮的反应时间和温度见表 8-1。

表 8-1　羟胺法测定醛和酮的反应时间和温度

化合物	在室温反应时间/min	在 98～100℃反应所需时间/h	化合物	在室温反应时间/min	在 98～100℃反应所需时间/h
丙醛		2	2,4-二甲基-3-戊酮	48h	（加热）2，（冷却）48
异丁醛	10	—			
丙酮	10	—	苯甲醛	30	
2-戊酮或 3-戊酮	30	—	肉桂醛	—	2
2-甲基-3-戊酮	—	2	苯乙酮	—	2

（3）滴定终点的确定　使用溴酚蓝作指示剂，由于吡啶的碱性缓冲作用，使终点颜色变化很不明显，故必须同时做空白试验以对照终点颜色。指示剂的浓度不宜太大，同时，为了保持指示剂的浓度一定，可把溴酚蓝指示剂预先加到盐酸羟胺试剂中，或配成溴酚蓝-吡啶溶液。

测定试样过程中，若需要加热，应注意溴酚蓝指示剂在加热和冷却时成可逆的变色（蓝至黄），因此，应冷却到室温再进行滴定。

用这个方法进行测定，所得结果准确与否，关键在于准确观察滴定终点。所有滴定操作都应该在相同玻璃制成的瓶中进行，照射光线也应相同，以便进行对比。如果采用电位滴定法判断终点，则不存在这个问题。

羟胺肟化法也常采用将盐酸羟胺与过量的碱溶液制成游离羟胺溶液再与羰基化合物反应，再用盐酸标准溶液回滴过量的羟胺，以溴酚蓝为指示剂或以电位法指示终点。其反应式如下。

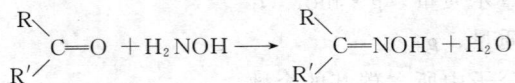

$$H_2NOH \cdot HCl + NaOH \longrightarrow H_2NOH + H_2O + NaCl$$

$$\begin{array}{c} R \\ \diagdown \\ \diagup \\ R' \end{array} C=O \ + H_2NOH \longrightarrow \begin{array}{c} R \\ \diagdown \\ \diagup \\ R' \end{array} C=NOH \ + H_2O$$

$$H_2NOH + HCl \longrightarrow H_2NOH \cdot HCl$$

此法由于先使羟胺游离出来，因而使肟化反应更易达到定量的程度。同样条件下进行空白试验。

8.3.2.3　亚硫酸氢钠法

醛和甲基酮与亚硫酸氢钠发生加成反应。

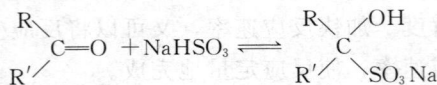

$$\begin{array}{c} R \\ \diagdown \\ \diagup \\ R' \end{array} C=O \ + NaHSO_3 \Longleftrightarrow \begin{array}{c} R \diagdown \diagup OH \\ C \\ R' \diagup \diagdown SO_3Na \end{array}$$

$$(R'\!=\!CH_3 \ \text{或} \ H)$$

加成反应速率常受烷基的空间阻碍的影响。一般情况下，加成的难易和分子结构具有下列关系。

$$H-\overset{\overset{\displaystyle O}{\|}}{C}-H \; > \; RCH_2-\overset{\overset{\displaystyle O}{\|}}{C}-H \; > \; CH_3-\overset{\overset{\displaystyle O}{\|}}{C}-CH_3 \; > \; RCH_2-\overset{\overset{\displaystyle O}{\|}}{C}-CH_3 \; > \; \overset{R}{\underset{R'}{}}CH-\overset{\overset{\displaystyle O}{\|}}{C}-CH_3$$

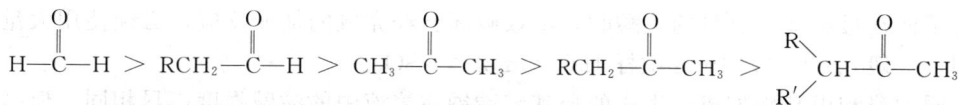

上述加成反应是可逆反应。某些醛、酮的羟基磺酸钠的离解常数（25℃）见表 8-2。

表 8-2　某些醛、酮的羟基磺酸钠的离解常数（25℃）

化合物	离解常数 K	化合物	离解常数 K
甲醛羟基磺酸钠	1.2×10^{-7}	丙酮羟基磺酸钠	3.5×10^{-3}
乙醛羟基磺酸钠	2.5×10^{-6}	糠醛羟基磺酸钠	7.2×10^{-4}
苯甲醛羟基磺酸钠	1.0×10^{-4}		

　　甲醛和乙醛等离解常数很小（相当于 10^{-6} 或更小）的醛，生成的羟基磺酸钠比较稳定，反应较为完全。一般说来，加成物的离解常数相当 10^{-4} 或更小的醛，用这个方法测定都能得到较好的结果。如果离解常数大于 10^{-3}，例如丙酮，则必须使用大量过量的亚硫酸氢钠，并在低温下进行滴定，因为加成物离解常数随温度降低而变小，使反应能定量完全，以提高测定的准确度。

　　亚硫酸氢钠法测定醛和甲基酮最通用的方法是：试样与过量的亚硫酸氢钠进行加成反应，反应完全后，测定过量的亚硫酸氢钠，然后间接计算出醛或甲基酮的含量。常用方法有酸碱滴定法和碘量法。

　　（1）酸碱滴定法　亚硫酸氢钠溶液不很稳定，因此，在实际测定中，使用比较稳定的亚硫酸钠，临时加入一定量的硫酸标准溶液，使其生成亚硫酸氢钠。待反应完全后，再用碱标准溶液滴定过量的亚硫酸氢钠（实际上可看做滴定的是过量的硫酸），这种反应历程，应该认为是醛和甲基酮与亚硫酸钠作用，释出的氢氧化钠，立即又被所加入的硫酸中和，从而破坏了化学平衡，迫使反应完全。

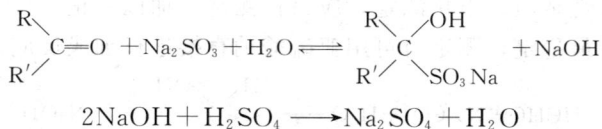

$$\overset{R}{\underset{R'}{}}C\!\!=\!\!O + Na_2SO_3 + H_2O \rightleftharpoons \overset{R}{\underset{R'}{}}C\overset{OH}{\underset{SO_3Na}{}} + NaOH$$

$$2NaOH + H_2SO_4 \longrightarrow Na_2SO_4 + H_2O$$

分析结果计算公式如下。

$$醛或甲基酮含量 = \frac{(V_0 - V)\,cM}{1000mn} \times 100\%$$

式中　V_0——空白试验消耗氢氧化钠标准溶液的体积，mL；

　　　V——试样试验消耗氢氧化钠标准溶液的体积，mL；

　　　c——氢氧化钠标准溶液的浓度，mol·L^{-1}；

　　　M——试样的摩尔质量，g·mol^{-1}；

　　　m——试样的质量，g；

　　　n——醛或甲基酮分子中所含羰基的个数。

为了使在最后滴定过量的硫酸时，不致破坏已经完成的加成反应，必须使用大量过量的试剂，一般 $0.02\sim0.04mol$ 试样加 $0.25mol$ Na_2SO_3。

不同的醛和甲基酮加成后生成的羟基磺酸钠在溶液中的酸碱强度不尽相同。但是大都呈弱碱性，当过量硫酸被完全中和时，溶液的 pH 值大都在 $9.0\sim9.5$ 之间。所以，选用酚酞或百里酚酞作指示剂都是恰当的。但是，溶液中由于有过量的亚硫酸钠和反应生成的羟基磺酸钠存在，使溶液显缓冲性，致使指示剂颜色变化不明显，终点较难掌握。所以，最好用电位法判断终点。

用电位法确定终点，应注意到每种醛的终点都出现在一个较为固定的 pH 值处（见表8-3），知道了这个 pH 值后，每种试样可滴定到此 pH 值作为终点，方法快速简便。

表 8-3　电位滴定终点 pH 值

醛	终点溶液 pH 值范围	称取试样物质的量/mol	测得物质的量/mol
乙醛	$9.05\sim9.15$	0.02458	0.02455(pH=9.1)
		0.02118	0.02120
丙醛	$9.30\sim9.50$	0.02090	0.02085(pH=9.4)
		0.02053	0.02037
丁醛	$9.40\sim9.50$	0.0243	0.0245(pH=9.45)
		0.0236	0.0233
苯甲醛	$8.85\sim9.05$	0.0164	0.0163(pH=8.95)
		0.0173	0.0168

注：1. 终点 pH 值随试样不同有微小偏差。
　　2. 所有试样都在分流柱中蒸馏过，并在蒸馏后 2h 内进行分析。

上述方法可广泛用于醛的测定。它克服了加成反应不完全和滴定终点困难等因素，也没有必要使用不稳定的亚硫酸氢钠。但测定时应注意：仅在加入试样前，方可把硫酸加入亚硫酸钠中，以防亚硫酸氢钠分解。

试样中的酸或碱性杂质，干扰测定，应另行测定，加以校正。

甲醛羟基磺酸钠最稳定，测定时可用亚硫酸钠直接进行加成反应。

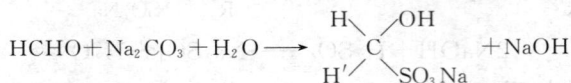

$$HCHO+Na_2CO_3+H_2O \longrightarrow \underset{H'}{\overset{H}{\underset{\displaystyle}{}}}\!C\!\!\begin{array}{c} OH \\ SO_3Na \end{array} +NaOH$$

待反应完全后，用酸标准溶液滴定反应生成的氢氧化钠，从而计算甲醛含量。

测定用的亚硫酸钠溶液中的少量游离碱，应事前用酸中和或做空白试验校正。

（2）碘量法　试样中加入已知过量的亚硫酸氢钠溶液，当反应完全后，用碘标准溶液直接滴定反应液中过量的亚硫酸氢钠，或者加入过量碘标准溶液，用硫代硫酸钠标准溶液回滴。

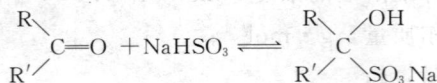

$$\underset{R'}{\overset{R}{\underset{\displaystyle}{}}}\!C\!=\!O +NaHSO_3 \rightleftharpoons \underset{R'}{\overset{R}{\underset{\displaystyle}{}}}\!C\!\!\begin{array}{c} OH \\ SO_3Na \end{array}$$

$(R'=CH_3$ 或 $H)$

$$NaHSO_3 + I_2 + H_2O \longrightarrow 2HI + NaHSO_4$$
$$I_2 + 2Na_2S_2O_3 \longrightarrow 2NaI + Na_2S_4O_6$$

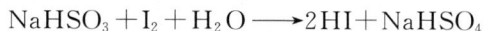

由反应式可看出：每加成 1mol 羰基，要消耗 1mol $NaHSO_3$，直接滴定消耗 1mol I_2，其化学计量关系为

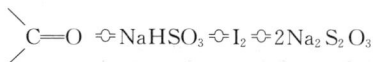

$$\underset{\diagup}{\overset{\diagdown}{C}}{=}O \Leftrightarrow NaHSO_3 \Leftrightarrow I_2 \Leftrightarrow 2Na_2S_2O_3$$

羰基的物质的量 $n_{\underset{\diagup}{\overset{\diagdown}{C}=O}}$ 为

$$n_{\underset{\diagup}{\overset{\diagdown}{C}=O}} = \frac{1}{2}n_{Na_2S_2O_3}$$

不饱和醛中，若羰基与双键共轭时，双键上也能加上亚硫酸氢钠，如

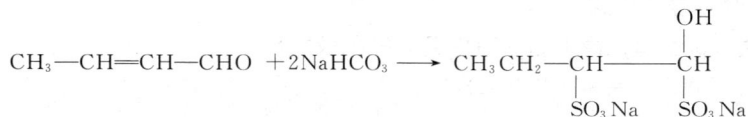

$$CH_3{-}CH{=}CH{-}CHO + 2NaHCO_3 \longrightarrow CH_3CH_2{-}\underset{\underset{SO_3Na}{|}}{CH}{-}\overset{\overset{OH}{|}}{\underset{\underset{SO_3Na}{|}}{CH}}$$

测定这类醛，其化学计量关系为

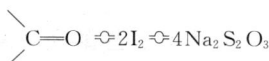

$$\underset{\diagup}{\overset{\diagdown}{C}}{=}O \Leftrightarrow 2I_2 \Leftrightarrow 4Na_2S_2O_3$$

由于羟基磺酸钠在水溶液中或多或少会离解为原来的羰基化合物，离解常数大于 10^{-3} 时，用直接碘量法会得到偏低的结果。在此情况下，最好在低温下进行滴定。

实验 8.4 甲醛含量测定——亚硫酸钠法

一、实验目的
1. 掌握亚硫酸钠法测定醛类的反应原理和方法。
2. 对学生进行实验操作考核。

二、试剂
1. 亚硫酸钠溶液：取 126g 亚硫酸钠，溶于少量水中，然后用水稀释至 1000mL。
2. 百里酚酞指示剂（0.1%乙醇液）。
3. 盐酸标准溶液（1mol·L⁻¹）。

三、测定步骤
取 60 mL 亚硫酸钠溶液于 250mL 锥形瓶中，加入 3 滴百里酚酞指示剂，用盐酸标准溶液中和至浅蓝色刚消失。精称试样 2.5～3g 放入其中摇匀后，用 1mol·L⁻¹ 盐酸标准溶液滴定至浅蓝色刚消失即为终点。

根据实验结果计算试样中甲醛含量。

四、考核要求
1. 盐酸标准溶液由学生自配自标。
2. 平行测定三份试样。

3. 实验在 3h 必须完成。

实验 8.5　盐酸羟胺肟化法测定甲基异丁基酮含量——电位滴定法

一、实验目的

1. 掌握盐酸羟胺肟化法测定醛、酮含量的原理和方法。

2. 掌握电位滴定法测定含量的方法和计算。

二、仪器

1. 磁力搅拌器，酸度计，pHS-3C 型。

2. 雷磁 65-1AC 复合电极。

3. 酸滴定管（50mL），管尖加一段带滴管的乳胶管。

4. 移液管（25mL），烧杯（150mL）。

5. 表面器（8cm）。

三、试剂与试样

1. 盐酸羟胺溶液（0.5 mol·L^{-1}）：取 35g 盐酸羟胺溶于 160mL 水中，以 95％乙醇稀释至 1000mL。

2. 氢氧化钠乙醇液（0.2 mol·L^{-1}）：9g 氢氧化钠溶于少量水中，用 95％乙醇稀释至 1000mL，临用前抽滤（除去碳酸钠）。

3. 溴酚蓝指示剂（0.4％乙醇液）。

4. 盐酸标准溶液（0.2 mol·L^{-1}）。

5. 试样：甲基异丁基酮（$M = 86.13$）。

四、实验步骤

1. 准确吸取 25.00mL 盐酸羟胺乙醇液和 25.00mL 氢氧化钠乙醇液于 150mL 烧杯中并摇匀，用减量法精确称取甲基异丁基酮 0.2～0.25g 于上述混合溶液中，摇匀后盖上表皿，于室温下放置 30min 后，加 2 滴溴酚蓝指示剂进行电位滴定。

2. 装好电位滴定装置，并调试好仪器。

3. 电位滴定：开启磁力搅拌器，以 0.2mol·L^{-1} 盐酸标准溶液滴定至溶液由深蓝色变浅蓝色后，每加 0.2mL 记录一次 mV 值，当溶液由浅蓝色变为绿黄色后，每滴加 0.1mL 记录一次 mV 值，溶液变黄后，再记录 5 次后停止滴定，将滴定记录的数据填入表中。同样条件下进行空白试验。

4. 数据记录

V 或 V_0	E_{mV}	ΔV	ΔE	$\Delta E/\Delta V$	$\Delta^2 E/\Delta V^2$

5. 结果处理

终点体积的确定：二次微商法。

根据表中的数据，求出二次微商 $\Delta^2 E/\Delta V^2$，二次微商等于"零"时即为终点，此点位于二次微商值出现相反符号所对应的两个体积间。

例：如 $V = 24.30\text{mL}$ $\qquad$ $\Delta^2 E/\Delta V^2 = 440$

$\qquad\qquad$ $V = 24.40\text{mL}$ $\qquad$ $\Delta^2 E/\Delta V^2 = -590$

$$V_{终} = 24.30 + \frac{440}{440 + 590} \times 0.10 = 24.34\text{mL}$$

根据实验结果计算试样中甲基异丁基酮的含量。

五、说明和注意事项

1. 甲基异丁基酮肟化反应需于室温放置 30min 后，才能反应完全。

2. 以溴酚蓝作指示剂，滴定终点颜色由蓝变黄，但不是突变，而是经过由蓝—蓝绿—绿黄—黄几个渐变过程，操作时以此作参考，小心地滴定和观察。要注意样品试验与空白试验的终点颜色进行比较，以求一致。

3. 为使肟化反应完全，一般必须使用过量 100% 的试剂。

4. 滴定过程中，可记录 pH 值，绘制 $\Delta pH/\Delta V\text{-}V$ 曲线，与 $\Delta pH/\Delta V$ 的极大值对应的体积即为滴定终点。

思 考 题

1. 滴定中加入溴酚蓝指示剂的作用是什么？

2. 用盐酸羟胺-吡啶肟化法，测定苯甲醛（$M = 106.1$）含量。

肟化剂：$0.5\ \text{mol} \cdot \text{L}^{-1}$ 盐酸羟胺溶液。

指示剂的吡啶溶液：吡啶 20mL 加 0.4% 溴酚蓝乙醇 2～3mL，再用乙醇稀释至 100mL。

滴定用标准溶液：$0.2\ \text{mol} \cdot \text{L}^{-1}$ 氢氧化钠乙醇溶液。

拟定分析方案，用电位滴定法指示终点。

写出：测定原理；测定步骤；结果计算公式。

习 题

1. 醛与酮在化学性质上有何异同点？

2. 测定羰基有哪些方法？试述各法的原理及应用范围？

3. 羟胺法测定羰基有哪些影响因素？如何提高测定的准确度？

4. 写出亚硫酸氢钠加成后，用中和法，直接碘量法和间接碘量法测定丙醛含量的计算公式？

5. 用中性亚硫酸钠法测定甲醛溶液含量。若此甲醛溶液浓度约为 37%，密度约为 $1.1g \cdot \text{mL}^{-1}$，问用浓度为 $0.5\text{mol} \cdot \text{L}^{-1}$ 的 HCl 溶液滴定，应取多少毫升试样？若用 $NaHSO_3$ 加成中和法测定时，取试样 5mL，加入过量亚硫酸钠，问理论上应加 $0.100\text{mol} \cdot \text{L}^{-1}$ 的硫酸溶液多少毫升？

6. 下列试样的测定应选择何种分析方法？

（1）白酒中总醛（甲醛、乙醛、丙醛、丁醛和糠醛等）的测定；

（2）丙酮中微量丙醛的测定；

（3）甲醛中微量丙酮的测定。

8.3.3 羧基和酯基的测定

8.3.3.1 概述

羧酸是含有羧基—COOH 的化合物，具有一定的酸性，与碱作用生成盐。羧酸的酸性往往受分子中取代基的影响而有所增减，凡羧基邻近有吸电子基团（如—Cl、—Br、—NO$_2$ 等）时，由于诱导效应或共轭效应，使酸性增强，反之，有推电子基团［如—NH$_2$，—NHCH$_3$，—N（CH$_3$）$_2$ 等］时，则酸性减弱，而且这些基团距离羧基愈近影响愈大。一般说来羧酸是弱酸，大多数羧酸的电离常数在 $10^{-7}\sim10^{-4}$ 之间，表 8-4 列出几种羧酸的电离常数（25℃）。

表 8-4　几种羧酸的电离常数（25℃）

羧　　酸	电离常数 K	羧　　酸	电离常数 K
甲酸	1.7×10^{-4}	γ-氨基丁酸	2.78×10^{-11}
乙酸	1.75×10^{-5}	苯甲酸	6.6×10^{-5}
丁酸	1.52×10^{-5}	邻硝基苯甲酸	6.8×10^{-3}
α-氯代丁酸	1.44×10^{-3}	对硝基苯甲酸	3.6×10^{-4}
β-氯代丁酸	8.71×10^{-5}	邻氨基苯甲酸	1.1×10^{-5}
γ-氯代丁酸	3.02×10^{-5}	对氨基苯甲酸	1.4×10^{-5}

测定羧基的常用方法是碱滴定法。其他方法如氧化法、酯化滴定测水法、称量法等在经常工作中应用较少，但是各具有一定的优点。

碘酸钾-碘化钾氧化法可以测定溶液中的少量酸性较强的羧酸（$K_a>10^{-6}$），所释出的碘用硫代硫酸钠标准溶液滴定。

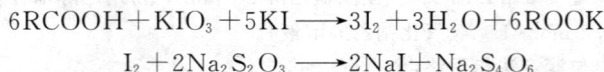

$$6RCOOH+KIO_3+5KI\longrightarrow 3I_2+3H_2O+6ROOK$$

$$I_2+2Na_2S_2O_3\longrightarrow 2NaI+Na_2S_4O_6$$

羧酸与醇反应生成酯和水。

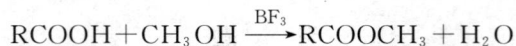

$$RCOOH+CH_3OH\xrightarrow{BF_3}RCOOCH_3+H_2O$$

反应中生成的水用卡尔·费休试剂滴定。此法适于有无机酸、磺酸和易水解的酯存在下测定羧酸。

称量法测定羧酸常将羧酸沉淀成银盐后，灼烧成金属银称量。

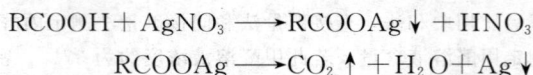

$$RCOOH+AgNO_3\longrightarrow RCOOAg\downarrow+HNO_3$$

$$RCOOAg\longrightarrow CO_2\uparrow+H_2O+Ag\downarrow$$

此法常用于羧酸相对分子质量的测定。

微量分析中常用脱羧法测定羧酸。将试样与催化剂共热后，使羧基定量转变成 CO_2，用气量法或色谱法测定生成的 CO_2，从而计算羧基的含量。

试样中的微量羧酸可用羟肟酸铁比色法测定。

酯在碱性中水解，生成酸的钠盐或钾盐及一种醇，借此可以进行酯的测定，这就是应用十分广泛的皂化法。

微量酯的测定用羟肟酸铁比色法。各种酯生成的羟肟酸铁配合物最大吸收波长如下：脂肪酸酯 $\lambda_{max} \approx 530nm$；芳香酸酯 $\lambda_{max} \approx 550 \sim 560nm$。

8.3.3.2 羧基的测定

（1）基本原理　利用羧基的酸性，可用碱标准溶液进行中和滴定，从而测出羧酸的含量。

$$RCOOH + NaOH \longrightarrow RCOONa + H_2O$$

由于羧酸分子结构的复杂性，没有一个适合于所有羧酸测定的通用方法。只能根据羧酸酸性的强弱和对不同溶剂的溶解性，选择适当的溶剂和滴定剂，根据滴定突跃范围正确选择滴定指示剂或用电位法确定终点。

（2）测定方法　电离常数大于 10^{-8}，能溶于水的羧酸，在水溶液中，用氢氧化钠标准溶液直接滴定；难溶于水的羧酸，可将试样先溶解于过量的碱标准溶液中，再用酸标准溶液回滴过量的碱。但是相对分子质量较大（C 数大于 10）的羧酸，当用碱溶液溶解时，往往生成胶状溶液，难于用酸滴定。在这种情况下，可用醇作溶剂。因为醇的极性比水弱，对难溶于水的极性较弱的羧酸有较强的溶解性能。常用的醇有甲醇、乙醇、异丙醇等，其中以乙醇用的最为普遍。试样用中性乙醇溶解后，用氢氧化钠水溶液或醇溶液进行滴定。对于不溶于水或因酸性太弱，在水溶液中滴定时，滴定突跃不明显而不能测得准确结果的羧酸，则应在非水介质中进行滴定。一般常用的非水溶剂有丙酮、乙二胺、二甲基甲酰胺等。以丙酮作溶剂，可用氢氧化钠-甲醇溶液滴定，以二甲基甲酰胺作溶剂时，可用甲醇钠-苯溶液滴定。

终点的确定方法通常使用目视酸碱指示剂，但当试样溶液颜色较深，或者滴定的羧酸较弱，或滴定不同强度酸的混合物时，滴定终点就难以观测或不突变，应该改用电位法确定终点，灵敏度较高，同时也较客观。如酸的强度不明时，可先用电位法求出终点时的大约 pH 值，再选择合适的指示剂，指示剂一般可用酚酞，如果试样的酸性较弱（$K_a = 10^{-7} \sim 10^{-6}$）则改用百里酚酞作指示剂，如仍用酚酞作指示剂，则在中和 90% 的酸时就出现了红色，以致造成很大的误差。单一指示剂的变色范围较大，变色不太敏锐，因此在某些滴定中常采用混合指示剂，因混合指示剂的变色范围较小，变色比较灵敏，尤其适用于在化学计量点附近滴定曲线的突跃斜度较小的滴定。

在生产实际中，常用碱滴定法来求羧基、羧酸的百分含量和酸值。

酸值是在规定的条件下，中和 1g 试样中的酸性物质所消耗的氢氧化钾的毫克数。根据酸值的大小，可判断产品中所含酸性物质的量。

分析结果计算公式如下。

$$羧基含量 = \frac{Vc \times 45.02}{1000m} \times 100\%$$

$$羧酸含量 = \frac{VcM}{1000mn} \times 100\%$$

$$酸值 = \frac{Vc \times 56.01}{m}$$

式中　V ——试样试验消耗氢氧化钠标准溶液的体积，mL；

　　　c ——氢氧化钠标准溶液的浓度，mol·L^{-1}；

　　M ——羧酸的摩尔质量，g·mol^{-1}；

　45.02 ——羧基的摩尔质量，g·mol^{-1}；

　　m ——试样的质量，g；

　56.1 ——氢氧化钾的摩尔质量，g·mol^{-1}。

（3）测定的干扰物　在水溶液中滴定时，必须注意某些化合物的干扰，如甲酸酯、乙酸酯、二羟醇酯等易水解的酯，因为它们极易皂化，消耗碱标准溶液。另外，易水解的酯存在时，滴定终点极易褪色。酸酐、酰卤存在时，也容易水解成酸，尤其在用碱滴定时，水解更易进行。活泼的醛在碱的水溶液中易于缩合而起干扰。

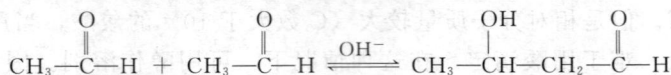

$$CH_3-\overset{\displaystyle O}{\overset{\displaystyle \|}{C}}-H + CH_3-\overset{\displaystyle O}{\overset{\displaystyle \|}{C}}-H \xrightleftharpoons{OH^-} CH_3-\overset{\displaystyle OH}{\overset{\displaystyle |}{CH}}-CH_2-\overset{\displaystyle O}{\overset{\displaystyle \|}{C}}-H$$

上述化合物的反应程度各不相同，在某些情况下，反应是完全的，而且可以得到重复的结果。因此可以另外测定这些干扰物的含量后加以改正。有时可以控制一定的反应温度以减少和防止某些干扰。例如，乙酸甲酯在0℃时水解相当慢。低级酯、酸酐、酰卤及醛等的干扰，可以改用惰性非水溶剂滴定来防止干扰。

8.3.3.3　酯基的测定

酯在碱性溶液中的水解反应称为皂化反应。

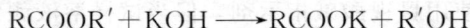

$$RCOOR' + KOH \longrightarrow RCOOK + R'OH$$

皂化法是测定酯最常用的方法。

酯的皂化反应是双分子反应，反应速率较慢，为了达到定量测定的目的，必须加快皂化反应速率并使之反应完全。

皂化过程是氢氧根离子对酯分子的作用，显然，氢氧根离子浓度愈大，皂化反应速率就愈快，愈容易达到完全。但是，碱的浓度也不能过大，否则将造成最后测定的困难及增大测定误差。

皂化速度与酯的浓度成正比，但是大部分酯类都不溶于水，为了使反应能迅速进行，应该选择对酯类有较好溶解性能的溶剂。

温度对皂化反应有很大影响，一般温度升高10℃，反应速率可增快2倍。

在定量分析中应根据酯皂化的难易来选择反应条件。非水溶性易皂化的酯通常采用氢氧化钾（或氢氧化钠）的乙醇溶液进行皂化。乙醇对酯有较高的溶解效率又能溶解强碱，使皂化时完全保持互溶的状态。水溶性易皂化的酯如二羟醇的乙酸酯可以用氢氧化钾水溶液进行皂化。某些极易皂化的酯如甲酸酯，甚至可以用氢氧化钠标准溶液直接滴定。对于相对分子质量较大、溶解度较小、难皂化的酯如脂肪和油脂等，可采用高沸点溶剂以提高皂化温度、缩短皂化时间。常采用的高沸点溶剂有苄醇（沸点 205℃）、正戊醇（沸点 132℃）、乙二醇（沸点 179.8℃）等。易皂化的酯，用高沸点溶剂高温皂化时，可以在几分钟内皂化完全。

酯的皂化除首先考虑皂化的温度、时间、溶剂和碱的浓度外，在采用乙醇等低沸点溶剂时，还应注意醇解的影响。即当酯溶于某一个醇中时，这个醇将取代酯中的醇，达到某一浓度时反应始达平衡。

$$RCOOR' + C_2H_5OH \longrightarrow RCOOC_2H_5 + R'OH$$

由于酯的交换反应而生成挥发性的酯如乙酸乙酯等，将使测得值偏低。故必须使用非常好的冷凝器进行回流加热。

（1）皂化-回滴法　试样用过量的碱溶液皂化后，再用酸标准溶液滴定过量的碱，在相同条件下做空白试验。

$$RCOOR' + KOH \longrightarrow RCOOK + R'OH$$

$$KOH + HCl \longrightarrow KCl + H_2O$$

由空白滴定和试样滴定的差值，即可计算出酯消耗的碱的物质的量，从而计算出酯的含量。在生产实际应用中，测定结果常用皂化值和酯值表示。

皂化值是指在规定条件下，中和皂化 1g 试样所消耗氢氧化钾的毫克数，它是试样中总酯、内酯、羧基和其他酸性基团的一个量度。

酯值是在规定条件下，1g 试样中的酯所消耗的氢氧化钾的毫克数。它等于皂化值减去酸值。如试样不含游离酸，则皂化值在数值上就等于酯值。测定酯值和酯含量时，如试样含有游离酸等，应先用碱中和，或测定酸值或酸含量后再进行计算或加以校正。

分析结果计算公式如下。

$$酰基（RCO）含量 = \frac{(V_0 - V)cM_{RCO}}{1000nm} \times 100\%$$

$$酯含量 = \frac{(V_0 - V)cM}{1000nm} \times 100\%$$

$$皂化值 = \frac{(V_0 - V)c \times 56.11}{m}$$

式中　V_0 ——空白试验消耗氢氧化钾标准溶液的体积，mL；

V ——试样试验消耗氢氧化钾标准溶液的体积，mL；

c ——氢氧化钾标准溶液的浓度，mol·L^{-1}；

M ——酯的摩尔质量，g·mol^{-1}；

M_{RCO} ——酰基的摩尔质量，g·mol^{-1}；

56.1 ——氢氧化钾的摩尔质量，g·mol^{-1}；

m ——试样的质量，g；

n ——酯分子中酰基的个数。

若试样中含有游离酸，应加以校正。

$$酸值 = \frac{Vc \times 56.11}{m}$$

式中　V——滴定游离酸消耗氢氧化钾标准溶液的体积，mL；

c——滴定游离酸所用氢氧化钾标准溶液的浓度，$mol \cdot L^{-1}$；

m——滴定游离酸所取试样的质量，g。

则　　　　　　　　　　　酯值＝皂化值－酸值

若用同一份试样先用碱中和游离酸后，再进行皂化，则酯值就等于皂化值。

在有醛存在时，不能用碱皂化法直接测定酯。因为在皂化时醛会消耗碱。因此，试样中如含有醛，应先加入适量羟胺，使之反应生成肟，再用碱皂化法测定酯。

酰胺遇碱水解生成羧酸盐，影响测定结果。某些酰胺能定量皂化。

此方法操作简便快速，广泛应用于食品、油脂等工业中。由于皂化时碱液浓度较大（常为 $0.5mol \cdot L^{-1}$），致使用酸回滴时，滴定误差较大，为了提高测定准确度，最好采用皂化-离子交换法。

（2）皂化-离子交换法　酯用过量氢氧化钾（氢氧化钠）醇溶液皂化后，生成羧酸盐和醇。反应液通过 40～80 目 H-型阳离子交换树脂，溶液中的钾离子与树脂上的氢离子发生交换，过量的碱被中和，而羧酸盐则转变为游离的羧酸，然后以酚酞作指示剂，用碱标准溶液滴定，同时用溶剂和氢氧化钾醇溶液经过离子交换树脂后做空白试验。其反应如下。

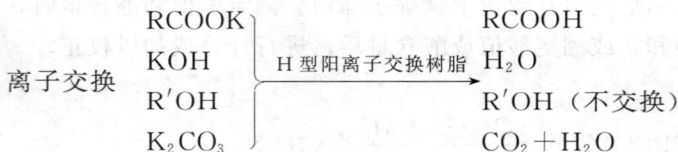

皂化　$RCOOR' + KOH \longrightarrow RCOOK + R'OH$

离子交换　$\left.\begin{array}{l} RCOOK \\ KOH \\ R'OH \\ K_2CO_3 \end{array}\right\}$ H型阳离子交换树脂 $\begin{array}{l} RCOOH \\ H_2O \\ R'OH（不交换） \\ CO_2 + H_2O \end{array}$

滴定　$RCOOH + NaOH \longrightarrow RCOONa + H_2O$

由消耗的碱标准溶液的量即可求出酯的含量。若试样中含有游离酸，应先用碱中和，再进行皂化。进行计算时加以校正。

分析结果计算公式如下。

$$酯含量 = \frac{(V - V_0 - V_1)cM}{1000nm} \times 100\%$$

$$皂化值 = \frac{(V - V_0 - V_1)c \times 56.11}{m}$$

式中　V——试样试验消耗氢氧化钠标准溶液的体积，mL；

V_0——空白试验消耗氢氧化钠标准溶液的体积，mL；

V_1——滴定游离酸消耗氢氧化钠标准溶液的体积，mL；

c——氢氧化钠标准溶液的浓度，$mol \cdot L^{-1}$；

M——酯的摩尔质量，$g \cdot mol^{-1}$；

n——酯分子中酯基的数目；

m ——试样的质量，g；

56.1 ——氢氧化钾的摩尔质量，g·mol^{-1}。

用碱皂化酯后，进行离子交换测定酯的方法具有一定的优点；可以用较浓的碱液皂化，因此可缩短皂化时间和试剂用量；只需一次滴定，即用氢氧化钠标准溶液滴定无色的洗提液，在皂化时不受二氧化碳浸入的影响，所生成的碳酸盐通过离子交换柱时分解，生成的 CO_2 在滴定前可以煮沸除去。综上所述，方法准确度比皂化回滴法高。但操作较麻烦且费时。

实验 8.6 阿司匹林片含量测定

一、实验目的

1. 掌握用两步滴定法测定阿司匹林片含量的原理和方法。
2. 学会药物制剂含量测定结果的表示方法和计算。

二、仪器

1. 研钵。
2. 碱式滴定管（50mL）。
3. 锥形瓶（250mL）。
4. 酸式滴定管（50mL）。
5. 恒温水浴。

三、试剂与试样

1. 氢氧化钠标准溶液（0.1 mol·L^{-1}）。
2. 硫酸标准溶液（0.05mol·L^{-1}）。
3. 中性乙醇（对酚酞指示液显中性）。
4. 试样：阿司匹林——乙酰水杨酸（$C_9H_8O_4$，$M = 180.2$），阿司匹林片标示量 25mg/片、40mg/片、50mg/片、100mg/片。

四、测定步骤

取本品 10 片，精密称定，研细，精密称取适量（约相当于阿司匹林 0.3g），置 250mL 锥形瓶中，加中性乙醇 20mL，振摇使阿司匹林溶解，加酚酞指示剂 3 滴，用 0.1 mol·L^{-1} 氢氧化钠标准溶液滴定至溶液显粉红色，再精确加入 0.1mol·L^{-1} 氢氧化钠标准溶液 40mL，置水浴上加热 15min 并随时振摇，迅速冷却至室温，用 0.05mol·L^{-1} 硫酸标准溶液滴定至红色刚好消失即为终点。每 1mL 氢氧化钠标准溶液（0.1 mol·L^{-1}）相当于 18.02mg $C_9H_8O_4$。

同样条件下进行空白试验。根据实验结果计算阿司匹林片的含量用阿司匹林标示量的百分含量表示。

五、说明和注意事项

1. 阿司匹林片剂的主要成分是乙酰水杨酸，片剂中除了加入少量酒石酸或枸橼酸稳定剂外，在制剂过程中可能有水解产生的如水杨酸、乙酸，因此，不能用直接滴定法测定，必须用氢氧化钠先中和共存的酸，然后加入过量的氢氧化钠使乙酰水杨酸钠在碱性条件下水解，水解完成后，以硫酸标准溶液滴定剩余的氢氧化钠，同时进行空白试验，主要反应如下：

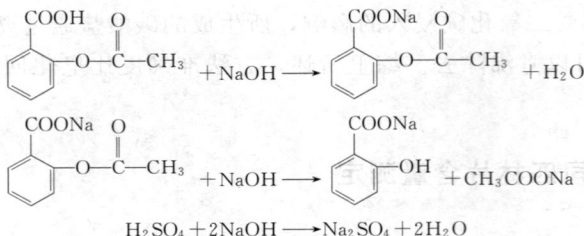

$$H_2SO_4 + 2NaOH \longrightarrow Na_2SO_4 + 2H_2O$$

2. 药典规定药物含量测定结果以标示量的百分数表示。如药典规定阿司匹林片所含乙酰水杨酸应为标示量的95.0%～105.0%，否则为不合格品。而标示量就是药品配方规定的主成分含量（mg/片），在药品标签上标出。

3. 分析结果计算

阿司匹林百分含量（A）按下式计算。

$$A = \frac{(V_0 - V)\ c \times 18.02}{0.05m \times 1000} \times 100\%$$

阿司匹林为标示量的百分含量按下式计算。

$$阿司匹林为标示量百分含量 = \frac{AW}{标示量（g）} \times 100\%$$

式中 V_0 ——空白试验消耗硫酸标准溶液体积，mL；

V ——试样试验消耗硫酸标准溶液体积，mL；

c ——硫酸标准溶液的浓度，mol·L^{-1}；

m ——试样的质量，g；

W ——阿司匹林片的平均片质量，g。

4. 用氢氧化钠中和试样中共存酸时，要在不断振摇下稍快地进行，以防止局部碱浓度过大，乙酰水杨酸钠提前水解，滴定温度最好在10℃以下。

思 考 题

1. 阿司匹林原料是否可用直接滴定法测定，试拟定其测定方案。

2. 试分析测定过程中产生误差的各种因素？

实验8.7 皂化-离子交换法测定乙酸乙酯含量

一、实验目的

1. 掌握皂化-离子交换法测酯含量的原理和计算

2. 掌握柱上离子交换分离操作方法。

二、仪器

1. 回流装置（250mL 圆底烧瓶，200mm 球形冷凝管）。

2. 电加热套（250mL）。

3. 锥形瓶（250mL）。

4. 长颈漏斗（ϕ40mm）。

5. 碱式滴定管（50mL）。

6. 安瓿球。

7. 离子交换柱，用 50mL 酸式滴定管代替。

三、试剂与试样

1. 氢氧化钾乙酸液（1mol·L^{-1}）。

2. 氢氧化钠标准溶液（0.1mol·L^{-1}）。

3. 酚酞指示剂（1%乙醇溶液）。

4. 盐酸溶液（2mol·L^{-1}）。

5. 中性乙醇（对酚酞呈中性）50%水溶液。

6. 玻璃纤维

7. pH 试纸（1～14）。

8. H 型阳离子交换树脂（♯732）：将阳离子交换树脂用水浸泡后，反复漂洗至水呈无色，再用水浸泡 24h，然后用 4～6 mol·L^{-1}盐酸溶液浸泡 4h，适当搅拌，将盐酸排尽，用水反复洗至pH＝5～6 为止。

9. 试样：乙酸乙酯（M＝88.11）。

四、实验步骤

1. 离子交换柱的填装

将交换柱洗净，在靠近旋塞处填入 1cm 厚玻璃棉，加入 25mL 水，稍打开交换柱旋塞，同时通过小漏斗将树脂和水慢慢地加入柱中，使之一面下沉，一面添加，并轻轻敲击交换柱外部，使树脂均匀下降，并有助于树脂带入的气泡外溢。当树脂层距离柱子上口约 10～15cm 时，在顶端再填一层玻璃棉。当水面距离树脂 2cm 时，关闭旋塞。使用前再以 50%乙醇洗涤。

2. 皂化

用安瓿球称取 0.1～0.2g 乙酸乙酯放入圆底烧瓶中，用 10mL 中性乙醇溶解后，加入 1 滴酚酞指示剂，用 0.1mol·L^{-1}氢氧化钠标准溶液滴定至呈粉红色，记录氢氧化钠标准液的消耗量，然后加 10mL 1 mol·L^{-1}氢氧化钾乙醇液于圆底烧瓶中，再加几粒沸石，在 95℃水浴中加热回流 40min，以少量水洗涤冷凝管，并使洗涤液流入圆底烧瓶，于流水中迅速冷却至室温。

3. 柱上交换

将交换柱中水放至稍高于树脂层，在交换柱下面放 250mL 锥形瓶作接收瓶。将反应液倒入交换柱中，同时打开交换柱旋塞，使溶液以 50～60 滴/min 的速度流过交换柱，再用 40mL，50%乙醇分 3～4 次，洗涤圆底烧瓶，将洗液一并转入交换柱中，再用 50%乙醇淋洗交换柱，直至用 pH 试纸检验淋洗液 pH≈6，交换结束，关闭旋塞。

4. 滴定

将交换下来的溶液加热至微沸，加入 2 滴酚酞指示剂，以 0.1 mol·L^{-1}氢氧化钠标准溶液滴定至溶液呈粉红色即为终点。

同样条件进行空白试验。根据实验结果计算试样中游离酸含量，乙酸乙酯含量和皂化值。

五、说明和注意事项

1. 在装柱中如果发现树脂层中混有气泡，应将树脂倒出重装。

2. 用后的阳离子交换柱，可用 2～3 mol·L^{-1}盐酸浸泡交换柱 1h，使其再生，然后用水洗至洗脱液呈中性（用 2%硝酸银检验无 Cl$^-$），再用 50%乙醇洗涤后备用。

3. 交换过程中，控制好溶液流速，以提高交换效率。

思 考 题

1. 在装柱和整个交换洗脱过程中，为什么必须将树脂层全部浸在液面下？

2. 用离子交换法测定酯含量有何优点？

3. 拟定用皂化-回滴法测定乙酸乙酯含量的分析方案？

习 题

1. 下列各酸，哪些能用氢氧化钠标准溶液直接滴定？哪些不能？如果能直接滴定，写出测定条件及含量计算公式。

(1) 蚁酸（HCOOH） $K_a = 1.77 \times 10^{-4}$；

(2) 琥珀酸（$H_2C_4H_4O_4$） $K_1 = 6.4 \times 10^{-5}$；$K_2 = 2.7 \times 10^{-6}$；

(3) 枸橼酸（$H_3C_6H_5O_7$） $K_1 = 8.7 \times 10^{-4}$；$K_2 = 1.8 \times 10^{-5}$；$K_3 = 4.0 \times 10^{-6}$；

(4) 顺丁烯二酸 $K_1 = 1.0 \times 10^{-2}$；$K_2 = 5.5 \times 10^{-5}$；

(5) 邻苯二甲酸 $K_1 = 1.3 \times 10^{-3}$；$K_2 = 3.9 \times 10^{-6}$；

(6) 苯甲酸 $K_a = 6.6 \times 10^{-5}$。

2. 下列各酸应选用何种方法测定

(1) 丁酸 $K_a = 1.52 \times 10^{-5}$；

(2) 二氯乙酸 $K_a = 5.6 \times 10^{-2}$；

(3) 水杨酸 $K_1 = 1.0 \times 10^{-3}$；$K_2 = 1.5 \times 10^{-14}$；

(4) α-丙氨酸 $K_a = 1.35 \times 10^{-10}$；

(5) 乙酸乙酯中的游离乙酸。

3. 用皂化回滴法测定酯时，哪些物质有干扰？如何消除？

4. 皂化-离子交换法测酯有何优点？

5. 某酯的通式（$C_nH_{n+1}COOC_2H_5$），测得皂化值为 430，试写出其化学式。

6. 实验室有两瓶固体试剂，已无标签，但知道可能是柠檬酸、琥珀酸或酒石酸，今以碱滴定法测定此酸，称取第一瓶固体试样 1.908g，第二瓶固体试样 1.756g，各以水溶解后，定容为 250.0mL，各移取 25.00mL，用 0.09802 mol·L^{-1} 的 NaOH 标准溶液滴定，以酚酞做指示剂，第一瓶试样消耗 26.68mL，第二瓶试样消耗 28.98mL，试确定它们的名称及含量（试样均为分析纯）。

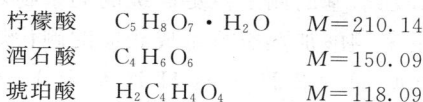

柠檬酸　　$C_5H_8O_7 \cdot H_2O$　　$M = 210.14$

酒石酸　　$C_4H_6O_6$　　$M = 150.09$

琥珀酸　　$H_2C_4H_4O_4$　　$M = 118.09$

7. 测定某乙酸乙酯试样。精称试样 0.9990g，加 20mL 中性乙醇溶解，用 0.0200mol·L^{-1} NaOH 标准溶液滴定，消耗 0.08mL。于上溶液中准确加入 50.00mL 0.50mol·L^{-1} KOH 乙醇溶液，回流水解后，用 0.5831mol·L^{-1} HCl 回滴，消耗体积为 24.25mL，空白试验消耗 HCl 标准溶液 43.45mL，计算试样中游离乙酸含量？乙酸乙酯含量？酯值、皂化值和酸值？

8.3.4　烷氧基的测定

8.3.4.1　概述

常见的烷氧基（RO—）有：甲氧基、乙氧基及 α-环氧基等。醚、醇、酯、缩醛、半缩醛及许多生物碱的分子中含有烷氧基，它们属于烷氧基化合物。α-环氧基存在于某些植物种子所含脂肪酸中，人工合成的香料、表面活性剂、增塑剂、染料、树脂、胶黏剂等物质中，也含有 α-环氧基。

含烷氧基的化合物，在加热的情况下，能被氢碘酸分解，定量生成相应的碘代烷。

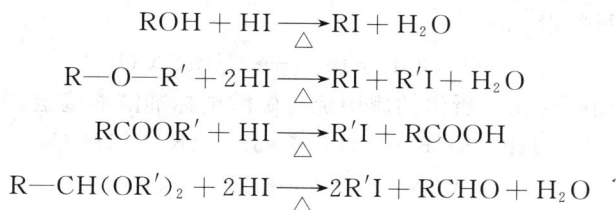

$$ROH + HI \xrightarrow{\triangle} RI + H_2O$$

$$R\text{—}O\text{—}R' + 2HI \xrightarrow{\triangle} RI + R'I + H_2O$$

$$RCOOR' + HI \xrightarrow{\triangle} R'I + RCOOH$$

$$R\text{—}CH(OR')_2 + 2HI \xrightarrow{\triangle} 2R'I + RCHO + H_2O$$

碘代烷的沸点随着烷基中的碳原子教的增加而升高，见表 8-5。

表 8-5　常见碘代烷在常压下的沸点

碘烷	CH_3I	C_2H_5I	C_3H_7I	C_4H_9I	$C_5H_{11}I$	$C_6H_{13}I$	$C_7H_{15}I$
沸点/℃	42.5	72	102.5	131	155.5	180	204

碘代甲烷、碘代乙烷、碘代丙烷和碘代丁烷沸点较低，较易挥发，可以用一般蒸馏法馏出，和干扰物分离后加以测定。测定的经典方法是称量法：将馏出的碘代烷用硝酸银吸收，生成的碘化银沉淀，过滤，洗涤后烘干称量。

目前，通常应用的方法是蔡塞尔法。

沸点较高，不容易挥发的碘代烷，不适宜用蒸馏法分离，通常采用萃取分离。常用的萃取剂为苯胺。将萃取出的碘代烷及苯胺加热回流，生成氢碘酸苯胺盐。用甲醇钠标准溶液滴定生成的氢碘酸苯胺盐。

$$RI + 2C_6H_5NH_2 \longrightarrow C_6H_5NH_2 \cdot HI + C_6H_5NHR$$

$$C_6H_5NH_2 \cdot HI + CH_3ONa \longrightarrow C_6H_5NH_2 + NaI + CH_3OH$$

8.3.4.2 蔡塞尔法

蔡塞尔法仅限于甲氧基和乙氧基的测定。更高级的同系物难于测定。

含烷氧基的化合物用浓的氢碘酸加热裂解生成相应的碘代烷。

$$CH_3COC_2H_5 + 2HI \xrightarrow{\triangle} CH_3I + C_2H_5I + H_2O$$

$$CH_3COOCH_3 + HI \xrightarrow{\triangle} CH_3I + CH_3COOH$$

加热将其蒸馏出来，（用惰性气体 CO_2 或 N_2 带馏）。将蒸馏出的碘代烷蒸气依次经过赤磷在硫酸镉水溶液中的悬浮液洗涤，除去其中随带着的碘、碘化氢、硫化氢等气体。

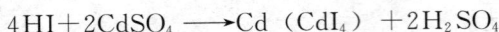

$$2P + 3I_2 \longrightarrow 2PI_3$$

$$PI_3 + 3H_2O \longrightarrow H_3PO_3 + 3HI$$

$$4HI + 2CdSO_4 \longrightarrow Cd（CdI_4）+ 2H_2SO_4$$

$$H_2S + CdSO_4 \longrightarrow CdS \downarrow + H_2SO_4$$

然后，用溴的乙酸-乙酸钠溶液吸收生成的碘代烷。

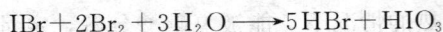

$$CH_3I + Br_2 \longrightarrow CH_3Br + IBr$$

$$C_2H_5I + Br_2 \longrightarrow C_2H_5Br + IBr$$

$$IBr + 2Br_2 + 3H_2O \longrightarrow 5HBr + HIO_3$$

用甲酸除去过量的溴。

$$HCOOH + Br_2 \longrightarrow 2HBr + CO_2$$

加入碘化钾并用酸酸化，析出的碘用硫代硫酸钠标准溶液滴定。

$$HIO_3 + 5KI + 5H^+ \longrightarrow 3I_2 + 5K^+ + 3H_2O$$

$$I_2 + 2Na_2S_2O_3 \longrightarrow 2NaI + Na_2S_4O_6$$

由反应式可看出各物质之间的化学计量关系。

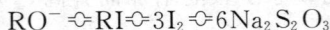

$$RO^- \leftrightharpoons RI \leftrightharpoons 3I_2 \leftrightharpoons 6Na_2S_2O_3$$

因此，烷氧基物质的量 n_{RO^-} 为

$$n_{RO^-} = \frac{1}{6} n_{Na_2S_2O_3}$$

有机磷杀菌剂克瘟散（O-乙基-S,S-二苯基二硫代磷酸酯相对分子质量：310.38）分子中含有一个乙氧基，可用蔡塞尔法测定其含量。测定装置如图 8-2 所示。

8.3.4.3 气相色谱法

用烷氧基测定器如上法制取碘代烷蒸气，经洗涤后，通入硅胶吸收管中，使吸收完全。将吸收管与色谱柱联结，加热吸收管至温度为 $150 \sim 160℃$，所吸收的碘代烷蒸气被解吸下来，随氮气进入色谱柱，得到相应的色谱图，如图 8-3 所示。由各色谱峰的保留时间，可鉴定试样中烷氧基的种类，由峰面积比例可求出相应的碘代烷在总量中所占摩尔比，由吸收管的增重测得试样中碘代烷总量后即可计算出试样中各烷氧基的百分含量。

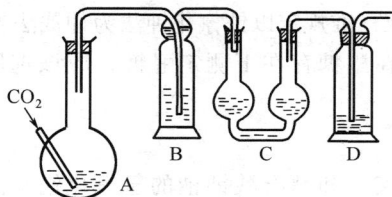

图 8-2 乙氧基测定装置

A—带有导气管的反应瓶；B—捕集器，
内盛 2/3 体积的赤磷-硫酸镉水悬浮液；
C,D—吸收管，内盛溴的乙酸钠-乙酸溶液

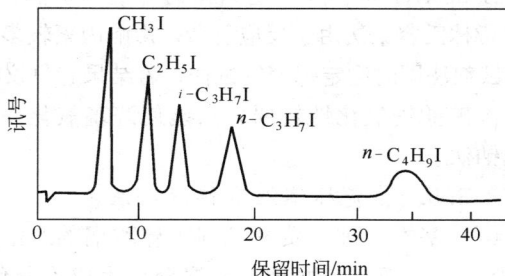

图 8-3 碘代烷气相色谱图

色谱柱：2～2.5m
固定相：磷酸三甲苯酯
载气：N_2，40mL/min
桥电流：130mA
柱温：100℃
纪录纸转速：1cm/min

8.3.5 糖类的测定

8.3.5.1 概述

糖包括一大类化合物，广布于自然界中。糖类为食品主要成分之一，也为人体内热能的主要供给者。

糖类包括单糖、双糖及多糖，食品中存在的单糖类以 *D*-葡萄糖和 *D*-果糖为最重要。双糖类有蔗糖、麦芽糖及乳糖等。多糖类有淀粉、纤维素等。大多数双糖、多糖均可用酸水解或酶水解生成单糖。所以，单糖的测定方法就成为许多糖类的定量基础。

所有的单糖和大部分双糖（例如乳糖、麦芽糖等），由于分子中有醛基或酮基，因此，都具有还原性，被称为还原糖，双糖中的蔗糖和所有的多糖无游离的羰基，不具有还原性。但是，蔗糖在一定条件下水解后生成 1 分子葡萄糖和 1 分子果糖的混合物，在生产实际中被称为转化糖，具有还原性。

糖类的测定方法可以分为两类。

第一类根据溶液的物理性质的改变来测定溶液中被测物的含量。如旋光分析法、折射分析法、密度法等。此类方法，已经在物理常数的测定中介绍，在此不再讨论。

第二类利用还原性测定糖类化合物的含量。根据所用氧化剂的不同，常用测定方法有：费林试剂氧化法、铁氰化钾氧化法和次碘酸钠氧化法。

费林试剂和铁氰化钾二者的氧化能力比较强，对醛糖，酮糖都适用。测得的糖为总还原糖。

使用费林试剂测糖方法甚多，分为容量法、称量法和比色法。生产实际中多用容量法。容量法操作简单迅速、试剂稳定，故被广泛采用。其中费林溶液直接滴定法即蓝-埃

农（Lane Evnon）法是还原糖的标准分析法。

费林氏容量法由于反应复杂，影响因素较多，故不及铁氰化钾法准确。当用铁氰化钾法与费林试剂法同时测定蜂蜜等试样，若结果有争议时，国家标准规定以铁氰化钾法为仲裁法。

次碘酸钠氧化性较弱，只能使醛基氧化。所以，在酮糖存在下测定醛糖，应该选用次碘酸钠法。

8.3.5.2　费林溶液直接滴定法

（1）基本原理　费林试剂由硫酸铜的水溶液（甲液）和酒石酸钾钠的氢氧化钠水溶液（乙液）混合而成。两种溶液混合后生成深蓝色的配合物——酒石酸钾钠铜，反应式如下。

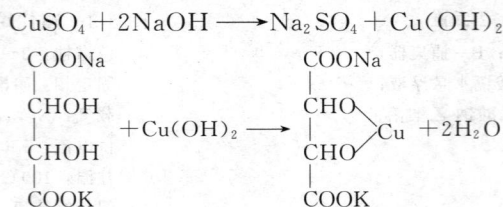

$$CuSO_4 + 2NaOH \longrightarrow Na_2SO_4 + Cu(OH)_2$$

酒石酸钾钠铜被还原糖（如葡萄糖和果糖）还原，生成红色氧化亚铜沉淀。反应式如下。

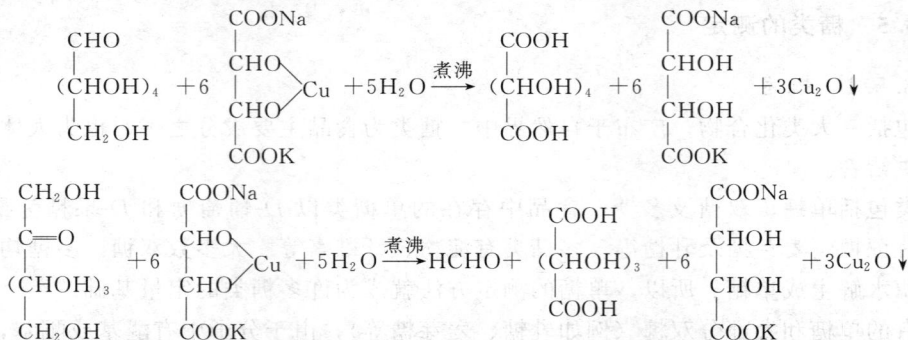

在加热煮沸的情况下，用还原糖溶液滴定一定量的费林溶液。因定量的费林溶液中 Cu^{2+} 量为一定，只能与相当量的还原糖起作用。近终点时，加入亚甲基蓝指示剂。亚甲基蓝也是一种氧化剂，但氧化性弱，所以当二价铜全部被还原后，稍过量的还原糖立即将亚甲基蓝还原，使之由蓝色变为无色，溶液呈现出氧化亚铜的暗红色，即为滴定终点。亚甲基蓝的变色反应如下。

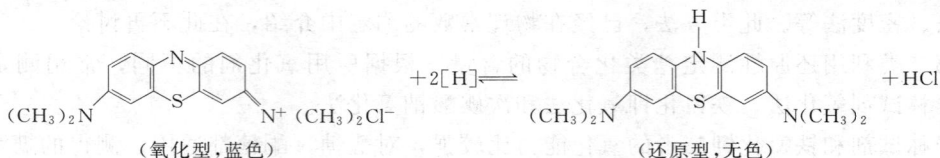

上述反应是可逆的，当无色的亚甲基蓝被空气中的氧所氧化时，又变为蓝色。故滴定时不要离开热源，使溶液保持沸腾，让上升的蒸气阻止空气浸入溶液中。

因为亚甲基蓝必须被还原糖还原后，蓝色才能消失，就是说，必须消耗一定量的还原糖。所以，在滴定过程中，过早加入与加量过多也会引入滴定误差。

实验结果证明：还原糖还原费林溶液的反应不符合化学计量关系。从前面所列的反应式可知，1 分子葡萄糖可以将 6 个二价铜离子还原为一价铜离子，但实际上 1 分子葡萄糖只能将 5 个多二价铜离子还原，而且随反应条件而改变。果糖与斐林溶液反应，果糖被氧化为甲醛和三羟基戊二酸，而甲醛是否全部进一步被氧化为甲酸，则视反应条件而改变。所以，不能根据上述反应式直接计算出还原糖量，而是在相同条件下，用标准糖液对照分析（标定），以确定 10.00mL 费林溶液（甲、乙液各 5.00mL）相当于还原糖的克数即还原糖因素。在相同条件下测定试样，由下式计算还原糖含量。

$$还原糖含量 = \frac{FA}{mV} \times 100\%$$

式中　F——还原糖因素，即 10.00mL 费林溶液相当于还原糖的克数；

　　　m——试样的质量，g；

　　　A——m（g）试样配成试液的体积，mL；

　　　V——滴定 10.00mL 费林溶液消耗试样溶液的体积，mL。

蔗糖在酸性条件下水解，生成 1 分子葡萄糖和 1 分子果糖即转化糖，然后再进行测定。计算时将转化糖量乘以"0.95"，即为蔗糖的量。因为 0.95g 蔗糖可转化为 1g 转化糖。

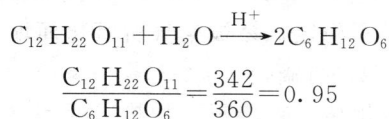

$$C_{12}H_{22}O_{11} + H_2O \xrightarrow{H^+} 2C_6H_{12}O_6$$

$$\frac{C_{12}H_{22}O_{11}}{C_6H_{12}O_6} = \frac{342}{360} = 0.95$$

应该说明：如果以纯蔗糖配制的标准转化糖溶液进行标定（费林溶液的浓度以蔗糖的量表示），计算时就不必再乘以"0.95"。

粗糖制品中，常含有各种杂质，影响终点观察。若试样本身有色或固体悬浮物，可用 25% 乙酸铅及草酸盐、磷酸沉淀过滤除去；一般要在 0.75mol·L^{-1} HCl 溶液中，于 60～70℃下水解 10～20min，水解完全后应立即冷却，并用碱中和。因为在强酸性溶液中，会有部分糖被分解。

淀粉经酸或酶水解生成葡萄糖。

$$(C_6H_{10}O_5)_n + nH_2O \xrightarrow{酸或酶} nC_6H_{12}O_6$$

所生成的葡萄糖溶液（中性）用费林溶液测定。计算时将葡萄糖量乘以"0.9"即为淀粉的量。

淀粉相对分子质量为 $162 \times n$，葡萄糖相对分子质量为 $180n$，其比值为

$$\frac{162n}{180n} \approx 0.9$$

（2）费林溶液的配制与标定　费林溶液中的铜量是定量还原糖的关键，而铜量与费林溶液的浓度及用量有关。在配制时 $CuSO_4·5H_2O$ 的量要称准确。甲液和乙液要分别配

制，事先不能将其混合储存。否则二价铜离子在碱性溶液中缓慢地氧化酒石酸钾钠，而逐渐析出红色氧化亚铜沉淀。

费林溶液中的氢氧化钠使溶液呈碱性，因为二价铜离子作为氧化剂是在碱性条件下进行的，其反应速率随碱性增强而加快，酒石酸钾钠使铜离子形成稳定的可溶性的酒石酸钾钠铜配合物，以利于反应顺利进行。

费林溶液的还原糖因素是以纯糖作为基准来标定而求得。测定什么糖就应用该糖的纯品来标定费林溶液。由于费林溶液和还原糖之间的反应，受反应时的温度、沸腾时间、试剂的碱度、滴定速度等的影响很大即反应的条件性很强，所以，必须严格控制。同时，国家标准对费林溶液的浓度和用量均有规定，不得随意改变，标定或测定的还原糖溶液中含还原糖的量，一般以 0.2% 为宜。在标定和测定时都必须严格遵守操作条件，以获得正确的结果。

（3）测定条件

① 反应液的碱度要一致，这就需要严格控制反应液的体积。一般要求消耗糖液在 20~40mL 之间，如果糖液浓度有变动，需补加适量水予以调整。使标定和测定时反应液体积尽量保持一致。

② 反应的温度和时间要严格控制。一般控制在 2min 内沸腾，整个沸腾反应时间为 3min。否则煮沸时间改变，引起蒸发量改变，使反应液浓度改变，从而引入误差。

③ 反应产物中氧化亚铜极不稳定，易被空气所氧化而增加耗糖量。故滴定时不要随意摇动锥形瓶，更不能离开热源进行滴定。

④ 测定所用热源及锥形瓶规格，直接影响加热速度和终点的观察，故在标定和测定试样时，最好使用同一套仪器。

在标定和测定时，于费林溶液中预先加入适量的糖液（其量控制在后滴定时消耗糖液在 1mL 以内），加热至沸（2min 内），并保持微沸 2min，加亚甲基蓝指示剂，继续滴定至蓝色消失，此滴定操作在 1min 内完成。为了能严格按规定进行，必须进行预测。以了解配制糖液的浓度是否恰当。预测时，若加入 15mL 配制糖液于费林溶液中，煮沸后 Cu^{2+} 的蓝色已全部褪去，则表明糖液过浓，若预测滴定消耗超过 40mL，则表明糖液过稀。重新调整浓度后，再进行预测。

预测还可以了解滴加糖液的大概数量，以便确定预加入量，在正式测定时，能在溶液沸腾的情况下，在 1min 内完成续加工作，以提高测定的准确度。

费林溶液直接滴定法，对于熟练的操作人员来说，其测定的准确度和重现性都很好。

8.3.5.3　铁氰化钾氧化法

还原糖和水解后产生的转化糖，在碱性溶液中能将高铁氰化钾还原，其反应式如下。

$$C_6H_{12}O_6 + 6K_3[Fe(CN)_6] + 6KOH \longrightarrow (CHOH)_4(COOH)_2 + 6K_4[Fe(CN)_6] + 4H_2O$$

在加热煮沸的情况下，用还原糖溶液滴定一定量的铁氰化钾碱性溶液，近终点加入亚甲基蓝指示剂，待溶液中的三价铁离子全部被还原后，稍过量的还原糖立即将亚甲基蓝还原为无色的隐色体。根据铁氰化钾的浓度和试液的滴定量可计算出含糖量。

铁氰化钾溶液浓度一般为1％，用纯蔗糖进行标定。

蔗糖在酸性条件下水解成转化糖，水解完全后用碱中和即为标准糖液。标定时，记录10.00mL铁氰化钾溶液所消耗糖液的体积。按下式计算铁氰化钾溶液的浓度（滴定度T）。

$$T = \frac{mV}{0.95A}$$

式中　T——相当于10.00mL铁氰化钾溶液的转化糖的质量，g；

　　　m——称取的纯蔗糖的量，g；

　　　A——m（g）纯蔗糖配成转化糖溶液的总体积，mL；

　　　V——滴定消耗转化糖溶液的体积，mL；

　0.95——换算系数（0.95g蔗糖可转化为1g转化糖）。

试样按标定方法进行转化、中和及滴定，根据糖液消耗量即可计算含糖量。

$$总糖含量（以转化糖计）= \frac{TA}{mV} \times 100\%$$

式中　T，A，m，V与标定时意义相同。

铁氰化钾与转化糖的反应是在碱性及沸腾情况下进行，标定与测定试样都必须严格遵守操作条件，并进行预测，在正式滴定时，先加入比预测少0.5mL左右的糖液，煮沸1min，加入亚甲基蓝指示剂，再继续滴定至蓝色消失，即为终点。

铁氰化钾氧化法已经列入测混合糖的国家标准中。若试样中含有较多的蛋白质、胶体、有色杂质及固体悬浮物时，可用乙酸铅、硫酸钠或磷酸氢二钠使之沉淀完全后，过滤除去。

8.3.5.4　次碘酸钠氧化法

次碘酸钠氧化法只适用于测定醛糖，不适用于酮糖和蔗糖。

在碱性介质中，次碘酸钠能将醛糖氧化为醛糖酸盐。

$$I_2 + 2NaOH \longrightarrow NaI + NaIO + H_2O$$

$$C_5H_{11}O_5CHO + NaIO + NaOH \longrightarrow C_5H_{11}O_5COONa + NaI + H_2O$$

把上述两反应式综合起来，即得

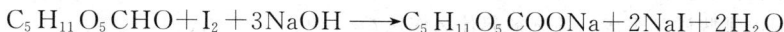

$$C_5H_{11}O_5CHO + I_2 + 3NaOH \longrightarrow C_5H_{11}O_5COONa + 2NaI + 2H_2O$$

反应完全后，将溶液酸化，过量的碘用硫代硫酸钠标准溶液滴定。从而计算醛糖的含量。

$$NaIO + NaI + 2HCl \longrightarrow I_2 + 2NaCl + H_2O$$

$$I_2 + 2Na_2S_2O_3 \longrightarrow 2NaI + Na_2S_4O_6$$

从上述反应可知1分子葡萄糖消耗1分子碘，相当于2分子硫代硫酸钠，即

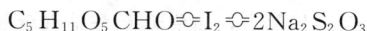

$$C_5H_{11}O_5CHO \Leftrightarrow I_2 \Leftrightarrow 2Na_2S_2O_3$$

葡萄糖的物质的量 $n_{葡萄糖}$ 为

$$n_{葡萄糖} = \frac{1}{2}n_{Na_2S_2O_3}$$

碘也可与氢氧化钠反应生成碘酸钠。

$$3I_2 + 6NaOH \longrightarrow 5NaI + NaIO_3 + 3H_2O$$

上述反应在糖的氧化反应中不起作用。为了避免此反应发生，在含有碘的醛糖溶液中，加入碱液时必须缓慢，并要迅速混合，使醛糖的氧化反应优先进行。

实践证明，试样中不得含有乙醇、丙醇等杂质，因为它们会消耗碘，使测得值偏高。

实际工作中，假如试样中果糖和葡萄糖共存时，可用次碘酸钠溶液将葡萄糖氧化，然后用硫代硫酸钠除去过量的碘，再用费林溶液直接滴定法测果糖的量。

如果要求用此法测定蔗糖，则应该以纯蔗糖为基准物来标定硫代硫酸钠溶液的浓度。并在转化前、转化后分别滴定。由两次滴定消耗硫代硫酸钠标准溶液的差值，即可算出硫代硫酸钠溶液对蔗糖的滴定度。

$$T = \frac{mV}{(V_1 - V_2)A}$$

式中　T ——硫代硫酸钠对蔗糖的滴定度，$g \cdot L^{-1}$；

　　　m ——称取蔗糖基准物的质量，g；

　　　A ——$m(g)$ 蔗糖配成溶液的总体积，mL；

　　　V_1 ——转化前滴定消耗硫代硫酸钠标准溶液的体积，mL；

　　　V_2 ——转化后滴定消耗硫代硫酸钠标准溶液的体积，mL；

　　　V —— 标定所取蔗糖溶液的体积，mL。

在测定试样时，按同样步骤操作，按下式计算蔗糖含量。

$$蔗糖含量 = \frac{T(V_1 - V_2)}{m\dfrac{V}{A}}$$

式中各符号与标定时相同。

习　　题

1. 什么是单糖、双糖、多糖、转化糖和还原糖？举例说明。

2. 费林试剂由哪些试剂组成？各试剂起什么作用？

3. 试述费林溶液直接滴定法测定还原糖的基本原理？

4. 用费林溶液直接滴定法测定还原糖时，滴定反应的条件是什么？为什么必须严格控制反应条件？

5. 测定蔗糖含量得如下数据：

(1) 以葡萄糖为基准标定费林溶液　10.00mL 费林溶液，消耗标准糖液（0.5102g 葡萄糖溶解后定容为 250.0mL）25.20mL；

(2) 试液配制　称取 2.215g 试样于 100mL 容量瓶中，加乙酸铅溶液 10mL，用水稀释至刻度，溶液过滤后，精取 50.00mL 于另一 100mL 容量瓶中，加草酸-磷酸盐混合液 1.5mL，用水稀释至刻度，溶液过滤后，精取 50.00mL，于 250mL 容量瓶中，加酸水解并用碱中和后，用水稀释至刻度；

（3）测定　10.00mL 费林试剂，消耗试液 28.32mL。

试计算蔗糖的含量。

8.4　含氮化合物的测定

8.4.1　胺类化合物的测定

8.4.1.1　概述

胺是含有氨基官能团的化合物，是有机含氮化合物中最大的一类，被广泛用于工业生产中。

氨基是碱性基团，所以胺具有一定程度的碱性。碱性强弱视烃基的性质和被取代的氢原子数而定。大部分脂肪胺（电离常数 $K_b = 10^{-6} \sim 10^{-3}$）碱性比氨强，可在水溶液中，用酸标准溶液滴定，芳香胺的碱性通常比氨弱得多，只能在冰乙酸中进行非水滴定。

伯胺和仲胺与乙酰化剂（乙酸酐）作用发生乙酰化反应，生成 N-乙酰胺，可用于定量测定。常用测定方法是乙酸酐-吡啶乙酰化法。在用酸滴定法测定叔胺时，也常用此法来消除伯胺和仲胺的干扰。

脂肪族伯胺与亚硝酸反应放出氮气，测量氮气体积从而计算伯氨基的量。这个方法在测定 α-氨基酸时，反应用 $3 \sim 4\,\mathrm{min}$ 即可完成。

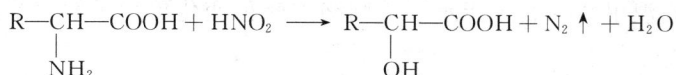

$$\underset{\underset{NH_2}{|}}{R{-}CH{-}COOH} + HNO_2 \longrightarrow \underset{\underset{OH}{|}}{R{-}CH{-}COOH} + N_2\uparrow + H_2O$$

但需要在特殊的仪器中进行，不宜推广。也可用气相色谱法测量氮气，准确度较高。

芳香族伯胺在无机酸（如盐酸）存在下，和亚硝酸发生重氮化反应，生成重氮盐，常用重氮化法测定，在染料和药物分析中应用较广泛。

氨基是较强的邻对位定位基，因而芳胺易发生亲电取代反应，例如，苯胺与溴反应生成三溴苯胺。

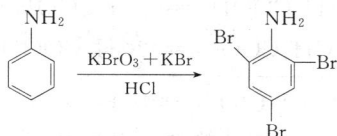

所以和酚类化合物类似，可以用溴量法定量。

某些芳香胺及其衍生物也可用偶合法来测定。在微酸性介质（如盐酸或乙酸）中，重氮盐和芳香胺类发生偶合反应，生成有特殊颜色的偶氮化合物，如对硝基氯化重氮苯与 2,4-二氨基甲苯反应。

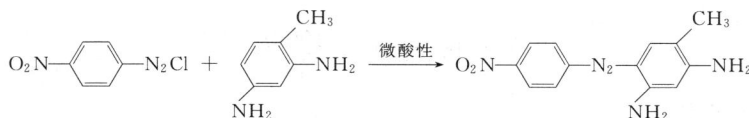

偶合反应一般发生在氨基的对位，在对位被其他基取代时，则发生在邻位。

偶合法测定芳伯胺，一般是将胺溶解于溶剂后，用重氮盐标准溶液滴定。用"渗圈"法判断滴定终点。

偶合法滴定条件（温度、酸度、滴定速度等）要求苛刻，"渗圈"试验较繁琐，变色不太敏锐，滴定的终点误差较大，测定准确度不高，一般准确到±1%，但对一些含有杂质的胺，当其他测定方法不能用时，偶合法仍有独特之处。

对于一些不活泼的胺，可用克达尔法或杜马法测定。

此外，氨基酸、酰胺和季铵盐可以在冰乙酸等非水介质中，用高氯酸滴定。

8.4.1.2 酸滴定法

酸滴定法主要包括两种方法：直接滴定法和非水滴定法。

碱性较强的胺（$K_b = 10^{-6} \sim 10^{-3}$ 的脂肪胺类）可直接滴定。

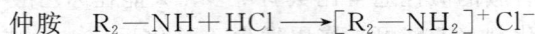

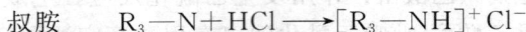

$$\text{伯胺} \quad R-NH_2 + HCl \longrightarrow [R-NH_3]^+ Cl^-$$
$$\text{仲胺} \quad R_2-NH + HCl \longrightarrow [R_2-NH_2]^+ Cl^-$$
$$\text{叔胺} \quad R_3-N + HCl \longrightarrow [R_3-NH]^+ Cl^-$$

水溶性的胺，可在水溶液中，用盐酸标准溶液直接滴定。

不溶于水的长链脂肪胺可溶于乙醇或异丙醇中进行滴定。

因为中和产物是强酸弱碱盐，所以选用中性红、甲基红等在酸性环境中变色的指示剂。如果用甲基红-溴甲酚绿混合指示剂，则终点颜色变化更加敏锐（绿色恰巧消失，溶液无色或呈淡红色）。

碱性很弱的胺（$K_b = 10^{-12} \sim 10^{-6}$），不能在水和醇溶剂中滴定，需要在非水溶剂中滴定。通常用不同比例的乙酸酐和冰乙酸作溶剂，以结晶紫的冰乙酸溶液作指示剂，用高氯酸的冰乙酸溶液滴定，终点为绿色或蓝绿色。

在冰乙酸中用高氯酸冰乙酸溶液滴定苯胺时，其反应如下。

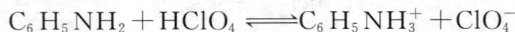

$$C_6H_5NH_2 + CH_3COOH \rightleftharpoons C_6H_5NH_3^+ + CH_3COO^-$$
$$HClO_4 + CH_3COOH \rightleftharpoons CH_3COOH_2^+ + ClO_4^-$$
$$CH_3COOH_2^+ + CH_3COO^- \rightleftharpoons 2CH_3COOH$$

$$\overline{C_6H_5NH_2 + HClO_4 \rightleftharpoons C_6H_5NH_3^+ + ClO_4^-}$$

从总的滴定结果看虽然是高氯酸滴定苯胺，但是在滴定的过程中，实质上是一种强酸 $CH_3COOH_2^+$ 滴定一种较强的碱 CH_3COO^-，所以终点敏锐。若改用电位滴定法，可使测定灵敏度增高。

酸滴定法测定结果有下列两种表示方法。

（1）中和物质的量

$$中和物质的量 = \frac{1000m}{Vc}$$

（2）化合物含量

$$胺含量 = \frac{V c M}{1000mn} \times 100\%$$

式中　V ——试样试验消耗盐酸标准溶液的体积，mL；

　　　c ——盐酸标准溶液的物质的量浓度，mol·L^{-1}；

　　　M ——试样的摩尔质量，g·mol^{-1}；

　　　m ——试样的质量，g；

　　　n ——分子中所含氨基的个数。

8.4.1.3　重氮化法

（1）基本原理　在强无机酸存在下，芳伯胺与亚硝酸作用定量地生成重氮盐。因为亚硝酸不稳定，所以重氮化反应是用亚硝酸钠和盐酸作用产生亚硝酸，其反应式如下。

$$C_6H_5NH_2 + NaNO_2 + 2HCl \longrightarrow [C_6H_5N \equiv N]^+ Cl^- + NaCl + 2H_2O$$

当亚硝酸稍过量时，重氮化反应即完全，可用淀粉碘化钾试纸作外指示剂来确定终点的到达。指示剂不能直接加入反应液中，因为亚硝酸与碘化钾反应比芳伯胺起重氮化反应快得多，无法观察终点。临近终点时，用玻璃棒蘸出少许滴定液置于淀粉碘化钾试纸上，如反应已完全，过量的亚硝酸立即与碘化钾作用，析出游离碘。

$$2KI + 2HNO_2 + 2HCl \longrightarrow I_2 + 2KCl + 2NO + 2H_2O$$

游离碘遇淀粉使试纸变蓝。

必须注意，有时虽无过量的亚硝酸，但在强无机酸存在下，淀粉碘化钾试纸因受空气氧化亦能呈蓝黑色。

$$4KI + O_2 + 4HCl \longrightarrow 2I_2 + 4KCl + 2H_2O$$

不过亚硝酸引起的变色比无机酸快，而且比较明显。因此，必须注意二者的区别。如果有疑问时，最好做空白对照试验。

应用外指示剂操作麻烦，终点不易掌握，如果滴定液蘸出次数过多，容易造成损失。近年来，常采用内指示剂（如中性红）来测定磺胺类药物含量，结果尚能符合要求。

由于中性红与亚硝酸作用也消耗标准溶液，故指示剂应在临近终点时加入，最好同时做空白试验以校正标准溶液的消耗量，使结果更加准确。

使用内指示剂虽然操作简便，但终点颜色变化有时也不够敏锐，尤其重氮盐带色时更难观察，在实际工作中常采用内外指示剂结合的方法，即在内指示剂已指示临近终点时，再用外指示剂作最后确定，其效果较好。

最好用"永停法"指示终点。

重氮化法测定结果有下列两种表示方法。

① 氨基的含量

$$氨基（—NH_2）含量 = \frac{16.03 V c}{1000m} \times 100\%$$

② 芳伯胺含量

$$胺含量＝\frac{VcM}{1000mn}\times100\%$$

式中　V ——试样试验消耗亚硝酸钠标准溶液的体积，mL；

　　　c ——亚硝酸钠标准溶液的物质的量浓度，$mol\cdot L^{-1}$；

　　　M ——试样的摩尔质量，$g\cdot mol^{-1}$；

　　　m ——试样的质量，g；

　　　n ——分子中所含氨基的个数；

　　16.03 ——氨基的摩尔质量，$g\cdot mol^{-1}$。

（2）测定条件

① 酸度。重氮化反应需以盐酸为介质，因在盐酸中反应速度快，且芳伯胺的盐酸盐溶解度大。

按反应式，每摩尔芳伯胺只需 2mol 盐酸，但实际上，酸度在 $1\sim2mol\cdot L^{-1}$ HCl 下滴定为宜。大量过量的盐酸，可以抑制副反应，增加重氮盐的稳定性，加速重氮化反应并提高指示剂的灵敏度。

酸度不足时，生成的重氮盐能与尚未反应的芳伯胺偶合，生成重氮氨基化合物，使测定结果偏低。

$$[C_6H_5N\equiv N]^+Cl^-+C_6H_5NH_2\xrightarrow{微酸性}C_6H_5N=N-NH-C_6H_5+HCl$$

酸的浓度也不能过高，否则将阻碍芳伯胺的游离，反而影响重氮化反应速度。

② 温度。一般应在低温的条件下进行。温度较高时虽然重氮化反应可加快，但会造成亚硝酸的损失和重氮盐的分解。

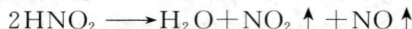

$$2HNO_2\longrightarrow H_2O+NO_2\uparrow+NO\uparrow$$

$$[C_6H_5N\equiv N]^+Cl^-+H_2O\longrightarrow C_6H_5OH+N_2\uparrow+HCl$$

当苯环上有卤素、$-SO_3H$、$-NO_2$ 等官能团时，重氮盐较为稳定，例如，对氨基苯磺酸，在 $30\sim40℃$，仍可以进行重氮化。但当苯环上有 $-CH_3$、$-OH$、$-OR$ 等取代基时，重氮盐较不稳定。所以，对于不同稳定性的重氮盐可选用不同的温度。实践证明，温度在 15℃ 以下，虽然反应速度稍慢，但测定结果却较准确。如果采用快速滴定法则在 30℃ 以下均能得到满意的结果。

③ 快速滴定法。亚硝酸和芳伯胺的反应不是离子反应，作用较慢，所以重氮化反应必须缓慢地进行。故滴定速度不宜过快，尤其在将近终点时，由于芳伯胺浓度已经很低，更需要一滴一滴地加入并搅拌数分钟才能确定终点。如果采用快速滴定法就可以加快滴定速度，即将滴定管尖插入液面，将大部分亚硝酸钠液在不断搅拌或摇动下一次滴入，近终点时，将管尖提出液面，再缓缓滴定。这样开始生成的亚硝酸在剧烈搅动下，向溶液中扩散立即与试样反应，来不及逸出或分解，即可作用完全。

④ 加入溴化钾作催化剂。对难以重氮化的化合物，例如，苯胺、萘胺、$H_2N-\!\!\!\!\bigcirc\!\!\!\!-OC_2H_5$ 等，可以加入适量的溴化钾作为催化剂，以促进重氮化反应，同时滴

定终点也更加明显。但溴化钾中不能含有溴酸钾，否则在酸性条件下将释出溴。

　　⑤ 在重氮化反应时，氨基化合物必须处于溶解状态。不溶或难溶于酸的氨基化合物，例如对氨基苯磺酸等，应先用碳酸钠溶液或氨水溶解，然后将溶液酸化后进行重氮化。

　　亚硝酸钠标准溶液的常用浓度为 $0.05 \text{mol} \cdot \text{L}^{-1}$ 或 $0.1 \text{mol} \cdot \text{L}^{-1}$，防止其分解可在溶液中加入少量的 NaOH 或 Na_2CO_3。实践证明，$0.1 \text{mol} \cdot \text{L}^{-1}$ 溶液在 pH＝10 左右最为稳定，故此在配制 1L 溶液时加入 $0.1 \text{g } Na_2CO_3$ 作为稳定剂。

　　(3) 重氮化法的应用

　　① 直接滴定法。测定芳伯胺及其衍生物如联苯胺、磺胺类及其衍生物。

　　磺胺类药物其分子中都含有 H_2N—⬡—SO_2NH_2 ，这个特征的分子结构，它们都有能抑制溶血性链球菌、肺炎球菌、脑膜炎球菌等的生成和繁殖的疗效，都是熟悉的消炎药，如

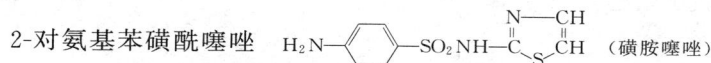

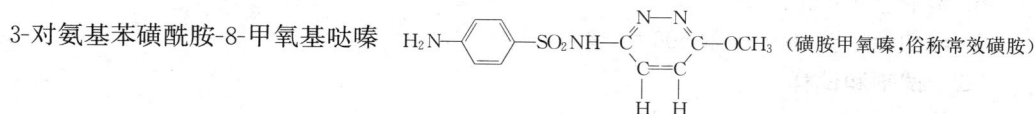

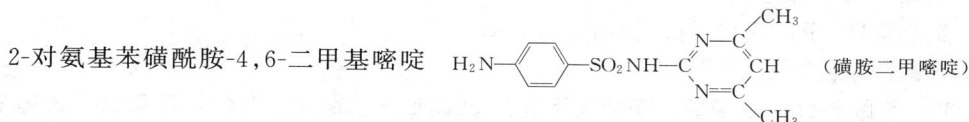

2-对氨基苯磺酰噻唑　　H_2N—⬡—SO_2NH—C⟨...⟩　（磺胺噻唑）

3-对氨基苯磺酰胺-8-甲氧基哒嗪　　H_2N—⬡—SO_2NH—C⟨...⟩—OCH_3　（磺胺甲氧嗪，俗称常效磺胺）

2-对氨基苯磺酰胺-4,6-二甲基嘧啶　　H_2N—⬡—SO_2NH—C⟨...⟩　（磺胺二甲嘧啶）

　　这类化合物常用重氮化法进行含量测定。以对氨基苯磺酰胺为例，重氮化反应按下式进行。

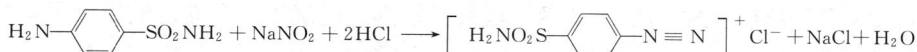

$$H_2N—⬡—SO_2NH_2 + NaNO_2 + 2HCl \longrightarrow \left[H_2NO_2S—⬡—N \equiv N \right]^+ Cl^- + NaCl + H_2O$$

　　以中性红为指示剂，终点由淡红色变为深绿色，并用外指示剂检验终点以作对照。

　　② 金属锌还原法测硝基化合物。在有盐酸和乙酸存在下，芳香族硝基化合物可以用锌或锌汞齐还原成芳伯胺。如农药除草醚（2,4-二氯苯基-4-硝基苯基醚）含量测定，其反应式如下。

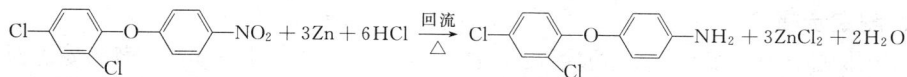

$$Cl—⬡(Cl)—O—⬡—NO_2 + 3Zn + 6HCl \xrightarrow[\triangle]{回流} Cl—⬡(Cl)—O—⬡—NH_2 + 3ZnCl_2 + 2H_2O$$

　　除草醚分子中的硝基还原为氨基后，再用亚硝酸钠标准溶液直接滴定，求出其含量。

　　③ 水解-重氮化法测芳酰胺。乙酰苯胺、对乙酰氨基苯乙醚（非那西汀，是常用退热镇痛药）等芳香酰胺，在硫酸存在下，回流水解后转变为芳伯胺，用重氮化法测定含量，其反应如下。

$$CH_3CONH—⬡—OC_2H_5 + H_2O \xrightarrow[\triangle 回流]{H_2SO_4} H_2N—⬡—OC_2H_5 + CH_3COOH$$

　　④ 亚硝化反应。芳仲胺类化合物，也可以用 $NaNO_2$ 标准溶液直接滴定，但所起反应

并不是重氮化，而是亚硝化。

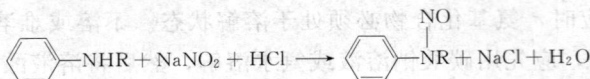

$$\text{⟨◯⟩—NHR} + NaNO_2 + HCl \longrightarrow \text{⟨◯⟩—}\underset{R}{\overset{NO}{N}} + NaCl + H_2O$$

习惯上把这种测定方法叫做亚硝基滴定以区别于重氮化滴定。两种方法统名为亚硝酸钠法。

实验 8.8　咖啡因含量测定——非水滴定法

一、实验目的

1. 掌握非水酸滴定法测定氨基化合物的原理和方法。

2. 了解非水酸滴定法试剂的配制。

二、仪器

1. 锥形瓶（150mL）。

2. 自动滴定管 10mL（附 500mL 储液瓶）。

三、试剂和试样

1. 乙酸酐-冰乙酸溶液（5∶1）。

2. 结晶紫指示剂（0.5%冰乙酸溶液）。

3. 高氯酸标准溶液（0.1mol·L⁻¹）。

配制：量取 8.5mL 高氯酸，在搅拌下注入 500mL 冰乙酸中，混匀。在室温下滴加 20mL 乙酸酐，搅拌至溶液均匀。冷却后用冰乙酸稀释至 1000mL，摇匀。

标定：称取 0.6g 于 105～110℃ 烘至恒重的基准邻苯二甲酸氢钾，置于干燥的锥形瓶中，加入 50mL 冰乙酸温热溶解，加 2～3 滴结晶紫指示剂，用高氯酸标准溶液滴定至紫色变为蓝色（微带紫色）。

$$c_{HClO_4} = \frac{邻苯二甲酸氢钾质量(g)}{消耗高氯酸体积(mL) \times 0.2042}$$

高氯酸标准溶液浓度使用前标定，标定时和使用时温度应相同。

4. 试样：咖啡因 $C_8H_{10}N_4O_2 \cdot H_2O$，$M = 212.21$。

四、测定步骤

精密称取咖啡因 0.15g，加乙酸酐-冰乙酸（5∶1）的混合液 25mL，微热使溶解，放冷，加结晶紫指示剂 1 滴，用 0.1 mol·L⁻¹ 高氯酸标准溶液滴定至溶液显黄色，即为终点。

同样条件下进行空白试验。

根据实验结果计算咖啡因含量。药典规定其含量按干燥品计算，含 $C_8H_{10}N_4O_2$ 不得少于 98.5%。

五、说明和注意事项

1. 高氯酸的冰乙酸溶液，因冰乙酸体积随温度改变较大，所以高氯酸冰乙酸溶液在滴定试样时和标定时的温度差别超过 10℃ 时，应重新标定，若温度相差 10℃ 以内，根据下式将高氯酸标准溶液的浓度加以校正。

$$c = \frac{c_0}{1 + 0.0011(t_1 - t_0)}$$

式中，0.0011 为冰乙酸的体积膨胀系数；t_0 为标定时的温度；t_1 为测定时的温度；c_0 为 t_0 时标定的浓度；c 为 t_1 测定时的浓度。

冰乙酸在低温下会凝固，可加入 20% 无水丙酸，即可避免。

2. 冰乙酸中含有少量的水分，而水的存在常影响滴定突跃，使指示剂变色不敏锐，除去水分的方法是加入乙酸酐，使与水反应生成乙酸。根据冰乙酸的含水量和密度，以及乙酸酐的密度和含量，即可求出除去 1000mL 冰乙酸中的水分需加入乙酸酐的体积。

3. 结晶紫其酸式色为黄色，碱式色为紫色，由碱区到酸区的颜色变化为，紫—蓝—蓝绿—黄绿—黄。在滴定不同强度的碱时，终点颜色变化不同。滴定较强碱，应以蓝色或蓝绿色为终点；滴定较弱的碱应以蓝绿色、绿色或黄色为终点。最好以电位滴定法作对照，以确定滴定终点颜色。并做空白试验加以校正以减少滴定误差。

咖啡因碱性很弱（pK 为 14.15）在乙酸酐为主的溶剂中，滴定突跃显著增大，能获满意结果。以结晶紫指示剂由紫色变为黄色为滴定终点。

思 考 题

1. 配制 0.05mol·L^{-1}高氯酸的冰乙酸溶液 2000mL，需要 80% 高氯酸 8.4mL，所用的冰乙酸含量为 99.8%，相对密度为 1.05，应加含量为 97.0%，相对密度为 1.08 的乙酸酐多少毫升，才能除去其中的水分？$M_{C_4H_6O_3} = 102.09$。

2. 高氯酸冰乙酸溶液在 30℃ 标定时浓度为 0.1053mol·L^{-1}，若滴定时温度为 26℃，试计算其浓度。

3. 非水滴定法测定咖啡因含量的原理是什么？

实验 8.9　重氮化法测定磺胺二甲嘧啶含量

一、实验目的

1. 掌握亚硝酸钠溶液的配制和标定。
2. 掌握快速滴定法的操作方法。
3. 掌握重氮化法外指示剂的使用和终点观察。
4. 掌握重氮化法内指示剂的使用和终点的确定。

二、仪器

1. 烧杯（500mL）。
2. 锥形瓶（250mL）。
3. 酸式滴定管（50mL），管尖加一段带滴管的乳胶管。

三、试剂与试样

1. 对氨基苯磺酸（$M = 173.2$）基准试剂；氨水（28%）；亚硝酸钠；盐酸（6 mol·L^{-1}）；

氢氧化钠；中性红指示剂（0.5%的水溶液）；溴化钾；碘化钾-淀粉试纸：取 1g 淀粉，加水 10mL 调成糊状后，于搅拌下倾注于 100mL 沸水中，微沸 2min，冷却后，加入 0.2g 碘化钾，将无灰滤纸放入该溶液中浸透，于暗处晾干。保持于密闭的棕色瓶中备用。

2. 试样：磺胺二甲嘧啶 SM_2，$M = 278.3$。

四、实验步骤

1. $0.1mol \cdot L^{-1}$ 亚硝酸钠溶液的配制与标定

配制：称取 7.2g 亚硝酸钠，加 0.1g 氢氧化钠或 0.2g 无水碳酸用少量水溶解后，用水稀释至 1000mL 摇匀，备用。

标定：精密称取于 120℃ 烧至恒重的基准无水对氨基苯磺酸 0.5g 于 500mL 烧杯中，加 2mL 氨水溶解后，加 100mL 水，20mL $6mol \cdot L^{-1}$ 盐酸，搅拌均匀，控制温度在 30℃ 以下，将装有亚硝酸钠标准溶液的滴定管尖插入液面2/3处，在不断搅拌下迅速滴定近终点时，将滴定管尖提出液面，用少量水冲洗，洗液并入滴定液。继续缓缓滴定，至用玻璃棒蘸取少许溶液，点在碘化钾淀粉试纸上，立即出现蓝色斑点时停止滴定，搅拌 3min 后再蘸再试，若仍显蓝色即为终点。根据滴定所消耗亚硝酸钠溶液体积和基准物的质量，计算亚硝酸钠标准溶液的浓度。

$$c(NaNO_2) = \frac{基准物对氨基苯磺酸的质量(g)}{消耗亚硝酸钠溶液体积(mL) \times 0.1732}$$

2. 磺胺二甲嘧啶含量测定

精称试样 0.5g 于 250mL 锥形瓶中，加水 40～50mL，$6mol \cdot L^{-1}$ 盐酸 10mL，加 2g 溴化钾搅拌均匀，控制温度在 30℃ 以下，于摇动下，用 $0.1mol \cdot L^{-1}$ 亚硝酸钠标准溶液按快速滴定法滴定，近终点前加 1 滴甲基红指示剂，继续缓慢滴定至溶液颜色有些变蓝时，将滴定管尖提出液面，用少量水冲洗再加中性红指示剂 1 滴，继续缓缓滴定至溶液变为深绿色即为终点。此时用玻璃棒蘸取溶液少许，点在碘化钾-淀粉试纸上应立即出现蓝色斑点。

根据实验结果计算磺酸二甲嘧啶的含量。

五、说明和注意事项

1. 重氮化反应受苯环上取代基的影响，特别是在苯环上氨基对位的取代基将影响重氮化反应速度。如斥电子基因如—CH_3、—OH、—OR 等使反应减慢。测定时要加入适量溴化钾（如中国药典规定要加入 2g），使重氮化反应速度加快。而亲电子基因，如—NO_2、—SO_3H、—COOH、—X 等使反应加速。如对氨基苯磺酸、磺胺二甲嘧啶等，因—NH_2 对位有—SO_3H，反应速度较快，标定和测定时，溴化钾也可以不加。

2. 为了提高终点确定的准确性，滴定前应根据测定试样的质量计算出标准溶液的预消耗量。滴定时，按预消耗量的 95% 一次性加入，然后再将管尖提出液面，缓缓滴定。或先预测一次以确定预消耗量，作为正式实验的参考。

3. 碘化钾-淀粉试纸要随用随取，不要取出放在空气中，否则在酸性环境中碘离子有可能被空气中的氧氧化成碘而造成误差。

正确判断终点是测定的关键，当少许溶液点在试纸上立即出现蓝斑即为终点。若溶液点上经扩散后才出现蓝斑即为"假终点"。要注意区分。

应用外指示剂时，其灵敏度与溶液中的 NO_2^- 浓度即溶液体积有关。最好使标定和测定时溶液体积一致，或同样条件下进行空白试验加以校正。

最好用永停滴定法确定滴定终点。

4. 应用外指示剂操作比较麻烦，终点不易掌握，若蘸滴定液次数过多，容易造成损失。使用内指示剂操作比较简便，但终点颜色变化不够敏锐，尤其在重氮盐带色时更难观察。在实际工作中都采用内外指示剂结合使用的方法，即在内指示剂已指示临近终点时，再用外指示剂最后确定，其效果更好。由于内指示剂也消耗亚硝酸钠，所以，必须近终点时加入。

思　考　题

下列操作对实验结果有无影响？为什么？

① 滴定开始前就将淀粉-碘化钾试纸从棕色玻璃瓶中取出，放在实验桌面上；

② 多次用玻璃棒蘸取反应液于淀粉-碘化钾试纸上观察终点到否；

③ 测磺胺未加溴化钾，滴定速度很快；

④ 标定亚硝酸钠溶液只用淀粉-碘化钾试纸判断终点到否；

⑤ 标定亚硝酸钠溶液只用中性红指示剂判断终点到否。

习　　题

1. 下列氨基化合物的测定可选择哪些方法？

（1）间甲苯胺；（2）三甲胺；（3）联苯胺；（4）氨基乙酸；（5）苄胺。

2. 试述重氮化法测定芳伯胺的原理？重氮化反应为何要在 $1 \sim 2 \ mol \cdot L^{-1}$ HCl 中进行？滴定为何采用"快速滴定法"？

3. 如何配制浓度为 $0.05 \ mol \cdot L^{-1}$ 的 $NaNO_2$ 溶液 0.6L？

4. 盐酸普鲁卡因 $\left[NH_2 - \hspace{-1em}\bigcirc\hspace{-1em} - COOCH_2CH_2N(C_2H_5)_2 \right] \cdot HCl \quad C_{13}H_{20}O_2N_2 \cdot HCl = 272.8$ 可用亚硝酸钠法测定含量，写出滴定反应式。若取样量为 0.5012g，首先应一次加入多少毫升的 $0.1015 \ mol \cdot L^{-1} \ NaNO_2$ 标准溶液，再开始用指示剂检查终点？写出计算公式？

5. 测定扑热息痛 $\quad CH_3CONH - \hspace{-1em}\bigcirc\hspace{-1em} - OH$

（1）测试样中对氨基酚含量：精称试样 1.02g，加 50mL 1∶1HCl 及 3g KBr，用 $0.1042 \ mol \cdot L^{-1}$ $NaNO_2$ 标准溶液滴定，消耗标液 0.06mL。

（2）测扑热息痛含量：精称试样 0.3102g，置锥形瓶中，加 1∶1HCl50mL，回流 1h 后，冷至室温，加水 50mL，3g KBr，用 $0.1042 \ mol \cdot L^{-1} NaNO_2$ 标液滴定，消耗标液 19.62mL。

回答下列问题：①对氨基酚对扑热息痛含量测定有何影响？②写出以上测定各步反应式？③计算试样中对氨基酚和扑热息痛含量。

相对分子质量：对氨基酚 $M = 109.12$；扑热息痛 $M = 151.17$。

8.4.2　硝基化合物的测定

8.4.2.1　概述

烃分子中的氢原子被硝基（—NO_2）取代的衍生物，称为硝基化合物。脂肪族硝基化合物难于制取，而芳香族硝基化合物容易制备，因此在工业上应用得较多，主要用于染料中间体、合成药物和炸药等工业。

脂肪族硝基化合物呈中性反应，但是伯硝基或仲硝基化合物在碱性溶剂中可以异构化，变为具有酸性的结构。

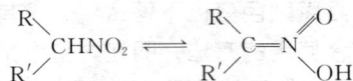

$$\begin{matrix} R \\ R' \end{matrix}\!CHNO_2 \rightleftharpoons \begin{matrix} R \\ R' \end{matrix}\!C=N\begin{matrix} O \\ OH \end{matrix}$$

可以在非水溶剂中作为弱酸，用强碱标准溶液滴定。

硝基具有氧化性，在不同的条件下与还原剂反应得到不同的产物。例如，硝基苯在酸性介质中还原或催化加氢，可以直接转变为苯胺，在中性介质中还原的产物通常是 N-羟基苯胺；在碱性溶剂中，则还原成偶氮苯和肼。

硝基化合物的测定，一般在酸性溶液中进行还原反应，常用的还原剂有：亚钛盐、亚锡盐、锡、锌、铁等。还原完全后，可用适当的氧化剂标准溶液滴定剩余的还原剂，常用的氧化剂有高铁盐及碘。常用测定方法有三氧化钛还原法和氯化亚锡还原法。

对于芳香族硝基化合物，也常用锌还原-重氮化法测定，或还原成氨基化合物后，用克达尔定氮法测定。

无论使用什么还原剂，都要控制好反应条件，否则产生副反应，而消耗过量的还原剂。

8.4.2.2 三氯化钛还原法

三氯化钛在酸性溶液中，能使芳香族硝基化合物定量的还原为芳香族胺。

$$C_6H_5NO_2 + 6TiCl_3 + 6HCl \longrightarrow C_6H_5NH_2 + 6TiCl_4 + 2H_2O$$

待反应完全后，过量的三氯化钛，以硫氰酸铵为指示剂，用硫酸高铁铵标准溶液滴定，终点为红色。同时做空白试验。

$$2NH_4Fe(SO_4)_2 + 2TiCl_3 + 2HCl \longrightarrow 2FeSO_4 + 2TiCl_4 + (NH_4)_2SO_4 + H_2SO_4$$

$$NH_4Fe(SO_4)_2 + 3NH_4CNS \longrightarrow Fe(CNS)_3 + 2(NH_4)_2SO_4$$

由上列反应式可以看出，1mol 硝基苯需要 6mol 三氯化钛还原，其化学计量关系为

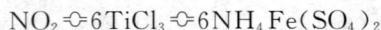

$$NO_2 \backsim 6TiCl_3 \backsim 6NH_4Fe(SO_4)_2$$

硝基的物质的量 n_{NO_2} 为

$$n_{NO_2} = \frac{1}{6}n_{Fe^{3+}}$$

三氯化钛是强还原剂，能被空气中的氧所氧化，因此滴定必须在惰性气流（CO_2 或 N_2）保护下进行。如图 7-4 所示。a 中盛 1.5% 三氯化铬溶液，也可以用焦性没食子酸-氢氧化钠溶液代替。b 中盛蒸馏水。

测定水溶性试样，加入水或稀酸（稀 H_2SO_4）溶解，如果是非水溶性试样，则用乙醇或冰乙酸溶解。亚钛盐在酸度较低的介质中还原能力较强。但是当pH＞3时亚钛盐水解生成碱式盐沉淀，而减弱还原能力。因此，还原反应必须在 pH＝3 的溶液中进行（最好用 pH＝3 的缓冲溶液来控制）。

某些硝基化合物如苯、二甲苯、甲苯、氯苯和萘等的一硝基衍生物，在用亚钛盐进行还原时，还原反应常很缓慢，因此，必须创造比较强烈的还原反应条件，如加热或加催化剂，多硝基化合物比较容易被还原，有的甚至可用亚钛盐标准溶液直接滴定。

8.4.2.3 氯化亚锡还原法

氯化亚锡在酸性溶液中能将芳香族硝基化合物还原为芳香胺。

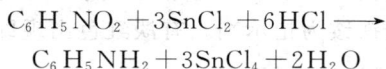

$$C_6H_5NO_2 + 3SnCl_2 + 6HCl \longrightarrow$$
$$C_6H_5NH_2 + 3SnCl_4 + 2H_2O$$

过量的亚锡盐，以淀粉作指示剂，用碘标准溶液滴定。同时做空白试验。

$$Sn^{2+} + I_2 \longrightarrow Sn^{4+} + 2I^-$$

在上述还原反应中，1mol NO_2 消耗 3mol $SnCl_2$，相当于 3mol I_2 化学计量关系为

$$-NO_2 \backsim 3SnCl_2 \backsim 3I_2$$

硝基的物质的量 n_{NO_2} 为

$$n_{NO_2} = \frac{1}{3} n_{I_2}$$

亚锡盐的还原性比亚钛盐的还原性弱。因此，还原反应速率较慢，必须加热以促进其反应。

在用氯化亚锡还原硝基化合物时，可能发生副反应，生成胺的氯化物而使结果偏低。当盐酸量控制在氯化亚锡恰巧不至于水解的酸度时，则氯化副反应可以完全消除。如果硝基化合物难溶于水，必须用乙醇做溶剂时，最好用硫酸代替盐酸，可以防止与还原反应同时产生的氯化作用。

氯化亚锡在酸性溶液中，容易被空气中的氧氧化，所以还原反应要在 CO_2 气流的保护下进行。

8.5 巯基和硫醚基的测定

8.5.1 概述

硫和氧属同一族元素，含硫官能团与含氧官能团性质，命名相类似。只是由于硫是变价元素，因此，含硫化合物又有转变为高价化合物的特殊性质。例如

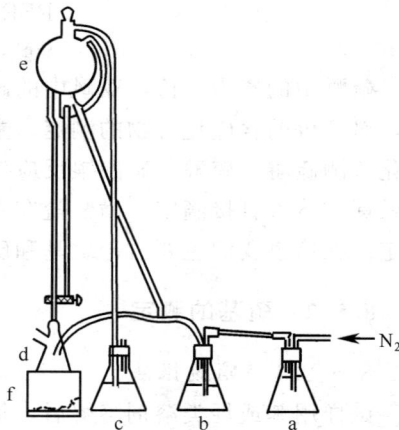

图 8-4 三氯化钛滴定装置
a，b—洗瓶；c—水封瓶；d—反应瓶；
e—滴定管；f—电磁搅拌器

$$RSR \xrightarrow{O_2} RSOR \xrightarrow{O_2} RSO_2R$$
$$\text{硫醚} \qquad \text{亚砜} \qquad \text{砜}$$

硫醚中的硫为二价，亚砜中的硫为四价，砜中的硫则为六价。因此，在有机定量分析中，对低价的含硫化合物的测定，主要是以氧化反应为基础。常用碘氧化法测硫醇，用溴氧化法测硫醚。硫醇与硝酸银反应生成难溶物硫醇银，可用银量法测定。磺酸是强酸，可用碱标准溶液直接滴定。磺酸盐在硫酸存在下灼烧，使磺酸盐转变为硫酸盐后，用称量法测定。在这里我们主要讨论巯基和硫醚基的测定。

8.5.2 巯基的测定

8.5.2.1 硝酸银法

试样用苯或烃类溶剂溶解后，加入已知过量的硝酸银标准溶液，与硫醇反应完全后，过量的硝酸银用硫氰酸铵标准溶液回滴，以硫酸铁铵为指示剂，有淡红色出现即为终点。

$$RSH + AgNO_3 \longrightarrow RSAg\downarrow + HNO_3$$
$$AgNO_3 + NH_4CNS \longrightarrow AgCNS\downarrow + NH_4NO_3$$
$$3NH_4CNS + NH_4Fe(SO_4)_2 \longrightarrow Fe(CNS)_3 + 2(NH_4)_2SO_4$$

由于在滴定中生成的硫醇银和硫氰化银沉淀包藏银离子，而使结果偏高。当有过量的银离子或硫氰离子存在时，会形成稳定的乳状液。为了克服沉淀包裹银离子的倾向和乳状液的形成，可减少试样的用量，并且用较稀的硝酸银和硫氰酸铵溶液，同时，在滴定之前，加入乙醇以增大硝酸银在烃类溶剂中的溶解度，以减少形成乳状液的倾向和硫醇银沉淀的团聚。

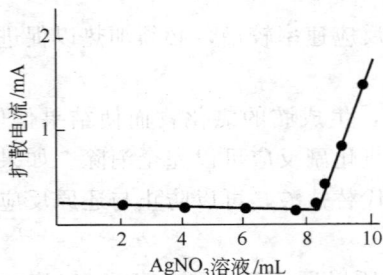

为了克服终点误差大及硫醇银吸附银离子，最好直接用硝酸银标准溶液滴定，用电位或电流滴定法确定终点。

电流滴定时用甘汞电极为阳极，滴汞或微形汞电极为阴极，用 NH_4NO_3、$NH_3 \cdot H_2O$ 为支持电解质。在控制恒电势下，巯基不会在阴极上被还原而只有银离子会被还原。所以，在滴定过程中，开始电流无变化，当全部硫醇被沉淀后，过量的银离子

图 8-5　用 $AgNO_3$ 滴定硫醇的 i_d-V 曲线

被还原，形成扩散电流，其大小随银离子浓度增加而增大。滴定曲线如图 8-5 所示。

8.5.2.2 碘量法

碘量法测定硫醇是最简便而常用的方法。

硫醇被碘氧化生成二硫化物，可以用碘标准溶液直接滴定。但由于碘标准溶液不太稳定，所以一般是先将试样与乙酸和碘化钾混合后，再用碘酸钾标准溶液滴定。其效果更好。因碘酸钾溶液比较稳定。当硫醇被全部氧化后，过量的碘酸钾与碘化钾作用产生淡黄

色的碘，使淀粉变蓝即为终点。其反应式如下。

$$KIO_3 + 5KI + 6CH_3COOH \longrightarrow 3I_2 + 6CH_3COOK + 3H_2O$$

$$I_2 + 2RSH \longrightarrow R—S—S—R + 2HI$$

伯硫醇在用碘氧化时，很容易发生上述的反应。仲硫醇反应缓慢，宜用硝酸银法测定。

8.5.3　硫醚基的测定

8.5.3.1　溴酸盐直接滴定法

溴酸钾与溴化钾在盐酸存在下，反应生成新生态的溴。溴能使硫醚氧化成亚砜。

$$KBrO_3 + 5KBr + 6HCl \longrightarrow 3Br_2 + 6KCl + 3H_2O$$

$$Br_2 + R_2S + H_2O \longrightarrow R_2SO + 2HBr$$

以甲基橙作指示剂，过量的溴使甲基橙褪色。此法适用于相对分子质量小的硫醚的测定，相对分子质量大的硫醚，反应较慢，要用剩余量滴定法。

8.5.3.2　溴酸盐剩余量滴定法

试样用冰乙酸和水溶解后，加入已知过量的溴酸钾-溴化钾标准溶液，待反应完全后，加入碘化钾，用硫代硫酸钠标准溶液滴定，以淀粉为指示剂，蓝色刚好消失为终点。

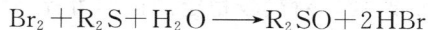

$$Br_2 + R_2S + H_2O \longrightarrow R_2SO + 2HBr$$

$$Br_2 + 2KI \longrightarrow 2KBr + I_2$$

$$I_2 + 2Na_2S_2O_3 \longrightarrow 2NaI + Na_2S_4O_6$$

同时做空白试验，由空白试验及试样滴定的差值可计算试样中硫醚的含量。

由上列反应式可以看出，测定硫醚的化学计量关系为

$$R_2S \leftrightarrows Br_2 \leftrightarrows 2Na_2S_2O_3$$

硫醚的物质的量为

$$n_{R_2S} = \frac{1}{2} n_{Na_2S_2O_3}$$

硫醚与溴的反应，既可形成亚砜，也可形成砜。若溴大量过量时，有可能按砜的方式进行硫醚的物质的量为

$$n_{R_2S} = \frac{1}{2} n_{Na_2S_2O_3}$$

所以，在测定试样之前，应该用标准试样进行回收试验以求出正确的化学计量关系。

8.6　有机物中水分的测定

有机分析中时常需要测定水。因为水的存在既能影响有机物的性质，又能影响某些有机反应的进行，所以常把水分含量作为有机物质量控制指标之一。在生产中水分是重要的分析项目之一。原料、半成品和成品的水分含量大都是重要的技术经济指标或是重要的技

术操作指标。在生产过程中需根据所测得的水分等参数来调节和控制生产工艺，使整个生产过程的工艺指标经常保持在最佳状况。

在官能团的定量分析中，某些官能团的反应能产生和消耗一定量水，通过测定水可以测定该官能团（如乙酸-三氟比硼乙酰化法测定醇羟基含量）。所以把有机物水分的测定也列入官能团定量分析部分来讨论。

8.6.1 概述

有机物中水分的测定，目前还没有一个简单通用的方法，应根据试样的性质及含水量的多少，选择适用的方法。常用方法有下列几种。

8.6.1.1 干燥法

干燥法测定水分，是根据有机物在干燥前后质量之差来计算水分含量的。有些试样在加热时失去的是水和挥发性物质的总量，而不完全是水，所以由干燥法测得的水分也称干燥失重。

由于有机物的性质不同，采用的干燥方法有以下几种。

（1）常压下加热干燥　对性质稳定及受热不易挥发、升华、分解、氧化的有机物可在常压下加热干燥。通常用烘箱干燥或在红外线照射烘干。加热所选用的温度和时间，因试样的性质及分析目的的不同而改变。对热较稳定的试样可提高温度，缩短干燥时间。确定干燥时间的方法有两种：一种是干燥至恒重，另一种是规定干燥时间，具体时间应当经过试验来确定。

（2）减压加热干燥　常压下受热时间过长、常易分解的试样，应置减压干燥箱中进行减压加热干燥。在减压下可降低干燥温度（通常在 $60\sim80℃$），缩短干燥时间，避免试样受热变质。

（3）干燥剂干燥　对低熔点、易升华、对热较不稳定的试样，可在盛有干燥剂的干燥器中放置干燥至恒重。常用的干燥剂有浓硫酸、五氧化二磷、硅胶。其次是无水氯化钙、无水硫酸钙等。若常压下水分不易除去，则应在减压干燥器中干燥。

8.6.1.2 蒸馏法

试样与某些与水不互溶的有机溶剂（如苯、甲苯、二甲苯或三氯甲烷等）共同蒸馏时，试样中的水分可随着有机溶剂一起共沸蒸馏出来。水与这些有机溶剂互不相溶，蒸出来的水与有机溶剂经静止分层后即可计量，从而计算出水分含量。因为蒸馏法是计量蒸馏出来的水，所以，它对欲区别挥发物与水分的试样更为适用。其缺点是误差较大，常因试样中的水分没有完全挥发出来，水分溶解在有机相生成乳状液，水分附集在冷凝器壁等而产生误差。所以只适宜常量分析。

8.6.1.3 卡尔·费休法

卡尔·费休法是一种以滴定法测定水分的化学分析法，这个方法适合于测定固体、液体及气体试样中的水分。几乎能定量测定所有各类有机物中的水分，应用十分广泛。

8.6.1.4　气相色谱法

气相色谱法用于测定有机溶剂（醇类、酮类、烃类、酸类、氯代烃等）中的微量水分，亦可测定用卡尔·费休法有干扰的一些液体有机产品（如酮类、醛类及部分氧化剂、还原剂）中的水分。

用高分子多孔微球如 GDX-1 型、401 型、402 型等作固定相，以气相色谱柱进行分离，用热导池检测。固定相对水的保留值最小，且峰形陡而对称。根据记录仪上的色谱峰高或峰面积大小，与标准曲线对照来测定有机试样中的水分含量。

在以上各种方法中，以卡尔·费休法和气相色谱法操作迅速方便，精确度高。这里只介绍卡尔·费休法。

8.6.2　卡尔·费休法

卡尔·费休法是一种非水溶液的氧化还原滴定法。主要应用于微量水分的测定。所用的标准溶液叫做卡尔·费休试剂，它是由碘、二氧化硫、吡啶和甲醇按一定比例组成的溶液。

8.6.2.1　基本原理

碘将二氧化硫氧化成三氧化硫时需要一定量的水分参加反应。

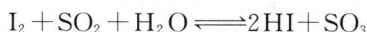

$$I_2 + SO_2 + H_2O \Longrightarrow 2HI + SO_3$$

从消耗的碘量可测定水分的含量。

但上述反应是可逆的，为了使反应向右进行完全，必须用碱性物质将生成的酸吸收，以利于反应定量地进行。无水吡啶能定量地吸收 HI 和 SO_3，形成氢碘酸吡啶及硫酸酐吡啶。

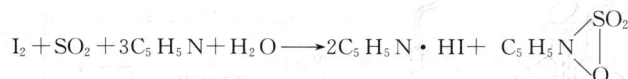

$$I_2 + SO_2 + 3C_5H_5N + H_2O \longrightarrow 2C_5H_5N \cdot HI + C_5H_5N\underset{O}{\overset{SO_2}{<}}$$

但硫酸酐吡啶不稳定，必须加入无水甲醇，使之转变成稳定的甲基硫酸氢吡啶。

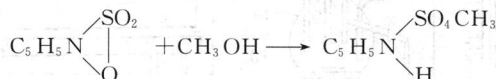

$$C_5H_5N\underset{O}{\overset{SO_2}{<}} + CH_3OH \longrightarrow C_5H_5N\underset{H}{\overset{SO_4CH_3}{<}}$$

所以，滴定的总反应式为

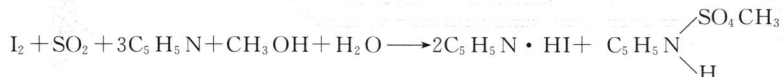

$$I_2 + SO_2 + 3C_5H_5N + CH_3OH + H_2O \longrightarrow 2C_5H_5N \cdot HI + C_5H_5N\underset{H}{\overset{SO_4CH_3}{<}}$$

吡啶和甲醇不仅参与反应，是反应产物的组成成分，而且还起到溶剂的作用。

用卡尔·费休试剂滴定水分时，指示终点通常有下列两种方法。

（1）自身作指示剂　在滴定过程中，溶液由淡黄色突变为黄棕色（由于微过量的碘），即为终点。在密闭的容器中，可得到稳定的终点颜色。这种确定终点的方法适用于含水量大于 1% 的试样。如测定试样中的微量水或测定深色试样时，常用永停终点法确定，以减小误差。

（2）永停终点法　永停终点法（亦称永停法）是根据半电池反应。

$$I_2 + 2e \Longrightarrow 2I^-$$

将两个铂电极插入滴定溶液中，在两电极间加一小电压 $10 \sim 15 mV$。在滴定过程中，卡尔·费休试剂与试样中的水分发生反应，溶液中只有 I^- 而无 I_2 存在，则溶液中无电流通过。当卡尔·费休试剂稍过量时，溶液中同时存在 I_2 及 I^-，电极上发生电解反应。

阳极　　$2I^- - 2e \longrightarrow I_2$

阴极　　$I_2 + 2e \longrightarrow 2I^-$

有电流通过两电极，电流计指针突然偏转至一最大值并稳定 $1min$ 以上，此时即为终点。

永停法确定终点，比较灵敏，准确。其装置如图 8-6 所示。

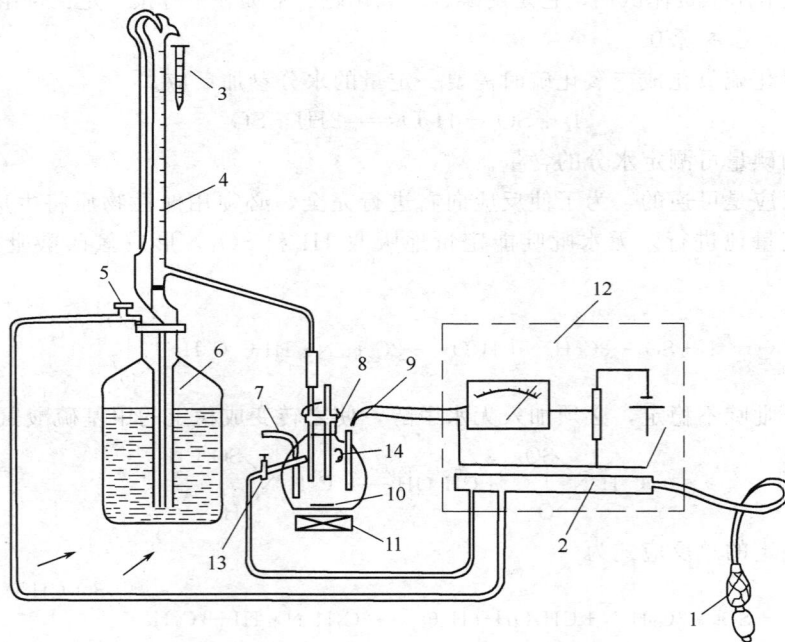

图 8-6　永停法滴定装置

1—双连球；2,3—干燥管；4—自动滴定管；5—具塞放气口；6—试剂储瓶；7—废液排放口；8—反应瓶；
9—铂电极；10—磁棒；11—搅拌器；12—电量法测定终点装置；13—干燥空气进气口；14—进样口

8.6.2.2　卡尔·费休试剂的配制与标定

（1）试剂的处理　配制卡尔·费休试剂时，对试剂的纯度要求很高，特别是含水量应严格控制在 0.1% 以下，因为每 $1L$ 卡尔·费休试剂只能与大约 $6g$ 的水作用，故试剂必须预先处理，除去其中水分。

甲醇和吡啶（分析纯）：如水分含量大于0.05％，用4A分子筛（500℃焙烧2h，于干燥器中冷却至室温）脱水。按每毫升溶剂0.1g分子筛的比例加入，放置24h。

碘（分析纯）：用浓硫酸干燥器干燥48h以上。

二氧化硫：钢瓶二氧化硫或硫酸分解亚硫酸钠制得，需经干燥脱水处理。二氧化硫发生装置如图8-7所示。

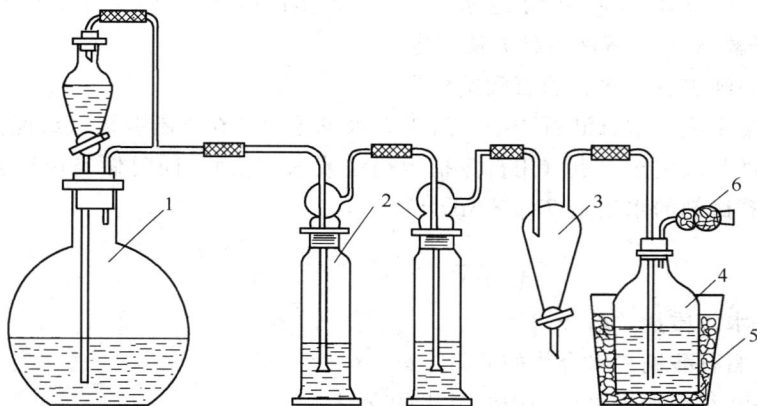

图8-7 二氧化硫发生装置

1—二氧化硫气体发生器；2—浓硫酸洗瓶；3—分离器；

4—盛有碘、吡啶溶液的吸收瓶；5—冰浴；6—干燥管

（2）试剂的配制 卡尔·费休试剂一般都以碘的含量来决定试剂的浓度，常配成每毫升相当于3～6mg水的溶液，即配制1L试剂需碘量为42.5～85g。而二氧化硫、吡啶和甲醇的用量都是过量的。若以甲醇作溶剂，则试剂中碘、二氧化硫和吡啶三者的摩尔比为：$I_2 : SO_2 : C_5H_5N = 1 : 3 : 10$。

新配制的试剂，其有效浓度可不断降低，其原因是碘、二氧化硫、甲醇、吡啶四种组分配在一起容易发生下列副反应。

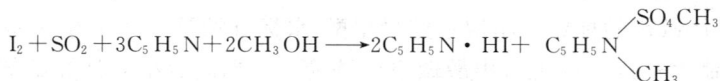

$$I_2 + SO_2 + 3C_5H_5N + 2CH_3OH \longrightarrow 2C_5H_5N \cdot HI + C_5H_5N \begin{matrix} SO_4CH_3 \\ \diagdown \\ CH_3 \end{matrix}$$

故使浓度降低较快。当试剂的水当量下降至2.5以下，滴定时终点变化则不够敏锐，应当重新配制。

为克服上述缺点，可将卡尔·费休试剂配成甲、乙两液（甲液为碘的甲醇溶液，乙液为二氧化硫的甲醇吡啶溶液）。分别储存则较稳定。使用时乙液可用作溶剂，甲液作滴定剂。

当测定含活泼羰基化合物中水分时，常用乙二醇甲醚代替甲醇配制卡尔·费休试剂，其试剂稳定性也较好。

吡啶极其难闻且有毒,现在有改良的卡尔·费休试剂,由碘、二氧化硫、碘化钠、无水乙酸钠按一定比例溶于一定量甲醇中混合而成。

卡尔·费休试剂应储存在附有滴定装置的密闭的棕色瓶中,防止接触空气中的水分,于暗处放置 24h 后才能使用。同时,每次临用前均应标定。

(3) 试剂的标定　卡尔·费休试剂的浓度用水当量 T 表示,即 1mL 试剂相当于水的克数 $(g \cdot mL^{-1})$。

标定卡尔·费休试剂可用纯水、二水合酒石酸钠 $(Na_2C_4H_2O_6 \cdot 2H_2O$ 含水 15.66%) 或甲醇-水标准溶液两种方法标定。

方法一:用纯水、二水合酒石酸钠标定。

精称一定量水或二水合酒石酸钠,溶于无水甲醇中,在不断振摇(或搅拌)下,立即用卡尔·费休试剂滴定至终点(用自身指示剂法或永停法)。同时做空白试验。根据滴定结果按下式计算试剂的水当量 $T(g \cdot mL^{-1})$。

$$T = \frac{m_1}{V_1 - V_0} \text{ 或 } T = \frac{m_2 \times 15.66\%}{V_2 - V_0}$$

式中　m_1 ——水的质量,g;

　　　m_2 ——酒石酸钠二水合物的质量,g;

　15.66% ——酒石酸钠二水合物中结晶水的含量;

　　　V_1 ——滴定水消耗卡尔·费休试剂的体积,mL;

　　　V_2 ——滴定酒石酸钠中结晶水消耗卡尔·费休试剂的体积,mL;

　　　V_0 ——空白试验消耗卡尔·费休试剂的体积,mL。

另外,也可取一定量溶剂,用卡尔·费休试剂滴定至终点(不计体积),然后加入水或基准物,再用卡尔·费休试剂滴定,记录消耗卡尔·费休试剂的体积。计算时不需扣除空白。

方法二:用甲醇-水标准溶液标定。

① 甲醇-水标准溶液的配制。精称一定量水,用无水甲醇稀释至一定体积,使其浓度为 $0.002g \cdot mL^{-1}$。密封保存。

② 卡尔·费休试剂的标定。精取一定量甲醇-水标准溶液,用卡尔·费休试剂滴定至终点。同时用配制水标准液的无水甲醇做空白试验。根据滴定结果计算试剂的水当量 T。

$$T = \frac{m}{V - V_0}$$

式中　m ——加入的水标准液中水的质量,g;

　　　V ——滴定水标准液消耗卡尔·费休试剂的体积,mL;

　　　V_0 ——空白试验消耗卡尔·费休试剂的体积,mL。

由于卡尔·费休试剂需随用随标,虽有水标准液,可直接取用。但配制水标准液的无水甲醇,在放置时其含水量会有所变化,故空白试验的结果已不能代表配水标准液时的情况。为此，可通过计算出水标准液的实际含水量，为以后标定时应用。这样，既可避免每次称量水质量，同时可免去空白试验。

③ 甲醇-水标准溶液浓度的测定与计算，若称取 m（g）水配成 500mL 甲醇-水标准液，精确吸取 5.00mL 立即用卡尔·费休试剂滴定至终点，同时做空白试验。根据滴定结果按下式计算水标准液的浓度。

$$A(\text{g} \cdot \text{mL}^{-1}) = \frac{m + m_1}{500}$$

$$m_1 = V_0 T \times \frac{500}{5.00}$$

式中　V_0——空白消耗卡尔·费休试剂的体积，mL；

　　　T——卡尔·费休试剂的浓度，g·mL^{-1}；

　　　m——甲醇-水标准溶液 500mL 中加入的水量，g。

利用水标准溶液的浓度（A），标定卡尔·费休试剂的方法和计算如下。

精确吸取 5.00mL 水标准液，用卡尔·费休试剂滴定至终点，若消耗体积为 VmL，则试剂的水当量 T 为

$$T = \frac{A \times 5.00}{V}$$

8.6.2.3　试样中水分的测定

在反应瓶中加入一定体积的甲醇或所规定的试样溶剂，在搅拌下用卡尔·费休试剂滴定至终点。迅速加入规定数量的试样，滴定至终点并记录卡尔·费休试剂的用量，试样中的含水量按下式计算。

$$含水量 = \frac{VT}{m} \times 100\%$$

$$含水量 = \frac{VT}{V_1 \rho} \times 100\%$$

式中　V——滴定试样消耗卡尔·费休试剂的体积，mL；

　　　T——卡尔·费休试剂的水当量，g·mL^{-1}；

　　　m——试样的质量，g；

　　　V_1——液体试样的体积，mL；

　　　ρ——液体试样的密度，g·mL^{-1}。

8.6.2.4　应用

由于卡尔·费休试剂与水作用的灵敏度和特效性都很高，故在有机定量分析中可用来直接测定有机物中的水分或测定反应中生成或消耗的水分，从而间接测定官能团或化合物的含量。

（1）直接测定有机物中的水分　凡本身不与卡尔·费休试剂发生反应的有机物都可直接测定其中所含的水分。这些化合物见表 8-6。

表 8-6　能直接测定其中水分的各类有机物

化　合　物	适　用　试　样
烃类	饱和烃、不饱和烃、芳烃、卤代烃
酸类①	羧酸、羟基酸、氨基酸、磺酸
酸的衍生物	羧酸酯、无机酸酯、酰卤
羟基化合物	醇类、酚类、糖
不活泼羰基化合物	三氯甲烷、二苯基乙二酮
醚类	醚、缩醛
含氮化合物	酰胺、酰苯胺、胺、硝基化合物、生物碱、肟等
含硫化合物	硫醚、二硫化物、硫醇酯

① 为了防止有机酸与卡尔·费休试剂中甲醇发生酯化反应，最好用乙二醇-吡啶作试样的溶剂，用冰浴冷却。快速滴定。

（2）间接测定某些化合物的含量　醇类与乙酸为乙酰化剂、三氟化硼作催化剂进行乙酰化反应时，生成的水用卡尔·费休试剂滴定，即可计算醇的含量。

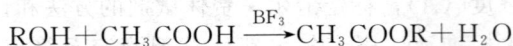

$$ROH + CH_3COOH \xrightarrow{BF_3} CH_3COOR + H_2O$$

利用乙酸经酰化反应析出水来测定醇羟基，不受共存的游离酸和易水解酯的干扰，并且可测定用其他方法难以酰化的叔醇基。

利用同样原理也可测定羧酸。

醛和酮与羟胺反应生成肟，同时释出和羰基等量的水，用卡尔·费休试剂滴定生成的水，即可测定其含量。

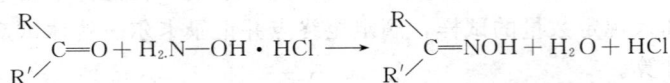

$$\begin{array}{c} R \\ \diagdown \\ C=O \\ \diagup \\ R' \end{array} + H_2N-OH \cdot HCl \longrightarrow \begin{array}{c} R \\ \diagdown \\ C=NOH \\ \diagup \\ R' \end{array} + H_2O + HCl$$

酸酐在三氟化硼催化作用下迅速水解为酸，如果加入一定量的水，反应后以卡尔·费休试剂滴定剩余的水，便可计算出酸酐的含量，用此法测定酸酐可以在游离酸、无机酸、酯类共存时测定。

尽管卡尔·费休测定微量水的方法具有广泛的应用，但能与碘起反应的、能氧化碘离子成碘的以及能与卡尔·费休试剂中某组分反应生成水的物质均对测定有干扰。

例如羟胺、肼等与碘发生下列反应。

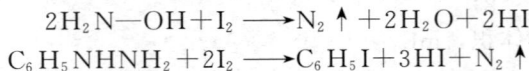

$$2H_2N-OH + I_2 \longrightarrow N_2 \uparrow + 2H_2O + 2HI$$
$$C_6H_5NHNH_2 + 2I_2 \longrightarrow C_6H_5I + 3HI + N_2 \uparrow$$

醌类等氧化碘化氢而析出碘。

$$O=\!\!\!\!\bigcirc\!\!\!\!=O + 2HI \longrightarrow HO-\!\!\bigcirc\!\!-OH + I_2$$

活泼的醛、酮和有机羧酸可能与卡尔·费休试剂中的甲醇发生羟醛缩合反应和酯化反应，均释出水。

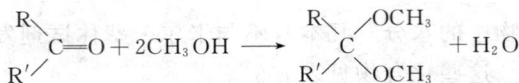

$$\begin{array}{c} R \\ \diagdown \\ C=O \\ \diagup \\ R' \end{array} + 2CH_3OH \longrightarrow \begin{array}{c} R \diagdown \diagup OCH_3 \\ C \\ R' \diagup \diagdown OCH_3 \end{array} + H_2O$$

$$CH_3COOH + CH_3OH \longrightarrow CH_3COOCH_3 + H_2O$$

卡尔·费休法也存在某些严重的缺点，如试剂毒性大，试剂的稳定性受环境湿度的影响，配制试剂需用大量溶剂，此外操作条件极为严格。因此，近年来常用气相色谱法来代替卡尔·费休法，但在分析结果不理想时，还得求助于卡尔·费休法。

实验 8.10　卡尔·费休法测定微量水分

一、实验目的

1. 掌握卡尔·费休法测定微量水分的原理和操作方法。
2. 掌握永停滴定法终点的判断。

二、仪器及装置

1. 永停滴定装置见图 8-6。
2. 移液管（5mL）。
3. 容量瓶（100mL）。
4. 称量管。

三、试剂与试样

1. 碘，分析纯，于硫酸干燥器中干燥 48h。
2. 甲醇、吡啶，均为分析纯，如水分含量大于 0.05 时，用 4A 分子筛脱水。按每毫升溶剂 0.1g 分子筛的比例加入，放置 24h。
3. 二氧化硫，钢瓶二氧化硫或自制见图 8-7。
4. 4A 分子筛，在 500℃ 焙烧 2h，于干燥器（不得放干燥剂）中冷至室温。
5. 卡尔·费休试剂：量取 670mL 甲醇于 1000mL 干燥的磨口棕色瓶中，加入 85g 碘，盖紧瓶塞，振摇至碘全部溶解，加入 270mL 吡啶，摇匀，于冰水浴中冷却，缓慢通入二氧化硫，使增重达 65g 左右，盖紧瓶塞，摇匀，于暗处放置 24h 以上。
6. 水标准液，$0.002g \cdot mL^{-1}$，准确称取 0.2g 水，置于 100mL 容量瓶中，用甲醇稀释至刻度。
7. 二水合酒石酸钠 $C_4H_4O_6Na_2 \cdot 2H_2O$，分析纯，含结晶水 15.66%。
8. 试样：无水乙醇、尿素。

四、实验步骤

1. 用水标液标定卡尔·费休试剂

加 50～70mL 甲醇于反应瓶中，甲醇用量必须浸没铂电极，接通电源，开动磁力搅拌器，用卡尔·费休试剂滴定至电流计产生大偏转并保持 1min 内不变。不记录所消耗卡尔·费休试剂的体积。补充卡尔·费休试剂至滴定管零读数处，打开加料口橡皮塞，准确加入 5.00mL 甲醇于反应瓶中，立即盖紧瓶塞，用卡尔·费休试剂滴定至终点，记录消耗体积（V_0）。准确加入 5.00mL 水标液于反应瓶中，滴定至终点，记录消耗卡尔·费休试剂的体积（V）。根据实验结果计算卡尔·费休试剂的水当量 T。

$$T = \frac{加入水标液中水的质量(g)}{V - V_0}(g \cdot mL^{-1})$$

2. 用二水合酒石酸钠标定卡尔·费休试剂

按上法首先用卡尔·费休试剂滴定甲醇中的微量水（不记卡尔·费休试剂体积），用称量管准确称取 0.25g 二水合酒石酸钠，迅速从进样口倾入反应瓶中，立即盖紧橡皮塞，用卡尔·费休试剂滴定至终点，记录消耗卡尔·费休试剂的体积 (V)。

根据实验结果计算卡尔·费休试剂的水当量 T：

$$T = \frac{二水合酒石酸钾钠的质量(g) \times 15.66\%}{V}(g \cdot mL^{-1})$$

3. 试样中水分的测量

按标定卡尔·费休试剂的要求，首先用卡尔·费休试剂滴定甲醇中的微量水分，滴定至电流计指针与标定时同样的偏转，并保持 1min 不变。不记录所消耗卡尔·费休试剂体积，然后打开进样口橡皮塞，迅速注入含 $1 \times 10^{-2} \sim 4 \times 10^{-2}g$ 水的试样于反应瓶中，按标定时的操作要求进行滴定。

根据实验结果计算试样中的水分含量。

五、说明和注意事项

1. 试剂中所用甲醇，也可以用乙二醇甲醚代替，由这种试剂配制的卡尔·费休试剂比较稳定，副反应少。

2. 卡尔·费休试剂每次使用前均应标定。测定和标定在同一条件下进行，以减少测定误差。

思 考 题

测定冰乙酸中含水量，称取试样 1.02g，加 2 mL 无水甲醇，用卡尔·费休试剂滴定，消耗 2.30mL，空白消耗卡尔·费休试剂 0.20mL。若卡尔·费休试剂水当量为 $5.0mg \cdot mL^{-1}$，计算冰乙酸含水量及无水甲醇含水量。

习 题

1. 有机物中水分可用哪些方法测定？试述各法的测定原理及适用范围？

2. 卡尔·费休试剂由哪些成分组成？各成分起什么作用？

3. 如何配制水当量 $T = 5mg \cdot mL^{-1}$ 的卡尔·费休试剂 1L？

4. 卡尔·费休试剂的标定有哪些方法？你认为哪种方法较方便，滴定误差最小？

5. 试拟定测定草酸 $(H_2C_2O_4 \cdot 2H_2O)$ 中的结晶水的操作规程？

6. 称取 0.3415g 水溶于无水甲醇使成 50.00mL，吸取 5.00mL，用卡尔·费休试剂滴定，消耗 4.75mL，取原无水甲醇 5.00mL，用同一标液滴定，消耗 0.55mL，求：（1）卡尔·费休试剂的水当量 $(g \cdot mL^{-1})$；（2）水标准液的浓度 $(g \cdot mL^{-1})$；（3）无水甲醇含水百分率 $(g \cdot 100mL^{-1})$？

7. 测定下列试剂含水量，国家标准有如下指标。

含水量%　　　　　规格 试样	分　析　纯	化　学　纯
三氯甲烷 $\rho=1.474\sim1.480$ g·mL^{-1}	0.05	0.05
甲苯 $\rho=0.8630\sim0.8670$ g·mL^{-1}	0.02	0.03
丙酮 $\rho\approx0.79$ g·mL^{-1}	0.03	0.05
邻菲啉啉	9.6	

若卡尔·费休试剂的水当量为 3.6×10^{-3} g·mL^{-1}，用 5mL 微量滴定管滴定，求试样的取样量（毫升数或克数）。

9 有机混合物的分离

天然有机物和人工合成的有机物一般都是多种物质的混合物。因此，在测定其中某一成分时，其他组分往往会产生干扰，不仅影响分析结果的准确度，甚至无法进行测定。为了消除干扰，比较简便的方法是控制分析条件或采用适当的掩蔽剂。但是在许多情况下，仅仅控制分析条件或使用掩蔽剂，并不能消除干扰。这时必须根据试样的具体情况，选择适当的分离方法，把干扰组分分离除去，然后进行定量测定。而对于试样中的某些微量或痕量组分，在进行分离的过程中。对它们就进行了必要的浓缩和富集。例如分析橡胶、塑料中的添加剂，常将试样置于索氏（Soxhlet）提取器中，用溶剂连续抽提，然后蒸出溶剂，便可得到含量较原始试样增加几十至上百倍的试样，有利于进一步分离、测定。从上述可知，对于复杂物质的分析，必须利用和掌握分离这种手段。

混合物的分离，最好使各组分保持原来化合物的形式。如果必须转变为衍生物后才能分离，该衍生物应很容易使之转变为原来的化合物，或适于作为定量测定的形式。

分离的试样通常有两大类：一类是在化工生产过程和科学研究中所得到的产品或中间体，它们往往是混合物。这类混合物都是由已知的原料按一定的合成方法合成的，可以从必然发生的主反应和可能发生的副反应及原料的来源等来考虑设计分离方案，属于已知混合物的分离。这类混合物的分离一般比较简单，应用也比较广泛，是本章重点讨论的内容；另一类是天然有机物，其成分复杂，要做到有效的定量分离是比较困难的，本书由于篇幅有限不予讨论。

分离混合物的方法很多，但目前最有效的分离有机混合物的方法是色谱法。本教材重点讨论其中的纸上层析法和薄层层析法。对于简单混合物的分离，可采用一般的分离方法。在此以二元混合物分离为重点，讨论混合物分离方法的选择与拟定。

9.1 混合物分离的一般步骤

对于简单混合物的分离，可根据混合物中各组分的物理性质或化学性质的差异，选择适当的物理分离法或化学分离法，将混合物分离为单一化合物。

9.1.1 物理分离法

物理分离法是利用有机物挥发性、溶解性等的差别进行分离。在分离过程中不改变化合物的组成和结构，通常采用的方法有以下几种。

9.1.1.1 蒸馏法

在分析实验中，蒸馏是分离液体混合物最常用的方法。根据各组分对热的稳定性、挥发性和蒸气压大小来选用不同的蒸馏方法。

分离挥发性与非挥发性，或沸点相差较大（一般在 30℃ 以上）的液体混合物，常用常压蒸馏法；在常压蒸馏时容易分解、氧化和变质的混合物，应采用减压蒸馏，使各组分在较低温度下蒸馏出来；当各组分的沸点相差较小时，利用分离效率高的分馏柱才能将各组分有效地分离；对于难溶于水、沸点较高，但仍能随水蒸气挥发的组分，可利用水蒸气蒸馏将它们从强极性混合物中分离出来。

蒸馏法操作简单，但是选择性不太好，局限于根据蒸气压分离，不能分离全部组分；常常形成恒沸混合物；需要较大量的试样；有时很费时，难于用于定量。对于精确地进行各组分的分离分析，蒸馏法无法与色谱法相比。

9.1.1.2 萃取法

溶剂萃取被分离的对象可以是液体，也可以是固体。前者称为液-液萃取，后者称为液-固萃取，亦即浸取或提取。

极性与非极性物质的混合物，可以选用极性溶剂萃取极性物质而与非极性物质分离；或选用非极性溶剂萃取非极性物质而与极性物质分离。

液-固萃取是一种分离和富集某些天然产物、生化试剂和添加剂的有效手段。由于溶剂渗透进入固体试样内部是较缓慢的过程，因此液-固萃取需要较长的时间，一般需要连续萃取。常用的索氏萃取器（如图 9-1 所示），就是一种用于固体试样的连续萃取器。

将试样置于滤纸筒内，放置于萃取室 A 中，烧瓶 C 中放入一定量溶剂（乙醚、石油醚、丙酮或三氯甲烷等），加热时烧瓶中的溶剂蒸发后经支管 B 上升至冷凝管，冷凝下来再次萃取，待萃取室中的溶剂达到一定高度时，经虹吸管 D 流入烧瓶中。如此反复连续萃取。

图 9-1 索氏萃取器

A—萃取室；

B—支管；

C—烧瓶；

D—虹吸管

9.1.1.3 重结晶和升华

重结晶和升华是纯化固体物质的方法。利用重结晶纯化物质是根据不同物质在溶剂中溶解度不同。例如，在较高温度时，杂质在溶剂中的溶解度很小，借趁热过滤的办法可以将它除去，或者在较低温度时，杂质在该溶剂中溶解度很大，溶剂冷却后它不致随化合物一同结晶析出。选择溶剂时要注意它与分离的组分均不能发生化学反应，应无毒、价廉，沸点在 30～120℃ 之间较为理想。

升华是利用组分间的不同蒸气压来进行分离提纯。例如：苯甲酸、樟脑、β-萘酚、咖啡因等化合物，经升华后与固体杂质分离。

9.1.2　化学分离法

有些有机混合物中的各组分的物理性质十分接近，找不到定量分离的方法，就必须根据各组分的化学性质，加以化学处理，使组分转变为性质差异较大的化合物，然后进行分离。分离后再用适当的试剂处理，使之变为原来的化合物。

当混合物中各组分的性质差异十分微小，又缺少适当方法将各组分转变为性质差异较大的化合物，例如邻、间、对二甲苯的分离，石油产品的分离测定，氨基酸、蛋白质的分离等，一般的物理，化学分离法无法分离，应该考虑采取色谱法进行分离测定。

9.1.3　二元混合物的分离

有机物的种类繁多，性质各异，显然没有一个通用的分离方法。二元混合物是最简单的混合物，一般比较容易分离。掌握二元混合物分离的基本依据和方法，是分离多元混合物的基础。所以，应予以重点讨论。

9.1.3.1　根据各组分溶解性的差别进行分离

根据极性相似相溶原理，利用极性的差别，选用极性溶剂（常用水）和非极性或弱极性溶剂（苯、乙醚、石油醚、四氯化碳等）进行萃取分离。当水溶性化合物和非水溶性化合物混合时，可以用水来萃取水溶性化合物如丙醇和溴丙烷的分离。若混合物均溶于水，则用乙醚萃取弱极性物（S_1 组化合物），而与强极性物（S_2 组化合物）分离如二乙胺和乙二胺的分离。当苯甲酸与对苯二甲酸混合时，利用苯甲酸在乙醚中的溶解度远比对苯二甲酸的大，也可用乙醚将苯甲酸萃取出来。

9.1.3.2　根据各组分挥发性的差别进行分离

混合物各组分挥发性不同时，可以根据沸点或蒸气压不同，采用蒸馏法，特别是水蒸气蒸馏法分离。

化合物溶度组与其挥发度之间的关系可以大致归纳见表 9-1。

表 9-1　化合物溶度组与其挥发度之间的关系

溶度组	常见化合物类型	挥发度	随水蒸气的挥发性
S_1 组	低相对分子质量醇、醛、酮、酸、酯、胺、酰氯	多数沸点低于 100℃ 易蒸馏	能随水蒸气挥发
S_2 组	多元醇、二元胺、糖、氨基酸、多元酸	难挥发，多数不能常压蒸馏	不能随水蒸气挥发
A_1 组[①]	C_5 以上一元酸、负性取代酚	难挥发	通常不随水蒸气挥发
A_2 组	酚、伯、仲硝基物	沸点高，许多不能蒸馏	一般不随水蒸气挥发
B 组[①]	苯胺及其衍生物	沸点高	许多化合物能随水蒸气挥发
M 组[②]	硝基苯、酰胺、负性取代芳胺	沸点高，许多不能蒸馏	某些能随水蒸气挥发

续表

溶度组	常见化合物类型	挥发度	随水蒸气的挥发性
N组	高相对分子质量醇、醛、酮、酯	沸点较高	相对分子质量小的能随水蒸气挥发
I组	脂肪烃、芳烃及其卤素衍生物	有较强的挥发性	能随水蒸气挥发

① 能溶于有机溶剂。

② 多数能溶于有机溶剂。

从表 9-1 中可以看出，在水溶性化合物中，只有单官能团化合物（S_1 组），可以随水蒸气挥发，多官能团或强极性化合物（S_2 组），它们在水中溶解度大，不能随水蒸气挥发。例如乙醇与乙二醇、乙酸与草酸等，前者能随水蒸气蒸出，而后者均不能蒸出而留在水溶液中。又如苯甲酸和邻苯二甲酸的混合物，也可以用水蒸气蒸馏法将苯甲酸蒸出。

7 个碳以下的烷烃、芳烃、环烷烃；3～5 个碳以下的醇、醛、酮、醚以及低级卤代烃、胺等化合物沸点较低，可直接用气相色谱法分离。

9.1.3.3 利用各组分化学性质的差别进行分离

利用混合物中各组分酸碱性的差别，能和不同的成盐试剂反应成盐的原理，将不同组分转变为溶解性、挥发性差异较大的化合物。例如羧酸、磺酸和酚类可转变成它们的钠盐，胺类可以转变成盐酸盐，它们均极易溶于水而极难溶于乙醚，可用萃取法或水蒸气蒸馏法进行分离。现举例说明。

（1）酸性和中性物（苯甲酸和苯甲醛）的分离　苯甲醛和苯甲酸均难溶于水，但能溶于乙醚、能随水蒸气挥发。因此不能用水蒸气蒸馏法或直接萃取法将它们分开。只能利用成盐反应。在稀氢氧化钠或碳酸氢钠溶液中，苯甲酸成钠盐溶于水，用乙醚萃取苯甲醛或用水蒸气蒸馏将苯甲醛蒸出。苯甲酸钠盐溶液酸化后析出苯甲酸，或再用乙醚萃取后蒸去乙醚，得苯甲酸。

图解法表示为

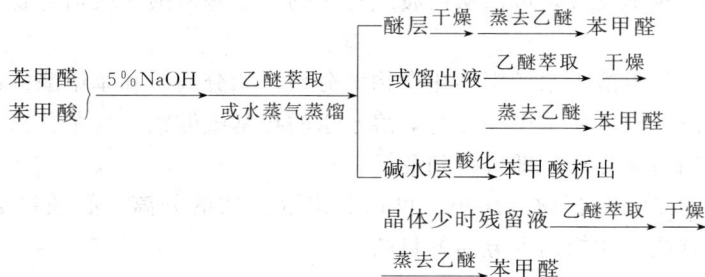

（2）碱性和中性物（苯胺和硝基苯）的分离　苯胺和硝基苯微溶或不溶于水，能随水蒸气挥发，易溶于有机溶剂如苯和乙醚等；二者沸点均较高且相近。因此，不能用直接蒸馏法或萃取法分离。一般可用稀盐酸处理，苯胺生成盐酸盐而溶于水，用乙醚萃取硝基苯，即二者分离。然后将苯胺盐酸盐碱化，使苯胺游离析出，可用乙醚萃取，或用水蒸气

蒸馏后，用固体氢氧化钠干燥，再减压蒸馏，得纯苯胺。

图解法表示为

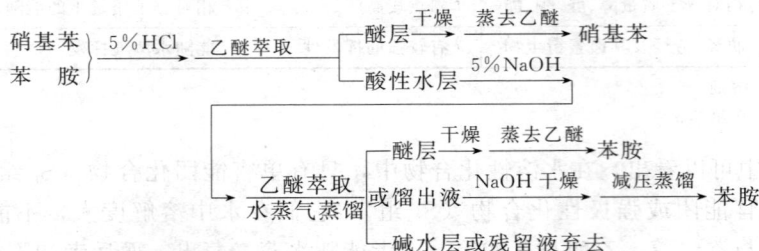

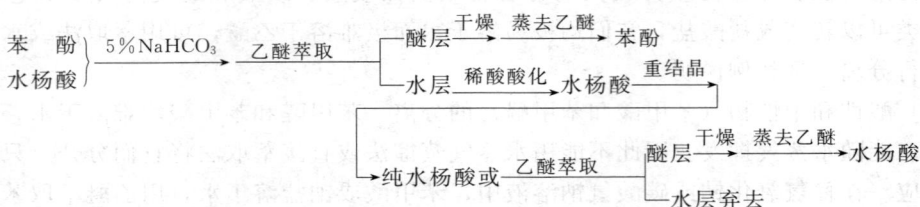

```
硝基苯 ⎫           乙醚萃取        醚层  干燥  蒸去乙醚   硝基苯
      ⎬ 5%HCl ─────────────┤
苯  胺 ⎭                    酸性水层 ──5%NaOH──┐
                                              │
                          乙醚萃取      醚层  干燥  蒸去乙醚    苯胺
                  ┌──────────────────┤
                  水蒸气蒸馏    或馏出液 ──NaOH干燥──减压蒸馏── 苯胺
                          └─碱水层或残留液弃去
```

（3）弱酸与强酸（苯酚与水杨酸）的分离　水杨酸是强酸性（A_1组）化合物，苯酚是弱酸性（A_2组）化合物，可以用碳酸氢钠溶液把水杨酸萃取出来，留下苯酚再用乙醚萃取，经干燥蒸去乙醚即得苯酚。水杨酸钠水层经酸化后，即可析出水杨酸，或用乙醚将水杨酸萃取出来，干燥、蒸去乙醚即得水杨酸。

图解法表示为

```
苯  酚 ⎫              乙醚萃取       醚层  蒸去乙醚   苯酚
      ⎬ 5%NaHCO₃ ─────────────┤
水杨酸 ⎭                       水层 ──稀酸酸化── 水杨酸 ──重结晶──┐
                                                              │
                          乙醚萃取       醚层  干燥  蒸去乙醚   水杨酸
                  ┌──────────────────┤
                  纯水杨酸或            水层弃去
```

也常利用一些特殊的化学反应来进行混合物的分离，例如伯、仲、叔胺可利用兴士堡试验进行分离。伯胺的对甲苯磺酰胺衍生物能溶于碱溶液，仲胺的衍生物不溶于碱溶液，叔胺与对甲苯磺酰氯不反应，可以从伯胺或仲胺的对甲基苯磺酰胺衍生物中，用水蒸气蒸馏出来。

醛与烃类或其他不溶于水的中性化合物的分离，如分离苯和苯甲醛的混合物时，可以用亚硫酸氢钠溶液处理，使苯甲醛变为能溶于水的羟基磺酸钠，与苯分离后，加成物再用稀盐酸或碳酸氢钠溶液处理，即可得到醛。

从上述列举的二元混合物分离中，可以看出混合物的分离，必须根据组分的不同性质，采用适当的方法，才能达到分离的目的。

9.1.4　多元混合物的分离

综合运用上述分离二元混合物的方法，不难分离含有二元以上的多元混合物，分离这类混合物并没有固定的程序可循，如果知道混合物的来源和可能含有哪些组分，则拟定其分离步骤就比较容易。但是对于一般的未知混合物，必须先进行初步试验，了解试样的大致成分，然后根据组分之间的挥发性、溶解性和化学性质等的差异，拟定出合理的分离方案。

混合物初步试验的内容包括以下几项。

① 了解试样的来源，以提供试样可能的化学成分。

② 观察试样的物态，如是固、液混合物，可用过滤方法将其初步分离，若为互不相溶的液体混合物，可用分液漏斗进行萃取分离。

③ 检查试样中是否含水。

④ 溶解性试验。用溶度试验中的各种溶剂对试样进行溶度试验，还可用甲醇、乙醇、四氯化碳、苯等有机溶剂做溶解性试验。

⑤ 挥发性与灼烧试验。液体于水浴上蒸馏观察是否有馏出液，并观察馏出温度；试样进行灼烧试验，观察试样受热是否分解，放出气体等，燃烧时是否爆炸、火焰性质、灼烧后是否有残渣等。

⑥ 试样的酸碱性试验。溶于水的用 pH 试纸或石蕊试纸检验。

⑦ 元素及官能团的定性鉴定。选择合适的分类试验，检验混合物中存在的元素或可能存在的官能团，以提供试样的大致成分。

综合上述初步试验的所得结果，初步可以拟定出分离该化合物的分离方案。在初步试验中确定不存在的官能团，在分离过程中就不必再考虑。例如元素分析中未曾检出氮元素，则混合物中一般就不可能含碱性物质，也就不要拟定分离碱性组的步骤。

多元混合物可以参考下列方案进行分离。

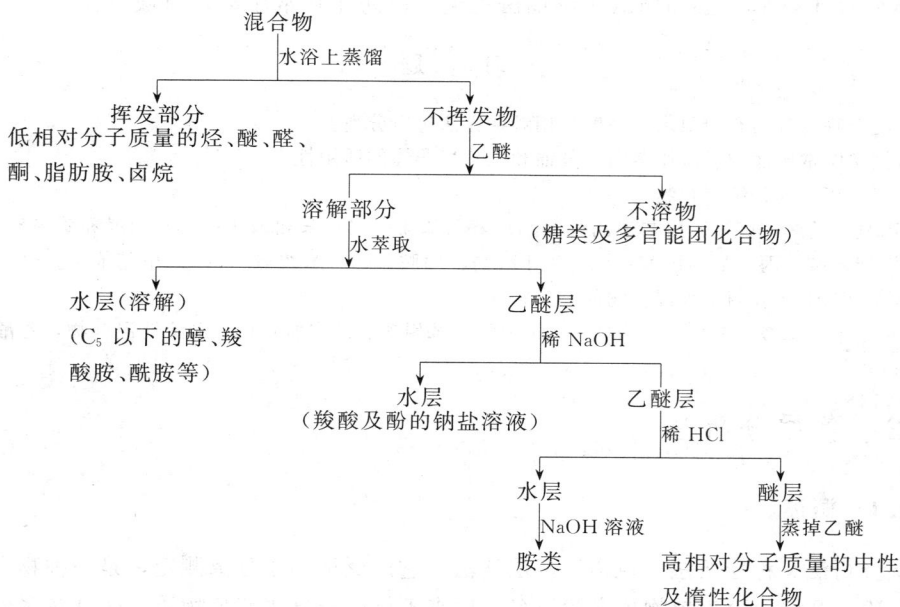

如甲苯、苯胺、苯甲酸混合物的分离为

甲　苯
苯　胺
苯甲酸
（混合液）　$\xrightarrow[\text{pH}=3]{\text{HCl}}$　有机层（甲苯，苯甲酸）　$\xrightarrow{\text{水洗 HCl}}$

水层　$\xrightarrow[\text{pH}=10]{\text{NaOH}}$　有机层（苯胺）
苯胺盐酸盐　　　　水层弃去

有机层　$\xrightarrow[\text{pH}=8\sim9]{\text{NaHCO}_3}$　有机层（甲苯）

水层弃去　　　水层　$\xrightarrow[\text{pH}=2\sim3]{\text{HCl}}$　苯甲酸固体

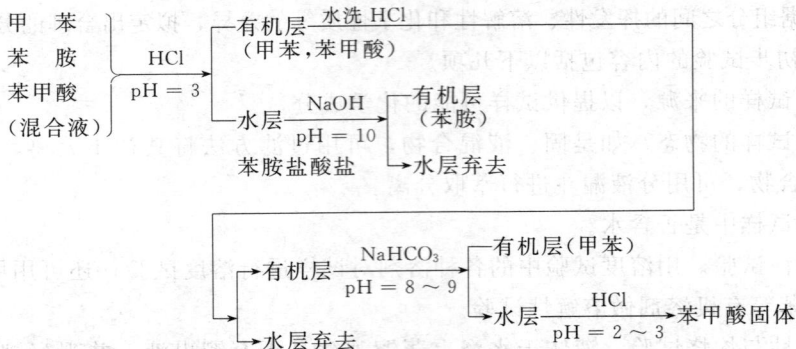

将混合物置于分液漏斗中，加入 $2\ \text{mol}\cdot\text{L}^{-1}$ HCl 至 pH＝3，苯胺与盐酸反应生成易溶于水的苯胺盐酸盐。分离水层和有机层。水层中加入稀氢氧化钠至 pH＝10，使苯胺游离出来并从水中分出，水蒸气蒸馏后，用固体氢氧化钠干燥，再减压蒸馏，得纯苯胺。

第一次分出的有机层用 $1\ \text{mol}\cdot\text{L}^{-1}$ NaHCO₃ 中和至 pH＝8～9，苯甲酸与碳酸氢钠反应生成溶于水的苯甲酸钠，分离有机层和水层。有机层用无水氯化钙干燥后，常压蒸馏得纯甲苯；水层用 $4\ \text{mol}\cdot\text{L}^{-1}$ HCl 酸化至 pH＝2～3，过滤得苯甲酸粗晶，用水重结晶得纯苯甲酸，干燥即可。

在以上分离过程中，还要注意到化合物的提纯，考虑到苯胺自碱水溶液中游离出来时，可能与水形成乳状液。所以，最好用水蒸气蒸馏法将它蒸出，而不用乙醚直接萃取。蒸出的苯胺经干燥后，必须用减压蒸馏法提纯，以防止在常压蒸馏时被氧化。

习　　题

1. 对混合物的分离有何要求，一般采用哪些方法进行分离？
2. 举例说明常压蒸馏、减压蒸馏、分馏和水蒸气蒸馏的适用性？
3. 如何分离下列各组混合物？

（1）乙醚与乙醇；（2）乙醚与溴乙烷；（3）苯和苯酚；（4）苯和苯胺；（5）丙醛和苯甲醛；（6）乙酸与乙酸乙酯；（7）丙三醇与丙醇；（8）正丁醇与二丙胺；（9）苯胺与 N,N-二甲基苯胺。

4. 用流程图形式表明下列混合物的分离程序。

（1）硝基苯、苯胺、苯酚、苯甲酸；（2）丙酮、苯甲醛、乙二胺；（3）水溶性混合物，乙酸、乳酸、正丙醇的分离。

9.2　色层分析法

9.2.1　概述

色层分析法又称层析法、色谱法或层离法。它广泛地用于分离测定，是一种物理化学分离分析方法。开始由分离植物色素而得名，后来不仅用于分离有色物质，而且在多数情况下是用于分离无色物质。它在有机分析中，现在已发展了许多准确而灵敏的分离及测定方法。

色层分析法总是由一种流动相，带着被分离的物质，流经固定相。从而使试样中的各组分分离。按层析时两相所处的状态分类见表 9-2。

表 9-2　层析法按两相所处的状态分类

流　动　相	固　定　相	色层分析法分类
气体 气体	固体 液体	气固层析法 ⎫ 气液层析法 ⎬ 气相色谱
液体 液体	固体 液体	液固层析法 ⎫ 液液层析法 ⎬ 液相色谱

按层析的机理分为：吸附层析、分配层析、离子交换层析和凝胶层析。

按分离的操作形式不同可分为：柱层析法、纸层析法和薄层层析法。

本节重点介绍纸层析法和薄层层析法。

9.2.2　纸层析法

9.2.2.1　基本原理

纸上层析的操作是在一张滤纸（层析纸）上，一端点上欲分离的试液，然后把层析纸悬挂于层析筒内，如图 9-2 所示。使展开剂（流动相）从试液斑点一端，通过毛细管虹吸作用，慢慢沿着纸条流向另一端，从而使试样中的混合物得到分离。如果欲分离物质是有色的，在纸上可以看到各组分的色斑；如为无色物质，可用其他物理的或化学的方法使它们显出斑点来。

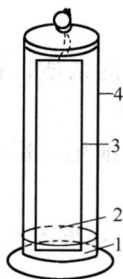

图 9-2　层析筒
1—展开剂；2—点试液处（原点）；
3—层析纸；4—层析筒

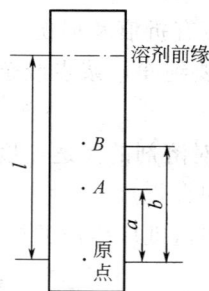

图 9-3　纸层析图谱

纸上层析是一种分配层析，以滤纸作为支持剂，滤纸纤维素吸附着的水分为固定相。由于纸纤维上的羟基和部分吸附水以氢键形式缔合，使这部分水的扩散减弱，在一般条件下难以脱去。因而纸层析所用的展开剂，可以是与水不相溶的溶剂，也可以是与水混溶的溶剂。展开时，溶剂在滤纸上流动，试样中各组分在两相中不断地分配，即发生一系列连续不断地抽提作用，由于各物质在两相中的分配系数不同，因而它们的移动速率也就不相同，从而达到分离的目的。

试样经层析后，常用比移值 R_f 来表示各组分在层析谱中的位置（见图 9-3）。

$$比移值\ R_f = \frac{原点至斑点中心的距离}{原点至展开剂前缘的距离}$$

$$A\ 物质的\ R_f = \frac{a}{l}$$

$$B\ 物质的\ R_f = \frac{b}{l}$$

$R_f = 0 \sim 1$

R_f 值最大等于 1，即该组分随展开剂上升至溶剂前缘，表示溶质不进入固定相。R_f 值最小等于 0，即该组分不随展开剂移动，仍在原点位置。R_f 值的大小主要决定于物质在两相间的分配系数。因为分配系数不同，物质的移动速度也不同，但是原点至溶剂前沿的距离相同，所以，不同物质在实验条件相同时，有不同的 R_f 值。物质的 R_f 值是特性常数之一，因此可以做定性鉴定的依据，从各物质 R_f 值间的差值大小即可判断彼此能否分离。而物质的 R_f 值相差越大就越容易分离，在一定情况下，如果斑点比较集中，则 R_f 值相差 0.02 以上时，即可相互分离。

9.2.2.2 层析条件的选择

为了获得良好的层析分离和重现性较好的 R_f 值，必须适当选择和严格控制层析条件。

（1）层析纸的选择和处理

① 要求滤纸质地均匀。平整无折痕、边缘整齐、以保证展开速度均匀；滤纸被溶剂润湿后，不应有折痕和损伤，即有一定强度。

② 滤纸要纯净，浆点或杂质愈少愈好；不含影响展开效果的杂质；也不应与所用显色剂起作用。

③ 滤纸对溶剂的渗透速度适宜。渗透速度太快易引起斑点拖尾，影响分离效果，太慢则耗费时间太长。

杭州新华造纸厂生产的层析用滤纸有多种不同规格可供选用，见表 9-3。

表 9-3　新华层析滤纸的性能与规格

型　号	标重 /g·cm⁻³	厚度 /mm	吸水性 （30min 上升 mm 数）	灰分 /g·m⁻²	性　　能
1	90	0.17	150～120	0.08	快速、薄纸
2	90	0.16	120～90	0.08	中速、薄纸
3	90	0.15	90～60	0.08	慢速、薄纸
4	180	0.34	151～121	0.08	快速、厚纸
5	180	0.32	120～91	0.08	中速、厚纸
6	180	0.30	90～60	0.08	慢速、厚纸

在选用层析纸型号时，应结合分离对象和分析目的来考虑。若混合物中各组分 R_f 值相差很小，宜用慢速滤纸，否则易造成斑点重叠而分不开，对 R_f 值相差较大的试样，则可用快速或中速滤纸，缩短层析时间。厚纸载量大，可用于定量，薄纸用于定性鉴定。

在分离酸、碱性物质时，必须维持恒定的酸碱度，可将滤纸浸于一定 pH 值的缓冲溶液中预处理后再用。对于一些极性较小的物质，为了增加其在固定相中的溶解度，常用甲酰胺或二甲基甲酰胺等代替水做固定相，降低 R_f 值，改善分离效果。

（2）展开剂的选择　在纸层析中展开剂的选择往往成为分离成败的关键。一般说来，纸层析中选用的溶剂系统有下面几点要求。

① 溶剂系统与被分离物质之间不应起化学反应。

② 物质在溶剂系统中的分配系数最好不受或少受温度变化的影响，并在两相中的分配能迅速达到平衡。这样易于得到圆形斑点。

③ 挥发性较好，使滤纸在展开后易于干燥。

④ 被分离物质在该溶剂系统中 R_f 值应在 0.1～0.85 之间。两个被分离物质的 R_f 值之差应大于 0.05。

展开剂的选择要从欲分离物质在两相中的溶解度和展开剂的极性来考虑。在展开剂中溶解度较大的物质将会移动得较快，因而具有较大的 R_f 值。对极性化合物来说，增加展开剂中极性溶剂的比例量，可以增大 R_f 值，增加展开剂中非极性溶剂的比例量，可以减小 R_f 值。

常用的溶剂有石油醚、苯、乙醚、氯仿、乙酸乙酯、正丁醇、丙酮、乙醇、甲醇、水、吡啶、乙酸。它们的极性按上列顺序增强。一般不使用单一有机溶剂作展开剂，多采用水饱和的一种或几种有机溶剂作展开剂。

纸层析中的固定相大多为纤维素中吸附着的水分，因而适用于分离水溶性或极性较大的物质，如糖、氨基酸、有机酸等。此时流动相多用以水饱和的正丁醇、正戊醇、酚类等。同时加入适量的弱酸或弱碱，如乙酸、吡啶、氨水以调节 pH 值并防止某些被分离组分的离解。有时也加入一定比例的甲醇、乙醇等，以增大水在正丁醇中的溶解度，增加展开剂的极性，增强它对极性化合物的展开能力。这类溶剂系统常用的有：正丁醇∶乙酸∶水＝4∶1∶5，正丁醇∶乙酸∶乙醇∶水＝4∶1∶1∶2；酚的水饱和液等。

如用正丁醇-乙酸等作展开剂，应当先在分液漏斗中把它们与水振摇，分层后，分取被水饱和的有机溶剂层使用。展开剂如果预先没有被水所饱和，则展开过程中就会把固定相中的水夺去，使分配过程不能正常进行。

纸层析条件的选择最终还必须通过实践来决定。

纸上层析常用的溶剂及显色剂见表 9-4。

9.2.2.3　操作方法

纸上层析法的过程，主要有五个步骤。

（1）点样　将试样溶于乙醇、丙酮、氯仿等易挥发的溶剂中，配成一定浓度的试液。若为液体试样，一般可直接点样。

表 9-4　纸上层析常用的溶剂及显色剂

化 合 物	溶 剂	显 色 剂
羧酸 C₁~C₉	(1) 95%乙醇 100mL,加浓氨水 1mL; (2) 正丁醇,冰乙酸,水(12:3:5)	0.06%溴酚蓝的乙醇溶液 50 mL,加 30%氢氧化钠 0.25 mL
酚	(1) 正丁醇,冰乙酸,水(4:1:5) (2) 正丁醇,水,苯(1:9:10)	(1) 硝酸银的氨溶液; (2) 5%三氯化铁的 50%甲醇溶液,加热
胺	(1) 正丁醇,冰乙酸,水(4:1:5) (2) 2-丁酮,丙酸,水(15:5:6)	(1) 0.2%茚三酮的丙酮溶液,100℃烘; (2) 碘蒸气(用于叔胺)
醛、酮的 2,4-二硝基苯腙	(1) 乙醚-己烷 (2) 丙酮-己烷	本身有色
合成染料	(1) 正丁醇,乙醇,水(4:1:5) (2) 异丙醇,浓氨水(9:1)	本身有色
醇的 3,5-二硝基苯甲酸酯	20%1,4-二氧六环溶液	0.5%α-萘胺溶液

$C_1 \sim C_9$ 对应羧酸行化合物名称。

　　点样量应根据层析纸的长短、厚薄、展开时间以及被分离物质的性质及显色剂的灵敏度等来考虑,需多次实践才能决定。一般为几微克到几十微克。因此试液浓度要合适,太浓则斑点易拖尾,太稀则不易检出。如试液较稀,可反复点样,点一次必须用冷风或温热的风吹干,然后再点第二次,应注意不能吹得太干,否则试样会吸牢在纸纤维上,层析时易形成拖尾。多次点样时,每次点样的位置应与第一点完全重合,否则会出现斑点畸形。原点愈小愈好,一般直径以 2~3mm 为宜。

　　点样用内径约为 0.5mm 管口平整的玻璃毛细管（定性分析）,或用微量注射器,轻轻接触于滤纸的基线上（距纸一端 3~4cm 左右划一直线,在线上作一"X"号表示点样位置）,各点间距约为 2cm。

　　(2) 展开　按层析纸的大小、形状,选用合适的密闭容器。条形滤纸可在大试管或圆形标本缸中展开。展开前先用展开剂蒸气饱和容器内部,再将点好样的层析纸,在展开剂饱和的层析缸中放置一定时间。使滤纸为蒸气所饱和,然后再浸入展开剂展开,展开方式通常有上行法和下行法。如图 9-4 中所示。上行法让展开剂自下向上扩展,这种方式速度

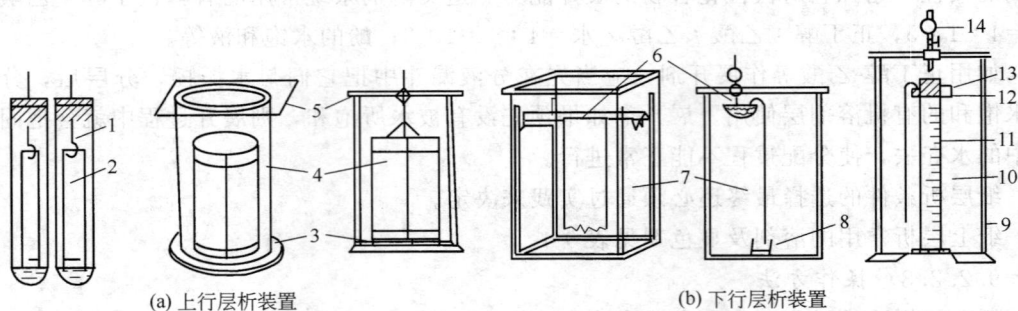

图 9-4　层析装置

1—悬钩；2—滤纸条；3—展开剂；4—滤纸筒；5—玻盖；6—展开剂槽；7—滤纸；8—回收展开剂槽；
9—标本缸；10—层析滤纸；11—量筒（作支架）；12—展开剂血；13—玻璃压件；14—分液漏斗

(a) 上行层析装置　　　(b) 下行层析装置

较慢，但设备简单、应用最广。下行法是把试样点在滤纸条接近上端处，而把纸条的上端浸入展开剂的槽中，槽放在架子上，槽和架子整个放在层析缸中，层析时展开剂沿着滤纸条逐渐向下移动。这种展开方式速度快，但 R_f 值的重现性较差，斑点也易扩散。

对于成分复杂的混合物可用双向展开法。即在一张方形滤纸的一角点上试液，先用一种展开剂展开，然后将滤纸倒转 90°，再用另一种展开剂做第二向展开，如图 9-5 所示。双向展开也可分上行法和下行法两种。它的点样量应比单展开多两倍左右。

还可以利用圆形滤纸进行环形展开。试样点在圆形层析纸的中央，直径约为 20mm 的圈线（基线）上，展开剂沿层析纸中央小孔中的纸芯因毛细管作用上升，然后流经试样原点，向四周展开，如图 9-6 所示。这种方法简便、快速。适于 R_f 值相差较大的各种组分的分离，亦可用来作试探性分析。

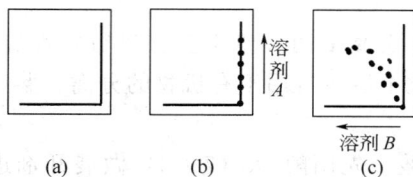

图 9-5　双向展开

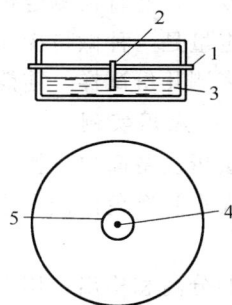

图 9-6　环行法展层装置
1—层析纸；2—纸芯；3—溶剂；
4—小孔（2mm）；5—圆圈线（直径 20mm）

（3）显色　展层后，取出层析纸，画好溶剂前缘标记。对于有色物质，展开后可直接观察到各色斑。对于无色物质，则应该用喷雾器，将适当的显色剂喷洒于已经吹干或晾干的层析纸上，进行显色处理。

有些物质可以在紫外光下观察荧光或紫外吸收斑点。则不必使用显色剂。不使用显色剂就能定性鉴定，对下一步定量测定更有利。不过要用铅笔标明斑点位置及大小，以便进一步进行定量。

（4）定性分析　在一定的操作条件下，每种物质都有一定的 R_f 值，测量 R_f 值与手册对照。但应注意，手册中的数据是在一定条件下测得的，仅供参考。最好用标准品在同一张层析纸上进行展开，比较它们的 R_f 值是否一致。鉴定未知物往往需要用几种不同的展开剂，展开得出几个 R_f 值若与对照标准品的 R_f 值均一致，才比较可靠。也可以把标准品与试样混合后点样，选用两种不同的展开剂展开后，如果两者不分离，则两者为同一物质。也可以先制备衍生物，再比较衍生物的 R_f 值，更增加鉴定的可靠性。

当一个未知物在纸上不能直接鉴定时，可分离后剪下，洗脱，再用适当的方法鉴定。

常采用与波谱分析的联用技术来进行定性鉴定。为了加大进样量，应将试样点成条状，层析分离后，剪下欲鉴定的斑点，以适当的溶剂洗下斑点上的组分后，用紫外光谱法、红外光谱法或质谱法进行定性鉴定。

（5）定量分析　纸层析用于定量，已经有比较成熟的方法。归纳起来，大致有以下几种。

①剪洗法。剪下分离后的斑点，用适当溶剂浸泡、洗脱、定量。定量大多采用比色法或分光光度法。

②标准系列法。将不同量的标准品做成系列和试样点在同一张层析纸上，展开、显色后比较试样色斑和标准品色斑，从而确定组分的含量。

③直接比色。近年来，由于测量技术的发展，已有在滤纸上直接进行测定的层析扫描仪、光密度计，能直接测定色斑颜色浓度，划出曲线，由曲线的面积求出含量。

纸层析定量是一种微量操作方法，取样量少，而影响因素多，因此必须严格遵守操作条件，同时多测几份试样，才能得到好的结果。

9.2.2.4　应用实例

由于纸层析设备简单，操作简便，试样用量少，分离后可在纸上直接进行定性鉴定，借比较斑点大小和颜色深浅可进行半定量测定，因此纸层析常用于有机物的分离、鉴定和测定。

氨基酸的分离和检出：用双向展开法分离氨基酸，先用酚-水（7∶3）做展开剂进行第一次展开；再用丁醇-乙酸-水（4∶1∶2）做展开剂进行第二次展开，展开后喷茚三酮-丁醇溶液显色，可以分离检出 20 多种氨基酸。

实验 9.1　纸层分析（上行法）

（羟基乙酸在两种不同展开剂中 R_f 值的测定）

一、实验目的
1. 初步掌握纸上层析法的一般操作。
2. 了解不同展开剂对羟基乙酸 R_f 值的影响。

二、仪器
1. 硬质试管，ϕ30mm×200mm。
2. 毛细管，ϕ0.5 mm。
3. 层析纸，25mm×150mm。
4. 玻璃喷雾器。

三、试剂与试样
1. 羟基乙酸乙醇液：1g 羟基乙酸溶于 100mL 无水乙醇中。
2. 展开剂：（1）95%乙醇∶苯＝9∶1

(2) 苯：95％乙醇 = 1：9

3. 显色剂：0.1％溴甲酚绿乙醇溶液，滴加 10％氢氧化钠溶液，使溶液刚好变为蓝色。

四、实验步骤

1. 准备工作

取展开剂 10mL 倒入试管中，密闭，使试管内为展开剂蒸气饱和。

2. 点样

取 25mm×150mm 层析纸，在距离底边 2cm 处划一基线，用毛细管在基线中间点样，采用多次点样随点随吹干，使试样原点直径小于 0.5cm。

3. 展开

将点好样品的层析纸悬挂在大试管中，饱和 5min 后下移，使层析纸浸入展开剂中 0.5cm，进行展开，当溶剂前沿距离顶端 2cm 时，停止展开取出，用铅笔划出前沿位置，用冷风吹干。

4. 显色

待展开剂挥发后，用玻璃喷雾器喷洒溴酚蓝显色剂，并用热风吹干。

5. R_f 值的测定及计算

用铅笔划出斑点轮廓，找出中心点，用直尺量出原点中心到斑点中心距离 b 及原点中心至溶剂前沿的距离 a，计算 R_f 值。

五、说明和注意事项

显色剂不能喷得太多，喷后应迅速吹干，否则斑点会发生扩散。点样量不宜过大，否则产生拖尾现象，必须重做。

思　考　题

1. 解释羟基乙酸在 95％乙醇和正丁醇：冰乙酸：水 = 12：3：5 两种展开剂中 R_f 值大小不同的原因。

2. 层析展开前用展开剂蒸气饱和层析缸和层析纸的作用是什么？

3. 上行法是否适合 R_f 值较小物质的分离？

实验 9.2　纸层分析《环形法》三种染料分离

一、实验目的

掌握环形法操作技术。

二、仪器

1. 培养皿，ϕ125mm。

2. 层析纸，直径 130～135mm 的圆形滤纸，以中心为圆心划一直径 2cm 的圆作基线，在纸中心开一个 2mm 小孔。

三、试剂与试样

1. 固定液：甲酰胺：丙酮 = 2：8。

2. 展开剂：甲醇：丙酮：氨水：水 = 10：1：1：0.5。

3. 试样：玫瑰精 B，荧光黄，碱性亚甲蓝 3 种染料的单一试样和混合试样。

单一试样液：称取玫瑰精 B、荧光黄、碱性亚甲蓝各 50mg 分别溶于 20mL 95％乙醇中，摇匀备用。

混合试样液：称取玫瑰精 B、荧光黄、碱性亚甲蓝各 50mg 分别溶于 20mL 95％乙醇中，摇匀备用。

四、实验步骤

1. 层析纸的处理

将剪好的圆形层析纸在甲酰胺-丙酮固定液中浸透，在空气中风干或冷风吹干。

2. 点样

用毛细管于层析纸基线上等距离位置分别点上混合试样和 3 个单一试样，边点边吹，多次点样使斑点直径小于 0.5cm，用冷风吹干。

3. 展开

培养皿中放入展开剂 12.5mL，盖上同样大小的培养皿，密闭让容器内为展开剂蒸气饱和 5min，然后将点好样的层析纸放在两培养皿之间，使其在展开剂的蒸气中饱和 5min。

取一条宽 1cm 长 2.5cm 的滤纸自下端 0.5cm 处剪成若干细条，卷成纸捻。

将层析纸自培养皿中取出，将已准备好的纸捻插入层板纸中心小孔中，放层析纸于两培养皿之间如图 9-6 所示。展开剂沿纸捻上升至层析纸中心后再向周围扩散，试样随展开剂沿水平方向展开，当展开剂前沿距纸边 1cm 时或当 3 种染料明显分开时，取出层析纸，立即用铅笔划出展开剂前沿，用电吹风将层析纸吹干。

4. R_f 值计算

分别计算各单一试样的 R_f 值，混合试样中 3 种染料的 R_f 值，并加以比较。

五、说明和注意事项

层析纸用甲酰胺-丙酮溶液浸泡后，将层析纸吹干时，丙酮即挥发除去，而甲酰胺留在层析纸上作固定液。所以用吹风机吹干层析纸时要均匀一致，最好让其自然风干。

思　考　题

1. 查阅有关资料，找出玫瑰精 B、荧光黄、碱性亚甲蓝 3 种染料的结构和性状，分析说明在此实验中 3 种染料 R_f 值大小不同的原因。

2. 环形法有何优点？应在何种情况时选用？

9.2.3　薄层层析法

薄层层析法又称薄板层析法，是层析中应用最普遍的方法之一。把吸附剂均匀地铺在一块玻璃板或塑料板上形成薄层，在此薄层上进行色层分离，故称为薄层层析。因为层析是在薄层吸附剂上进行，所以也称为吸附薄层层析法。

薄层层析操作方法类似于纸层析，但与纸层析相比，具有以下优点。

（1）快速、展开时间短　一般只需十几分钟至几十分钟。一般纸层析需要几小时至几十小时。

（2）分离能力强　斑点小而清晰。

（3）灵敏度高　能检出几微克至几十微克的物质，比纸层析灵敏 $10\sim100$ 倍。

（4）显色方便　能直接喷洒腐蚀性的显色剂，如浓硫酸等，可以高温灼烧。

（5）应用面广　可用于微量成分的分析，也可用于制备层析。

正是由于薄层层析具有上述优点，所以发展很快，应用广泛。不但科研部门把薄层层析作为分离层析的手段，许多工厂也已把薄层层析广泛应用在反应终点的控制、工艺条件的选择，产品质量检验和未知试样剖析等各个方面。

9.2.3.1　基本原理

将欲分离的试样溶液点在薄层的一端，在密闭的容器中用适宜的展开剂展开。由于吸附剂对不同的物质的吸附力大小不同，对极性大的物质吸附力强，对极性小的物质吸附力相应地弱。因此，当展开剂流过时，不同的物质在吸附剂和展开剂之间发生连续不断地吸附、解吸附、再吸附、再解吸附。易被吸附的物质，相对地移动得慢一些，而较难被吸附的物质则相对地移动得快一些。经过一段时间的展开，不同的物质就彼此分开，最后形成互相分离的斑点。各个斑点在薄层中的位置，同样也用 R_f 值来表示。

9.2.3.2　层析条件的选择

吸附剂和展开剂的选择是薄层层析分离能否获得成功的关键。必须根据欲分离物质的性质适当的选择使用。

（1）吸附剂的选择　吸附剂一般应为粒度均匀的细小颗粒；具有较大的表面积和一定的吸附能力，与被分离物和展开剂不起化学反应，也不溶于展开剂中。

吸附剂的吸附能力强弱不仅决定于吸附剂本身，还和下列因素有关。

① 吸附能力（吸附活度）随水分增加而降低。如硅胶含水量超过 $16\%\sim18\%$ 时，其吸附能力最弱。氧化铝经高温处理，除去水分后吸附作用最强。吸附活度分 Ⅰ～Ⅴ 级，Ⅰ级最大，Ⅴ级最小。

② 与欲分离物质的结构与性质（极性）有关。例如对于饱和烃几乎完全不被吸附，而对于不饱和化合物吸附能力较强，对具有共轭双键的化合物吸附能力更强。分子的极性愈强，吸附力也愈强。

（2）常用的吸附剂

① 氧化铝。氧化铝是一种吸附能力较强的吸附剂，具有分离能力强，活性可以控制等优点。由于略带碱性，适用于碱性或中性物质的分离，特别是用于生物碱的分离。层析用的氧化铝一般为 $200\sim300$ 目，黏合力强，可以制软板，也可以制硬板。

上海试剂厂生产的氧化铝类吸附剂是国内薄层层析常用的吸附剂。一般常用的是氧化铝 G（混有煅石膏的氧化铝）和氧化铝 GF_{254}（混有煅石膏和 254nm 紫外光照射下发荧光的物质）。

② 硅胶。硅胶能吸附脂溶性物质，也能吸附水溶性物质，吸附力较氧化铝稍弱。由于带微酸性，故适用于分离酸性及中性物质。如有机酸、氨基酸、萜类和甾体等。碱性物质与硅胶发生化学反应，因此，如果用中性溶剂展层时，碱性物质可能留在原点或斑点拖尾而不能有效地分离。

青岛海洋化工厂、黄岩荧光化学厂和黄岩硅胶厂生产的硅胶类吸附剂是国内最常用的吸附剂。一般常用的有硅胶 G、硅胶 GF_{254} 和没有加煅石膏的硅胶 H 等。其粒度为 $200\sim250$ 目，纯度较高。

硅胶的机械性能较差，必须加入胶黏剂铺成硬板使用。

除硅胶和氧化铝吸附剂外，还有硅藻土（硅藻土 G、硅藻土 GF_{254}）、聚酰胺、纤维素等。硅藻土适于分离强极性物质如糖类、氨基酸等。聚酰胺分子内存在很多的酰胺键，可与酚类、酸类、醌类、硝基化合物等形成氢键，因而对这些物质有吸附作用。

（3）展开剂的选择　前面已经讲到，选择适当的吸附剂和展开剂是薄层层析能否获得良好分离的关键。但是常用的吸附剂只有几种，可供选择的种类不多，而展开剂的种类却很多，因此展开剂的选择就比吸附剂的选择更为复杂。展开剂如果选择不当，就会出现物质被带到展开剂前缘，不形成斑点，而成为和展开剂前缘一致的一条带状，或被留在原点或上升距离很小即 R_f 值很小，分离效果不好等。

薄层层析所用展开剂主要是低沸点的有机溶剂，一般使用 $2\sim3$ 种组分的多元溶剂系统。二元溶剂系统的极性可参考表 9-5。有时两种成分的混合溶剂尚不能获得满意的效果，就需要加入第 3、第 4 种溶剂。其目的是，改变展开剂的极性，调整展开剂的酸碱性，增加溶质的溶解度。

表 9-5　混合溶剂的极性（按洗脱能力增加排列）

1. 石油醚	14. 苯：丙酮（8∶2）	27. 乙醚：甲醇（99∶1）
2. 苯	15. 氯仿：甲醇（99∶1）	28. 乙醚：二甲基酰胺（99∶1）
3. 苯：氯仿（1∶1）	16. 苯：甲醇（9∶1）	29. 乙酸乙酯
4. 氯仿	17. 氯仿：丙酮（85∶15）	30. 乙酸乙酯：甲醇（99∶1）
5. 环己烷：乙酸乙酯（8∶2）	18. 苯：乙酸乙酯（1∶1）	31. 苯：丙酮（1∶1）
6. 氯仿：丙酮（95∶5）	19. 环己烷：乙酸乙酯（2∶8）	32. 氯仿：甲醇（9∶1）
7. 苯：丙酮（9∶1）	20. 乙酸丁酯	33. 二氧六环
8. 苯：乙酸乙酯（8∶2）	21. 氯仿：甲醇（95∶5）	34. 丙酮
9. 氯仿：乙醚（9∶1）	22. 氯仿：丙酮（7∶3）	35. 甲醇
10. 苯：甲醇（95∶5）	23. 苯：乙酸乙酯（3∶7）	36. 二氧六环：水（9∶1）
11. 苯：乙醚（6∶4）	24. 乙酸丁酯：甲醇（99∶1）	
12. 环己烷：乙酸乙酯（1∶1）	25. 苯：乙醚（1∶9）	
13. 氯仿：乙醚（8∶2）	26. 乙醚	

注：洗脱顺序由于操作等条件不同，某些溶剂的顺序可能会有所颠倒出入，所以这些顺序只能作一般参考，并不十分严格。

在选择展开剂时，应根据展开剂的极性、被测物的极性及吸附剂的活性三个方面来考虑。三角图形法可作为一个初步估计的方法。见图 9-7。

图 9-7 三角图形法选择展开剂

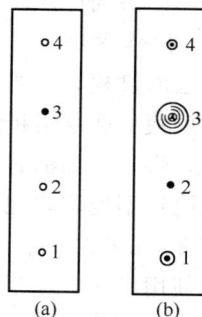

图 9-8 微量圆环法

在选择展开剂时，根据被分离物质的极性，将图中一个顶角如 A 或 A′ 固定，由其他两个顶角指向处如 B 和 C 或 B′ 和 C′，决定吸附剂的活度和展开剂的极性。由图 9-7 中可看出，中等极性物质（A），应选用活度为 Ⅱ～Ⅲ 级的吸附剂（B），则展开剂应选用中等极性的（C），如果被分离物质是非极性物质（A′），应该选用 Ⅰ～Ⅱ 级的吸附剂（B′），展开剂应选用非极性溶剂（C′）。这只是一种粗略的选择原则。

在实际选择时，可以先选择某一种溶剂，根据试样在薄层上的分离效果及 R_f 值的大小，再加减其他溶剂。例如先用石油醚展开，然后换石油醚∶苯＝9∶1，8∶2 或 5∶5 等。或先用苯展开，再换苯∶乙醇＝9∶1，8∶2 或 7∶3 等。也可先用中等极性的氯仿或乙酸乙酯展开，如极性太大，可用苯∶氯仿或乙酸乙酯＝1∶1 展开，若极性太小，可用氯仿∶甲醇＝9∶1 或 95∶5 展开，从而找到能分离的展开剂。一般要求斑点的 R_f 值在 0.2～0.8 之间，最好在 0.4～0.5 之间。

通过试验选择展开剂，常用下面两种方法。

① 微量圆环法：将试样溶液点于已准备的薄层上，点成同样大小的圆点。如图 9-8 (a) 中 1，2，3，4 所示，用毛细管将待选择的展开剂，点到试样点中心进行展开，干燥后显色，观察试样展开后呈圆环的情况如图 9-8 (b)，点 1，2，4 组分未分开而点 3 同心圆层次清楚，R_f 值较大（0.5 左右），初步选定可用此展开剂再复试，进一步决定取舍。

② 载玻片法：用普通载玻片（2.5cm×7.5cm）涂上吸附剂制成薄层板，点样，用所选展开剂展开并显色后，根据斑点的情况来确定展开剂的取舍。

在展开剂选择中，若多种展开剂试验仍不能获得较好的分离效果，就应考虑改用另一种吸附剂进行试验。

如果几种溶剂系统都能达到分离目的，就应该选用易挥发，黏度较小的。这样在展开后展开剂能很快挥发逸去，不致影响定性鉴定和定量测定。另外，还要考虑展开剂的毒性和价格。

一般可用化学纯或分析纯的试剂来配制展开剂。混合展开剂要现用现配，否则在放置过程中，由于不同溶剂挥发性不同，会使溶剂的配比发生变化。

　　9.2.3.3　操作方法

　　薄层层析法的过程，主要有六个步骤。

　　（1）制薄层板　薄层层析所用的玻璃板表面要光洁平整。铺层前应先用洗涤液浸洗，再用水冲净后，烘干。如沾有油污、水渍，应用脱脂棉蘸取丙酮或乙醇反复擦去。否则，湿法铺层时吸附剂不能均匀地分布和黏着在玻璃板上，干燥后易起壳、干裂、脱落。

　　玻璃板有 20cm×10cm、5cm×20cm、10cm×10cm、20cm×20cm 等多种规格，可以根据需要选择使用。

　　常用的薄层板可分为硬板（湿板）与软板（干板）两种。在吸附剂中加入胶黏剂所制成的板称为硬板。反之，不加胶黏剂，将吸附剂直接铺在玻璃板上称为软板。

　　① 软板的制备。软板的制备用干法涂布。在一根玻璃棒的两端分别绕几圈橡皮膏，或套上橡皮圈，其厚度即为薄层的厚度，一般以 0.3～0.5mm 为宜。将已经烘干活化的吸附剂洒上，将玻璃板一端固定，然后用玻璃棒压在玻璃板上，如图 9-9 所示，用力均衡匀速地推进。中途切勿停顿，否则薄层厚度不均匀，影响分离效果。

　　软板制备方法比较简便，但由于无胶黏剂，薄层很不牢固，只能近水平展开。点样和显色等操作都要小心，切勿将薄层吹散。由于吸附剂颗粒较粗（150～200 目），展开后斑点较扩散，分离效果较差，但展开较迅速。

　　除特殊要求必须使用干法铺板外，一般使用湿法制硬板。

　　② 硬板的制备。硬板用湿法涂布，即在加胶黏剂的吸附剂中，加入水或其他溶液调成糊状，涂布于玻璃板上，再经干燥、活化后再用。

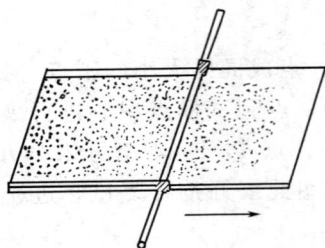

图 9-9　干法铺层图

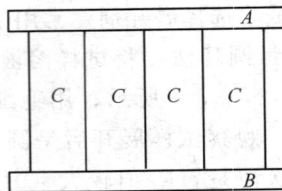

图 9-10　刮层法铺层图

　　常用的胶黏剂有羧甲基纤维素钠（CMC）、石膏、淀粉、聚乙烯醇等。通常大都使用羧甲基纤维素钠，它是一种黏结性很强的新型胶黏剂，一般是以水煮沸溶解为 0.5%～1% 的溶液使用。

　　湿法制板分调浆和涂板两步。

　　调浆是制板的一个重要环节，用水量多少与调浆时间不仅关系到浆料的稠度，而且也影响薄层厚度，一般吸附剂（硅胶 G、氧化铝 G 等）与蒸馏水或 CMC 溶液的比例为 1∶2

到 1∶2.5 为宜。

调浆时要调和均匀，不要用力过猛而产生大量气泡，致使薄层涂布不均匀而影响分离效果。

涂板可用的三种方法如下。

a. 倾注法。将调好的浆液倾于玻璃板上并大致摊开，然后将玻璃板前后左右倾斜，使浆液淌满整块玻璃板，再轻轻振动，使薄层较为均匀。

b. 刮层法。在水平台面上，放上 2mm 厚的玻璃板 C，两边用 3mm 厚的长条玻璃 A、B 做边，根据所需薄层厚度（一般控制在 0.5～1mm 之间），可在中间玻璃板下面垫塑料薄膜；将调好的吸附剂糊倒在玻璃板上，用有机玻璃尺或边缘平直光滑的玻璃条，沿一定方向，均匀地一次将糊刮平，使成薄层，去掉两边的玻璃，轻轻振动薄层板，即得均匀的薄层（见图 9-10）。

c. 涂铺器铺层法。涂铺器种类较多，构造也较复杂。这里不做介绍。使用器械涂铺的薄层，厚度均匀一致。

③ 活化。涂好的薄层板要进行活化。活化的目的是使其失去部分或全部水分，具有一定的活度（吸附能力）。薄层的活化条件见表 9-6。

表 9-6　湿法制板方法及活化条件

薄层的类别	吸附剂比水的用量①	活　化②
硅胶 G	1∶2 或 1∶3	110～130℃，1h
硅胶 G	1∶2（用 0.7%CMC 溶液）	110℃，30min
氧化铝 G	1∶（1～3）	80℃，30min
硅藻土 G	1∶2	110℃，30min

① 用量是大概的比例。
② 分离某些易吸附的化合物时，可不活化，活化时间长短应视薄层的厚度和所需活度而定。

活化好的薄层板放在盛有无水氯化钙或变色硅胶的干燥器中保存，供一周内使用，超过一周应再次活化。

（2）点样　将试样用适当的溶剂（一般用乙醇、丙酮、氯仿等，不宜用水）溶解，制成 0.5%～1% 的试液。

点样量要根据薄层厚度、试样和吸附剂性质、显色剂的灵敏度以及定量测定的方法等，通过试验来确定。

点样的方法与纸层析相似。但点样时切勿戳破薄层，以免影响层析效果。操作要力求迅速，防止薄层吸湿而降低活性。点样后要用冷风或热风吹去溶剂。

（3）展开　和纸层析相似，薄层层析在密闭的层析缸中，用上行法、下行法或近水平法展开。对于软板采用近水平方向展开，薄层与水平方向夹角约为 10°～20°，倾斜角过大，薄层易脱落，过小，影响分离。对于硬板，多采用近垂直方向展开。如图 9-11 和图 9-12 所示。

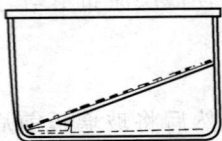

图 9-11　近水平方向展开　　　　　　　　　图 9-12　近垂直方向展开

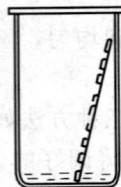

展开时先将展开剂放入层析缸内，使液层厚度为 5～7mm。然后将已点好试样的薄层板放入缸内，使薄层浸入展开剂中约 5mm。薄板上的原点不得浸入展开剂中。待展开剂前缘达一定距离，或色斑已明显分离时（一般为 10～15cm），层析可以终止。取出后，在前缘作出标记，待展开剂挥发后（可用热风吹干），进行定性检出或定量测定。

（4）显色　常用的显色方法有三类，在紫外光下观察、以蒸气熏蒸显色以及喷以各种显色剂。

把展开后的薄层放在紫外光下观察时，如果采用硅胶 GF_{254} 铺成薄层，在紫外光照射下整个薄层呈现黄绿色荧光，斑点部分呈现暗色，更为明显。

利用蒸气熏蒸显色时，常用的试剂有固体碘、浓氨水、液体溴。在密闭的容器中用碘蒸气熏蒸，多数有机物能显黄到暗褐色斑点。但注意，显色后在空气中放置时，颜色会渐渐褪去。

用于纸层的显色剂同样可用于薄层显色，与纸层的区别仅在于可用浓硫酸或 50% 硫酸等腐蚀性显色剂，多数有机物，喷此种显色剂后立即或加热到 110～120℃并经数分钟后，出现棕色到黑色斑点。

软板应该是由层析缸中取出后，立即喷洒显色剂，以免吸附剂干燥后，显色时被吹散，破坏色层谱。硬板则在干燥后喷洒。

（5）定性分析　显色后可以根据各个斑点在薄层上的位置计算出 R_f 值，然后与文献记载的 R_f 值比较以鉴定物质。但是薄层层析 R_f 值的影响因素很多，重现性较差，文献上查到的 R_f 值只能供参考。

R_f 值受到下列因素的影响：吸附剂的性质和质量（粒度，纯度等）与展开剂中的杂质如水分等，当用同一种吸附剂和展开剂时，被测物质的 R_f 值受到薄层厚度，含水量（活度），点样量，展开方式，层析缸的大小、形状和缸内展开剂蒸气的饱和度，展开的距离等因素的影响。为了解决 R_f 值重现性的问题，应用待测化合物的纯品作对照，在两种或者两种以上展开剂中同时展开，若未知物的 R_f 值与已知纯品的 R_f 值都相同，即可肯定两者为同一物。

（6）定量分析　层析展开后进行定量测定，可以应用以下几种方法。

① 目视比较半定量法。将试液与一系列不同浓度的标准溶液并排点于同一薄层上，

层析展开后比较薄层上斑点的面积及颜色深浅，可以估计某组分的大概含量。

这只是一种半定量的方法，方法简单，适用于试样中杂质含量控制的限量分析。在药物分析中，当杂质成分未知或无标准品时，杂质限量分析往往采用自身对照法。按杂质含量限量标准将试样稀释到适当浓度作为杂质对照液，将试样溶液与对照溶液分别点于同一薄层上，展开显色后，试样所显杂质斑点数目不得多于规定数目，颜色不得深于对照溶液所显斑点的颜色。中国药典规定硫酸长春碱中其他生物碱（如异长春碱等）含量不得大于 2%。检查时，取试样加甲醇制成 $10\,mg \cdot mL^{-1}$ 溶液作为试样溶液，再配制含 $0.20\,mg \cdot mL^{-1}$ 的溶液，吸取上述溶液各 $5\,\mu L$ 点于同一硅胶 GF_{254} 薄层上，以石油醚-氯仿-丙酮-二乙胺（12∶6∶1∶1）为展开剂，展开后，晾干，置于紫外灯下检视，试样溶液如显杂质斑点，不得超过两个，其颜色与对照溶液的主斑点比较，不得更深。

② 洗脱法。这是目前较常用的定量测定方法。其方法是将被测组分的斑点位置确定，将斑点连同吸附剂一起取下，选择适当的溶剂将被测组分洗脱下来，然后进行定量测定。因为层析点样量大致为数十微克到数百微克，展开，洗脱后某种组分的量就更少，所以一般采用比色法或紫外分光光度法测定。对于有色的或有紫外吸收的组分，在收集洗脱液并稀释至一定体积后即可直接测定，测定时必须将薄层上与待测组分同一位置的吸附剂取下，用同种溶剂洗脱处理，制成空白洗脱液做参比溶液进行测定，若空白洗脱液空白值为零，就可用溶剂作参比溶液。

无色或无紫外吸收的组分，可在洗脱后显色，稀释至一定体积后进行测定。

洗脱所用溶剂，应能溶解被测组分，又不干扰以后的测定。某些物质吸附性较强而不易洗脱时，需要用极性较大的洗脱液浸泡，多次洗以达定量洗脱。常用的溶剂有水、甲醇、乙醇、丙酮、氯仿、乙醚等。可用单一溶剂或混合溶剂。

③ 薄层扫描法。薄层扫描法是用薄层扫描仪对色斑进行扫描检出，或直接在薄层上对色斑进行扫描定量。即以一定波长和一定强度的光束照射薄层板，对有紫外吸收和可见吸收的斑点，或经激发后能发射出荧光的斑点进行扫描，将扫描得到的图谱及积分数据作为物质鉴别、杂质检查和含量测定的方法。

薄层扫描法可根据薄层扫描仪的结构特点及使用说明，结合具体情况，选择可见紫外吸收法或荧光法，用双波长或单波长。由于影响测定结果的因素较多，故应保证被测组分的斑点在一定浓度范围内呈线性的情况下，将试液与对照溶液在同一薄层上展开后扫描，进行比较并计算定量，以减少测定误差。

用薄层扫描仪直接扫描进行定量测定，速度很快，最快每小时可完成 60 多个试样测定，一般一个试样只需数分钟，而且灵敏度和准确度都较高。目前仪器正向简化操作、增加功能、高精度和自动化的方向发展。

薄层扫描法在药物分析特别是中药制剂的分析中，被广泛使用。

9.2.3.4　应用实例

薄层色谱法具有简便、快速、分离效能高等特点。在制药、染料、食品、有机合成等工业生产和科研中广泛使用。

（1）试样分析　薄层层析常用于分离后物质的鉴定和测定。如人参中有效成分的分析，人参有效成分为皂苷，根据水解后生成皂苷元的不同把皂苷元分为 R_b、R_g 和 R_0 三组，其中 R_b 组和 R_g 组生理活性较强，R_0 组则较弱。因此，评定人参含量就必须测定各组皂苷的含量。取人参粉加入甲醇回流萃取，萃取液浓缩后，于硅胶 G 上点样，以溶剂 A（氯仿：甲醇：水＝65：35：10）上行展开后，再用溶剂 B（正丁醇：乙酸乙酯：水＝4：1：2 的上层）直立上行展开，用 15％硫酸的饱和碳酸氢铵乙醇溶液浸渍，于 115℃烘烤显色后，用 $\lambda=525nm$、$\lambda=700nm$ 扫描测定有效成分的含量。

（2）质量控制和杂质检验　粮食、水果、蔬菜等食品中残留的农药六六六、滴滴涕的检验用薄层层析法。先将样品中的六六六、滴滴涕用石油醚提取，并经硫酸萃取处理，除去干扰物质，浓缩制得试样溶液。在氧化铝 G 薄层板上点样，以丙酮-己烷（1：99）或丙酮-石油醚（1：99）溶液做展开剂展层后，用硝酸银显色，在紫外光照射下显棕黑色斑点，与标准比较进行半定量。

（3）生产过程中反应速率、反应终点控制、反应副产品的检查以及中间体的分析　在反应进行到一定时间，把反应液点在薄层上，同时点原料液做对照，展开显色后，不出现原料样斑点，则反应完全；若色谱中除主斑点外，还有其他斑点，则表明有副产物和中间体存在。

（4）探索柱色谱的分离条件　在进行液相柱色谱分析前，可以用预选的吸附剂和洗脱剂在薄层上进行探索和检验，作为最佳条件选择的参考。也可用薄层色谱检验柱色谱各洗脱液的分离情况，把每份洗脱液点在薄层板上展开后检查，根据出现的斑点数和斑点颜色深浅，了解柱色谱分离情况，然后再对柱色谱条件加以改进。

实验 9.3　食品中防腐剂苯甲酸（钠）和山梨酸（钾）的测定

（薄层色谱法）

一、实验目的

1. 掌握薄层色谱定性和斑点面积半定量测定法。

2. 学会制备聚酰胺薄层板。

二、仪器

1. 吹风机。

2. 层析缸。

3. 玻璃板（10cm×18cm）。

4. 玻璃板（50cm×80cm）。

5. 微量注射器（10μL、100μL）。

6. 喷雾器。

7. 具塞量筒（25mL）。

8. 容量瓶（25mL）。

9. 移液管（10mL）。

10. 离心管（10mL）。

三、试剂与试样

1. 聚酰胺粉（200 目）；乙醚。

2. 可溶淀粉。

3. 无水硫酸钠；盐酸溶液（6mol·L⁻¹）。

4. 4%氯化钠酸性溶液：于 4%氯化钠溶液中加入少量 6mol·L⁻¹盐酸溶液。

5. 展开剂：正丁醇：氨水：无水乙醇＝7：1：2；异丙醇：氨水：无水乙醇＝7：1：2。

6. 显色剂：0.04%溴甲酚紫的 50%乙醇溶液用 0.1mol·L⁻¹氢氧化钠调至 PH＝8

7. 苯甲酸标准溶液：精密称取苯甲酸 0.2000g，用少量乙醇溶解后移入 100mL 容量瓶中，并用乙醇稀释至刻度摇匀，此溶液每毫升相当于 2mg 苯甲酸。

8. 山梨酸标准溶液：精密称取山梨酸 0.2000g，用少量乙醇溶解后移入 100mL 容量瓶中，并用乙醇稀释至刻度摇匀，此溶液每毫升相当于 2mg 山梨酸。

9. 试样：酱油、水果汁、果酱等。

四、实验步骤

1. 试样提取——试样溶液的制备

称取 2.5g 混合均匀的试样，置于 25mL 带塞量筒中，加 0.5mL 6 mol·L⁻¹盐酸酸化，用乙醚提取两次（15mL、10mL）每次振摇 1min，将上层乙醚提取液吸入另一 25mL 带塞量筒中，合并乙醚提取液。用 3mL 4%氯化钠酸性溶液洗涤两次，静置 15min，乙醚层通过无水硫酸钠脱水后过滤于 25mL 容量瓶中。加乙醚稀释至刻度，摇匀。

吸取 10.00mL 乙醚提取液分两次置于 10mL 离心管中，在约 40℃水浴上除去乙醚，加入 0.1mL 乙醇溶解残渣，制成试样测定液备用。

2. 聚酰胺粉板的制备

称取 1.6g 聚酰胺粉，加 4g 可溶性淀粉，加 15mL 水，研磨 3～5min，使其均匀即可涂 10cm×18cm、厚度 0.3mm 的薄层板两块。涂好的薄层板置于水平大玻璃板上，于室温干燥后，于 80℃干燥 1h 取出，置于干燥器中保存。

3. 点样

在薄层板下端 2cm 的基线处，用 10μL 微量注射器，分别点 1μL、2μL 试样溶液和 1μL、2μL 苯甲酸、山梨酸标准溶液。

4. 展开与显色

层析缸内倒入适量展开剂，在层析缸周围贴上滤纸，待滤纸湿润后，展开剂液层厚约 0.5～0.7cm，让展开剂在层析缸内饱和 10min，将点样后的薄层板放入层析缸内，使薄层下端浸入展开剂中约 0.5cm，迅速盖紧缸盖，进行展开，如图 9-12 所示。待展开剂前沿上展至 10cm 时，取出吹干，喷显色剂，斑点呈黄色，背景为蓝色。

5. 定性和半定量测定

把试样斑点与标准斑点比较，以比移值（R_f 值）定性，在此实验条件下苯甲酸和山梨酸的比移值分别为 0.73、0.82。

比较试样斑点与标准斑点面积大小及颜色深浅进行含量计算。

根据测定结果按下式计算试样中苯甲酸、山梨酸含量。

$$X = \frac{1000A}{m \times \frac{10}{25} \times \frac{V_2}{V_1} \times 1000}$$

式中　X ——试样中苯甲酸（山梨酸）的含量，$g \cdot kg^{-1}$；

　　　A ——测定用试样溶液中苯甲酸（山梨酸）的质量，mg；

　　　m ——试样的质量，g；

　　　V_1 ——溶解苯甲酸（山梨酸）时，加乙醇体积，mL；

　　　V_2 ——测定时点样的体积，mL；

　　　25 ——试样乙醚提取液的总体积，mL；

　　　10 ——测定时吸取乙醚提取液的体积，mL。

五、说明和注意事项

1. 此方法可用于酱油、水果汁、果酱中苯甲酸、山梨酸含量的测定。苯甲酸及其钠盐、山梨酸及其钠盐是食品常用防腐剂，主要用于酸性食品的防腐。国家规定在不同食品中其最大使用量为 $0.2 \sim 1.0\ g \cdot kg^{-1}$。如碳酸饮料中苯甲酸或山梨酸的最大使用量为 $0.2\ g \cdot kg^{-1}$。酱油、食醋中苯甲酸钠或山梨酸钠最大使用量为 $1.0\ g \cdot kg^{-1}$。因此，测定食品防腐剂的含量以控制其用量，对保证食品质量，保障人民健康具有十分重要的意义。

2. 本方法测定原理为：试样经酸化，使苯甲酸钠、山梨酸钾转变为苯甲酸、山梨酸，再用乙醚提取，乙醚提取液经氯化钠酸性溶液洗涤，并用无水硫酸钠脱水后，将乙醚蒸出，残渣用乙醇溶解后，点样于聚酰胺薄层板上，经展开，显色后，根据比移值与标准比较定性，根据斑点面积和颜色深浅进行半定量测定。

3. 试样中如含有二氧化碳、酒精时应加热除去，富含脂肪和蛋白质的试样应除去脂肪和蛋白质，以防用乙醚萃取时发生乳化。

4. 本方法灵敏度高，但操作繁琐，重现性差，现今多用气相色谱法测定，试样经酸化后，用乙醚提取苯甲酸、山梨酸后，用附氢火焰离子化检测器的气相色谱仪进行分离和测定，与标准系列比较定量。

也可采用高效液相色谱法测定，利用被分离组分在固定相和移动相中分配系数的不同，使被测组分分离，用紫外检测器在特定波长下测定被测组分的吸收度，与标准比较定性和定量。

思 考 题

1. 本实验分离测定苯甲酸和山梨酸为何要选用聚酰胺薄层板？

2. 在本实验条件下山梨酸 R_f 值较苯甲酸 R_f 值大的原因？

实验 9.4　硝基苯胺三种异构体中邻硝基苯胺的含量测定

（薄层分离——分光光度法）

一、实验目的

1. 掌握薄层色谱分离操作技术。
2. 掌握洗脱定量测含量的方法。
3. 学会制备硅胶薄层板。

二、仪器和设备

1. 层析槽或层析缸，G4 漏斗及吸滤装置。
2. 玻璃板（5cm×20cm），玻璃板（5cm×20cm、50cm×80cm）。
3. 研钵，干燥器。
4. 容量瓶（50mL，10mL）。
5. 微量注射器（25μL）。
6. 不锈钢小刀。
7. 吹风机。
8. 721 型分光光度计。
9. 离心机，离心管。

三、试剂与试样

1. 硅胶 G。
2. 展开剂：苯：乙酸乙酯＝7：1
3. 0.5％CMC 溶液：称取 5g 羧甲基纤维素钠以少量水研磨成均匀的糊状（可边研边加水），然后倒入 1000mL 沸水中，搅拌加热 20～30min 冷后，倒入试剂瓶中保持，待悬浮物沉淀后，取上层清液使用。
4. 试样：邻硝基苯胺、间硝基苯胺、对硝基苯胺。

试样溶液配制：精称邻硝基苯胺 1.4g，间硝基苯胺、对硝基苯胺各 0.5g 于 50mL 小烧杯中，用甲醇溶解后，转移至 50mL 容量瓶中，用甲醇稀释至刻度，摇匀。准确吸取 5.00mL 于 10mL 容量瓶中，用甲醇稀释至刻度，摇匀备用。

邻硝基苯胺标准溶液的配制：精称邻硝基苯胺 0.14g 于 10mL 容量并中，用甲醇溶解并稀释至刻度，摇匀备用。

四、实验步骤

1. 制板

将 50cm×80cm 的大玻璃板放在桌面上，垫平并用水平仪检查是否水平。

取 2 块层析用玻璃板洗净晾干，不得有水痕。

取 3g 硅胶 G 和 8mL 0.5％CMC 于研钵中，研磨均匀后，分别倒在两块层析用玻璃板上，并用研钵棒迅速将其涂布分散，然后在桌面上轻敲使表面平滑均匀。制好的层析板放在经水平校正的大玻璃板上晾干置干燥器中备用。

2. 点样

在层析板上距底边 2cm 处，用 25μL 微量注射器分别点 16μL 标准溶液和 16μL 试样溶液，其间距 2cm，边点边用洗耳球吹干，多次点样，使斑点直径小于 0.5cm。

3. 展开

在层板槽中放入 8mL 展开剂密闭，让展开剂在层析槽内饱和 10min，然后将点好样的层析板倾斜放入槽中，让层析板浸入展开剂约为 0.5cm，进行展开如图 9-12 所示。当展开剂前沿距层析板上边沿 2～3cm 处或混合样斑点明显分离后，取出，用冷风吹干。

若用层析缸，则加入液层厚约 1cm 的展开剂，其他操作同上。

4. 洗脱

用不锈钢小刀将试样中邻硝基苯胺斑点和标准邻硝基苯胺斑点分别刮起并削成粉末，分别将粉末转移至 G4 漏斗中，漏斗下接一个 10mL 比色管或 10mL 容量瓶，加少量甲醇于 G4 漏斗中，使邻硝基苯胺溶解，并将其抽入比色管或容量瓶中，再用少量甲醇洗涤硅胶一起并入，最后用甲醇稀释至刻度，摇匀备用。

同时在层析板上取一空白斑点，按上法处理作为空白对照液。

也可采取离心洗脱法，将刮起的硅胶粉末转移至称量纸上，再分别转入离心试管中，以甲醇溶解后离心分离，吸取上层清液转移至 10mL 比色管或 10mL 容量瓶中，再用甲醇洗涤硅胶，每次 1～2mL，将洗液一起并入，最后用甲醇稀释至刻度，摇匀备用，同时进行空白斑点洗脱，制成空白对照液。

5. 测定吸收度

用 721 型分光光度计，以空白对照液作参比液，于 420nm 处分别测定标准溶液和试样溶液的吸收度 A。

6. 根据实验结果计算试样中邻硝基苯胺的含量。

$$邻硝基苯胺含量 = \frac{A_{样}\ m_{标}}{A_{标}\ m_{样} \times \dfrac{5}{50}} \times 100\%$$

式中　$A_{样}$——试样溶液中邻硝基苯胺吸收度；

　　　$A_{标}$——标准溶液中邻硝基苯胺吸收度；

　　　$m_{标}$——标准溶液中邻硝基苯胺的质量，g；

　　　$m_{样}$——邻、间、对硝基苯胺混合试样的质量，g。

五、说明和注意事项

1. 点样时微量注射器针尖不要触及到薄层，让液滴接触薄层而被吸附在薄层上。边点边吹干，使斑点直径小于 0.5cm。也可采取滤纸点样，用小号打孔器在薄层上轻轻压一下，小心地把圆圈中的硅胶刮掉。用同一打孔器打下圆形小滤纸，再用微量注射器将样液和标液分别点在滤纸上，待溶剂挥发后，把滤纸转移到硅胶板小穴中，使滤纸边沿与周围硅胶吻接。

2. 分离展开后，刮取色斑时，要将其周围一圈的硅胶一起刮下，再用干脱脂棉擦净斑痕，并将脱脂棉放入 G4 漏斗或离心管中，防止转移损失造成测定误差。

思　考　题

1. 薄层洗脱定量法，造成误差的原因有哪些？
2. 测定试液吸收度时，为何要用空白硅胶洗脱液作空白参比液，是否可用甲醇？
3. 测定吸收度采用比较法定量，在什么情况下适用？
解释在此实验条件下邻、间、对硝基苯胺三种异构体 R_f 值邻＞间＞对的原因。

9.2.4　柱上吸附层析分离法

9.2.4.1　基本原理

柱上吸附层析分离法在吸附柱即色谱柱上进行。色谱柱为内径均匀、下端缩口的玻璃管，下端用棉花或玻璃纤维塞住，管内装入吸附剂（固定相），自柱顶端加入试样溶液，然后用原溶剂或其他适当溶剂即洗脱液（流动相）冲洗，溶质随流动相流过层析柱中的吸附剂时，在两相之间不断的发生吸附-脱附-再吸附-再脱附的分配过程。当分配达到平衡时，物质在固定相中的浓度 c_s 与在流动相中的浓度 c_m 之比为一常数，称为分配系数 K_D，即

$$K_D = \frac{c_m}{c_s}$$

在试样中各组分的分配系数稍有差异。分配系数 K_D 较大的组分，在柱中被吸附的较牢，在固定相中保留的时间较长，洗脱所需洗脱液也较多。分配系数 K_D 较小的组分，被吸附的不牢固，在柱中保留的时间较短，较易被洗脱下来。在洗脱过程中，由于经过各次的吸附、脱附过程，使分配系数稍有差异的组分，保留时间产生较大差异，从而使之彼此分离。

9.2.4.2　层析条件的选择

为了使试样各种吸附能力稍有差异的组分能够分开，必须选择适当的吸附剂（固定相）和洗脱剂（流动相）

（1）吸附剂的选择　薄层层析所用吸附剂如氧化铝、硅胶和聚酰胺等在柱上层析也能应用。但为了保证在层析柱上有良好的分离效果，要求吸附剂颗粒大小要均匀一致，除有特殊规定外，通常多采用直径为 0.07～0.15mm 的颗粒。

① 氧化铝。具有吸附能力强，分离能力强的特点。柱上层析用氧化铝有酸性、碱性和中性三种。

酸性氧化铝（pH＝4～5）：适用于分离酸性化合物及对酸稳定的中性化合物。如酸性色素，某些氨基酸等。

碱性氧化铝（pH＝9～10）：适用于分离碱性化合物。如生物碱和对碱稳定的中性化合物的分离。

中性氧化铝（pH＝7.5）：适用于醛、酮、醌、酯、内酯等化合物的分离。凡是在酸性和碱性氧化铝上能分离的化合物，中性氧化铝也都能分离，因此中性氧化铝在柱上层析分离中被广泛应用。

② 硅胶。具有微酸性，吸附能力较氧化铝稍弱，可用于分离酸性及中性化合物。如有机酸、氨基酸、甾体等。

③ 聚酰胺。分子内存在着许多酰氨基和羰基，可与酚、酸、硝基化合物、醌类等形成氢键。由于聚酰胺与这些化合物形成氢键的能力不同，吸附能力也就不同。所以用聚酰胺做吸附剂，可使各类化合物得到分离。

（2）洗脱剂的选择　洗脱剂的洗脱作用，实质上是洗脱剂分子与被分离组分的分子，争占吸附剂表面活性中心的过程。强极性洗脱剂分子，占据吸附剂表面活性中心的能力强，而具有强的洗脱作用。非极性洗脱剂分子，占据吸附剂表面活性中心的能力弱，洗脱作用就弱。因此必须根据试样中各组分的性质，吸附剂的活性，再选择适当极性的洗脱剂，使试样中吸附能力稍有差异的各组分，经洗脱后彼此分离。

被分离物质的分子结构与性质，是选择吸附剂与洗脱剂的依据。若被分离组分极性较大，应选用吸附性能较弱的吸附剂，极性大的洗脱剂，这样试样中极性较大的组分易被洗脱，在层析过程中，使它较快的向前迁移，而与一些极性较小的组分分离。反之被分离组分极性较小，应选用吸附性能较强的吸附剂，极性较小的非极性或弱极性的洗脱剂，这样试样中弱极性组分易被洗脱。在实际工作中，为了得到极性适当的溶剂，常采用混合溶剂做洗脱剂，通过反复试验后确定。在做未知试样分析时，首选石油醚做洗脱剂，其次使用石油醚-苯混合液（4:1 至 1:4）然后依次用苯-乙醚混合液、乙醚、乙醚-甲醇混合液、甲醇液等。吸附剂和洗脱剂的选择往往凭经验决定。

（3）试样溶液的配制和加入　配制试样溶液时，最好配成较浓的溶液，这样显出的色层带较窄，容易分离清楚。所用的溶剂必须吸附力较弱，使吸附剂能将试样自溶液中吸附出来。一般将试样溶于开始洗脱时使用的洗脱剂中，再沿色谱管壁缓缓加入，注意切勿将吸附剂翻起。也可将试样溶于适当的溶剂中，与少量吸附剂混合均匀，再使溶剂挥发出去呈松散状，加入到已制备好的色谱柱上面。如试样在常用溶剂中不溶，就将试样与适量的吸附剂在研钵中研磨混匀后加入。

（4）洗脱　将已选定的洗脱剂小心地从管柱顶端加入色谱柱，勿冲动吸附层，并保持一定液面高度，以控制流速，一般在 $0.5 \sim 2\text{mL} \cdot \text{min}^{-1}$。如为有色物质，层析展开后可以清楚地看到各个分离后的谱带，如为无色物质，应用各种方法定位。

分离后的各个组分，可分段洗脱，分别测定；还可采用分步洗脱法，即先用非极性或弱极性洗脱剂洗脱试样中的非极性或弱极性组分，接着用极性较强的洗脱剂洗脱极性较强的组分以进行分离。而后分别检测。注意：分步洗脱中，分别分部收集流出液，至流出液中所含成分显著减少或不再含有时，再改洗脱剂的品种和比例。操作过程中应保持有充分的洗脱剂留在吸附层上面。也可将整条吸附剂从层析柱中推出，分段切开，分别洗脱后测定。

9.2.4.3　操作过程

柱上吸附层析分离的过程，主要有吸附剂的填装，试样溶液的配制与加入，洗脱展开和显色、鉴定和测定等过程。

吸附剂的填装可用湿法和干法。

干法又有两种：一是将已选定并经处理的吸附剂一次装入色谱柱，轻轻振动使吸附剂沿管壁均匀下沉，然后在吸附剂表面铺一层滤纸。打开下端旋塞，并从管口徐徐加入洗脱剂，注意勿冲起吸附剂。吸附剂润湿后注意柱内应无气泡。另一种方法是首先在管内加入洗脱剂，打开下端旋塞，使洗脱剂缓缓滴出，然后自管顶缓缓加入吸附剂，使其均匀的润湿下沉，在管内形成松紧适度的吸附层。注意吸附剂加入的速度不宜太快，以免带入空气，在操作过程中应保持有充分的洗脱剂留在吸附层上面，否则吸附层中产生气泡或断层，使层析时发生沟流现象。

湿法是将吸附剂与洗脱剂混合，搅拌除去气泡，徐徐倾入色谱柱中，然后加入洗脱剂将附着管壁的吸附剂洗下，使层析柱面平整。

当填装吸附剂所用洗脱剂从色谱柱自然流下，液面和柱表面相平时，即加试样溶液。

9.2.4.4　应用实例

由于柱层析分离法可以处理大量的试样，因而常用来提纯某些组分以制备其标准品；或分离提纯试样中某组分，以进一步鉴定和测定。在分析复杂试样时常通过柱层析分离手段，使试样中的组分按不同性质分为几个流分，然后再分别进行分析监测。有时柱层析、纸层析、薄层层析及其他分离方法联合使用。

【例1】粮食中苯并［a］芘（简称 B［a］P）的测定

B［a］P 是具有显著致癌作用的稠环芳烃简称致癌烃，控制粮食中 B［a］P 的含量，关系到人民的健康。其测定的方法是将大米、小麦、玉米粉等粉碎后，放入脂肪提取器中，以石油醚（或正己烷）与乙醇-氢氧化钾液皂化、提取，其中油脂水解后进入水相，用环己烷从中提取非皂化物，再用氧化铝柱层析纯化多环芳烃，所得多环芳烃在乙酰化滤纸上分离 B［a］P，因 B［a］P 在紫外光照射下呈蓝紫色荧光斑点，将分离后 B［a］P 的滤纸部分剪下，用苯浸出后，用荧光分光光度计测荧光强度与标准比较定量。

【例2】中草药有效成分的提取

中草药组成十分复杂，因此给分析测试带来困难，一般样品都必须经过提纯处理过程以排除干扰组分或提取有效成分，再进行分析监测。柱层析法是常用的纯化方法，常用的吸附剂有硅胶、氧化铝、大孔吸附树脂等，除自装色谱柱外，还有色谱预处理小柱出售，使用方便。

【例3】蟾酥中甾体的分离

蟾酥的氯仿提取物中，含有多种蟾酥甾体，它们的结构极相似，用一般的萃取、沉淀等分离方法很难使之分离，而用硅胶柱层析能分出十余种蟾酥甾体。在 pH＝5 的酸性硅胶柱上，用丙酮：环己烷（1∶5）做洗脱液，在分段接收洗脱液，用薄层层析分段检查。

9.2.5　柱上离子交换分离法

柱上离子交换分离法，是将离子交换树脂装入交换柱中作为固定相。试液倾入交换柱后，试液中可被交换的离子，与树脂发生交换，被留在柱的上端，当用适当洗脱液不断地倾入交换柱时，已交换在柱上的离子就不断地被洗脱下来，但遇到下端的树脂又可以发生交换，接着又被洗脱，于是在洗脱过程中，沿着交换柱就不断地发生洗脱、交换、再洗脱、再交换的过程，由于各种离子与交换树脂亲和力的不同，因此随洗脱液移动的速度有快有慢，就在柱上形成层析谱，或随洗脱液依次流出柱外，从而达到分离。

离子交换树脂是一种具有网状结构骨架的高分子聚合物，树脂的骨架部分一般很稳定，对于酸、碱、一般的有机溶剂和弱的氧化剂都不起作用，也不溶于溶剂中。在网状结构的骨架上有许多可以被交换的活性基团。按其性能可分为阳离子交换树脂和阴离子交换树脂。

阳离子交换树脂的活性基团是酸性的，它的 H^+ 可被阳离子交换。根据活性基团酸性的强弱，分为强酸型和弱酸型两类。强酸型树脂含有磺酸基（—SO_3H），若以 R 代表树脂的网状结构的骨架部分，则这类树脂可用 R—SO_3H 表示，弱酸型树脂含有羧基（—COOH）或酚羟基（—OH），可用 R—COOH 或 R—OH 表示。

H-型强酸型阳离子交换树脂与溶液中其他阳离子例如 Na^+ 发生的交换反应，可表示如下：

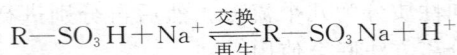

$$R—SO_3H + Na^+ \underset{再生}{\overset{交换}{\rightleftharpoons}} R—SO_3Na + H^+$$

溶液中的 Na^+ 进入树脂网状结构中，树脂就变为 Na^+ 型阳离子交换树脂，而 H^+ 进入溶液中。由于交换过程是可逆的，如果以适当浓度的酸处理已经交换的树脂，树脂又恢复原状，这一过程称为再生或洗脱过程。

阴离子交换树脂的活性基团是碱性的，它的阴离子可被阴离子交换。根据活性基团碱性的强弱，分为强碱型和弱碱型两类。强碱型树脂含有季铵基 $[—N(CH_3)_3^+]$，弱碱型树脂含有伯氨基（—NH_2）、仲氨基（—$NHCH_3$）、叔氨基 $[—N(CH_3)_2]$，这些树脂水合后分别成为 R—$N(CH_3)_3^+OH^-$、R—$NH_3^+OH^-$、R—$NH_2(CH_3)^+OH^-$、R—$NH(CH_3)_2^+OH^-$，其中的 OH^- 能与阴离子如 Cl^- 交换，其过程可表示如下。

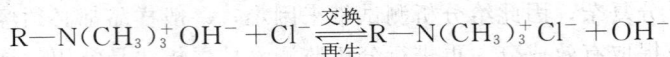

$$R—N(CH_3)_3^+OH^- + Cl^- \underset{再生}{\overset{交换}{\rightleftharpoons}} R—N(CH_3)_3^+Cl^- + OH^-$$

溶液中的 Cl^- 进入树脂网状结构中，树脂就变为 Cl^--型强碱性阴离子交换树脂，而 OH^- 进入溶液中。交换后的 Cl^--型强碱性阴离子交换树脂经适当浓度的碱溶液处理后，可以再生。

9.2.5.1 离子交换分离操作方法

离子交换法，一般需经过下列几个步骤。

(1) 选择和处理树脂 根据分析的对象和要求，选择适当类型和粒度的树脂。分析中用得最多的是聚苯乙烯型的强酸性阳离子交换树脂和强碱性阴离子交换树脂，例如国产 732（强酸 X-12）钠型树脂 R—SO_3Na；717（强碱 201×7）氯型树脂 R—$N(CH_3)_3Cl$。这类离子交换树脂在酸性、碱性和中性溶液中都可使用，因此被广泛应用。

如需要测定某种阳离子而受到共存阴离子干扰时，应选用强碱性阴离子交换树脂，试液通过交换柱，阴离子被交换而留在树脂上，阳离子仍留在溶液中可以测定。

每种离子交换树脂有一定的交换能力。其大小用最大再生容量、最大强型基团再生容量和最大弱型基团再生容量表示，即每个干树脂能参与交换反应的活性基团数。它决定于网状结构中所含所有的全部酸性基团或碱性基团、强酸性或强碱性；弱酸性或弱碱性基团的数目，因此它决定了离子交换树脂进行交换的能力。通过实验进行测定，其结果通常用每克干树脂可交换的离子的毫摩尔数来表示。一般交换树脂其数值为 $1\sim10\,mmol/g$。为了使分离进行得彻底，最好每克树脂只让它交换相当于 1/2 最大交换量的离子。

每种交换树脂都有一定的交联度。即树脂中含交联剂的质量百分数。常用树脂的交联度为 $8\%\sim12\%$，在交换相对分子质量较大的有机离子时，一般采用较小交联度的树脂（$1\%\sim4\%$），这种树脂的网状结构较稀疏，容易吸附大的离子，所以适用于有机碱、有机酸的分离。

对选定的树脂在使用前必须加以处理，包括研磨、过筛、浸泡和净化等。

研磨、过筛过程中勿将树脂放在烘箱中烘干或置于太阳下曝晒，以免树脂部分分解或性能改变。

过筛后的树脂放在 $4\sim6\,mol\cdot L^{-1}$ 的 HCl 中浸泡 $1\sim2$ 天，以溶解去除树脂上的杂质，并使 Na^+ 型阳离子交换树脂变为 H^+ 型。若浸泡溶液呈深黄色，应重换 HCl 溶液再浸泡一段时间。然后用去离子水洗至流出液中不含氯离子（或呈中性）为止，浸在去离子水中备用。Cl^- 型的阴离子交换树脂，使用前往往用稀碱处理，使转变为 OH 型然后再使用。如果分析中需要其他型的树脂，例如 Na^+ 型、NH_4^+ 型或 SO_4^{2-} 型的，则分别用 NaCl、NH_4Cl 和 H_2SO_4 等溶液处理，然后用去离子水洗净，浸在去离子水中备用。

（2）装柱　离子交换操作多在柱上进行。交换柱一般可用 50mL 酸式滴定管代替。在管底部放一小团棉花，管口放一小漏斗。将离子交换树脂连水一起倒入管中，填装至 $150\sim200\,mm$ 高为止。

装柱过程中和装柱后树脂应始终浸泡在液面以下，以免柱内出现气泡，影响交换和洗脱效果。如果发现有气泡，应将树脂倒出重装。

（3）柱上操作

① 交换。交换柱准备好后，以去离子水洗涤，然后就可以开始交换。将试液倾入交换柱，溶液浓度一般为 $0.05\sim0.1\,mol\cdot L^{-1}$。转动旋塞使溶液按 $2\sim5\,mL\cdot min^{-1}$ 流速流经树脂层。这时就发生了交换反应。

② 洗涤。交换完毕，进行洗涤。洗涤液一般用水。洗涤的目的是将留在交换柱中不发生交换作用的离子和被交换下来的离子洗下来。如羧酸盐的测定，交换完毕，用水洗涤至流出液 pH 值为 $5\sim6$，即将交换下来的羧酸全部洗下来，以便进行滴定。

③ 洗脱或再生。用适当的洗脱液将交换到柱上的离子洗脱下来。对于阳离子交换树脂常采用 $3\sim4\,mol\cdot L^{-1}$ HCl 溶液作洗脱液，对容易洗脱的离子，亦可用 $1\sim2\,mol\cdot L^{-1}$

HCl 溶液洗脱。通过洗脱，树脂已得到再生，再用去离子水洗涤后可重复使用。对于阴离子树脂，常用 HCl、NaCl 或 NaOH 溶液作洗脱液。

应注意的是，从柱上端洗脱下来的离子，通过柱下部未交换的树脂层时，又可以再度被交换，因此若洗脱速度过快，洗脱过程来不及达到平衡，洗脱效率就较低，要达到同样的洗脱百分率，所需的洗脱剂体积就增加，但洗脱所需时间不变。

9.2.5.2 离子交换分离法的应用

离子交换在工业生产及科研工作中应用极广。但是在有机分析中，利用它来分离一般混合物有一定的局限性。由于离子交换剂的交换量都很小，在实验条件下，只能分离数毫克的物质，交换下来的组分存在于极稀的溶液中，因此鉴别和回收都较困难；一般常用水做洗脱剂也使有机物的分离、鉴定和测定受到限制。当被检验的物质存在于极稀的水溶液中，而又没有更好的分离方法将它分出时，可以考虑选用离子交换分离法。

（1）自中性化合物中除去酸　　醇、醛、酮、糖等中性化合物中的有机酸，可以用强碱性阴离子交换树脂分离除去，如自葡萄糖、柠檬酸混合溶液中分离柠檬酸。将混合溶液通过用碳酸钠溶液处理后的强碱性阴离子交换柱，葡萄糖存在于流出液中，而柠檬酸被留在交换柱上，柱上的柠檬酸再用碳酸钠溶液洗脱下来。实验所用的交换柱，经再生后还可以继续使用。将交换柱用水、碳酸钠溶液、水淋洗后，浸泡在水中，以备使用。

（2）除去羰基化合物　　凡能与亚硫酸氢钠形成稳定加成物 α-羟基磺酸钠的羰基化合物，都可以借亚硫酸氢钠型的阴离子交换树脂的交换作用将它从中性化合物中除去。例如从异丙醇中除去丙酮。强碱性阴离子交换树脂用亚硫酸氢钠溶液淋洗后，变为亚硫酸氢钠型的阴离子交换树脂，当混合液流经此交换柱时，异丙醇留在流出液中，而丙酮被树脂阻留，然后用氯化钠溶液将丙酮洗提下来，洗脱液用氯化钠饱和，进行蒸馏，馏出液再用氯化钠饱和再蒸馏得到丙酮。

（3）氨基酸的离子交换层析分离　　基于各种氨基酸与交换树脂活性基团亲和力的差异，可选用适当的洗脱剂，把交换到树脂上的各种氨基酸依次洗脱下来，从而达到分离。例如用交联度为 8％的磺酸基苯乙烯树脂作固定相，用柠檬酸钠溶液作洗脱液，控制适当的浓度和改变 pH 值，可在一根交换柱上，分出 47 种组分，其中有 35 种氨基酸，各种氨基酸可用分光光度法测定。

习　　题

1. 色层分析法按分离原理分为哪几种？
2. 纸上层析与薄层层析的基本依据是什么？柱层析分离法的基本依据和特点分别是什么？
3. 如何测定比移值，它在分析上有何应用？
4. 选择层析纸型号时应考虑哪些因素？
5. 与纸层析相比，薄层层析有何优点？
6. 硅胶 G、硅胶 H、硅胶 GF_{254}，各符号的意义是什么？
7. 薄层层析中选择展开剂的依据是什么？如何判断所选展开剂是否恰当？

8. 薄层层析常用哪些显色方法？

9. 影响薄层层析比移值的因素有哪些？

10. 纸层析和薄层层析有哪几种定量分析方法？

11. 混合液中存在 A、B 两种物质，用纸上层析分离法，它们的比移值分别为 0.45 和 0.63，欲使分离后，斑点中心之间相隔 2cm，问层析纸应裁多长为好？

12. 在某纸上层析分离中，以下各物质的比移值分别为：苯，0.5；苯胺，0.25；苯甲酸，0.03；苯酚，0.13，溶剂前缘移动 25cm，求各物质在层析谱中的位置。

13. 用离子交换法测定酒石酸钾钠含量：称取试样 5.1420g 溶解后定容为 250mL，量取 25.00mL，注入 H 型阳离子交换树脂中，交换完毕用水洗涤后，以酚酞作指示剂，用 0.1024mol·L^{-1}NaOH 标准溶液滴定至呈粉色。同时做空白实验。回答下列问题。

（1）写出测定原理及含量计算公式。

（2）如何将 Na 型阳离子交换树脂转变为 H 型？

（3）装交换柱时应注意哪些问题？若装完后柱内有气泡如何处理？

（4）测定结束时，如何将树脂再生？

（5）如何进行空白实验？

（6）计算试样的百分含量。$M_{样} = 282.22$。

主要参考文献

1. 陈耀祖主编. 有机分析. 北京：高等教育出版社, 1983
2. 陈耀祖主编. 有机微量定量分析. 北京：科学出版社, 1982
3. 余仲建主编. 有机化合物系统鉴定. 北京：商务印书馆, 1960
4. 张志贤主编. 实用有机定量分析. 上海：上海科学出版社, 1965
5. 杨桂法主编. 有机化学分析. 长沙：湖南大学出版社, 1989
6. 金世美主编. 有机分析教程. 北京：高等教育出版社, 1992
7. 邵令娴主编. 分离及复杂物质分析（第二版）. 北京：高等教育出版社, 1994
8. 张家驹主编. 有机定量分析. 北京：化学工业出版社, 1980
9. 兰州大学等四校合编. 有机分析实验. 北京：高等教育出版社, 1988
10. 于世林等主编. 波谱分析法. 重庆：重庆大学出版社, 1994
11. 沈淑娟主编. 波谱分析法. 上海：华东化工学院出版社, 1992
12. 于如嘏主编. 波谱分析法. 北京：人民卫生出版社, 1986
13. 孙毓庆主编. 分析化学第三版下册. 北京：人民卫生出版社, 1994
14. 刘文英主编. 药物分析. 北京：人民卫生出版社, 1998
15. 大连轻工学院等 8 校合编. 食品分析. 北京：中国轻工出版社, 1994
16. 华东化工学院、成都科技大学编. 分析化学（第三版）. 北京：北京高等教育出版社, 1989
17. 成都科技大学、浙江大学编. 分析化学实验（第二版）. 北京：北京高等教育出版社, 1989
18. 刘珍主编. 化验员读本. 北京：化学工业出版社, 1983
19. 谢惠波主编. 有机分析实验. 北京：化学工业出版社, 1992
20. GB 611—88　化学试剂　密度测定通用方法
21. GB 613—88　化学试剂　比旋光度测定通用方法
22. GB 614—88　化学试剂　折光率测定通用方法
23. GB 615—88　化学试剂　沸程测定通用方法
24. GB 616—88　化学试剂　沸点测定通用方法
25. GB 617—88　化学试剂　熔点测定通用方法
26. GB 606—88　化学试剂　水分测定通用方法（卡尔·费休法）
27. GB 608—88　化学试剂　氮测定通用方法
28. GB 609—88　化学试剂　总氮量测定通用方法
29. 中华人民共和国国家标准. 食品卫生检验理化部分. 北京：中国标准出版社, 1986
30. 国家药典委员会编. 中华人民共和国药典 2000 年版二部. 北京：化学工业出版社

附录 衍生物表

说明

为了配合课堂讲授，这里选择列出近 300 个常见有机化合物，分为 19 个表排列。各表中按化合物沸点或熔点增加次序排列。

表中所用各符号的意义为：

熔点或沸点在上角有"＊"号者，表明系校正值。熔点或沸点等数据后的数值，表示文献中所记载的不同数据，列出以备参考。

各表中的衍生物栏下所列数据，如未加说明者，都是该衍生物的相应的熔点数值。衍生物熔点后括弧中的一、二、三等字表明一元、二元或三元取代衍生物。这些数字前若有阿拉伯数字则表明取代基在其核上的位置。

密度与折射率数据后面右上角的数字，表明测定时的温度。

表中所用外文简写的意义如下：

d 表示分解，v、s 表示随水汽挥发

在实验教学中可从表中选择分析试样或进行系统鉴定的"未知物"。

表 1 烷烃和环烷烃

化 合 物	沸点/℃	$\rho/\text{g} \cdot \text{mL}^{-1}$	n_D^{20}	化 合 物	沸点/℃	$\rho/\text{g} \cdot \text{mL}^{-1}$	n_D^{20}
2,2-二甲基丙烷	9.5	0.596	1.3513	环己烷	80.7	0.778	1.4264
异戊烷	31	0.620	1.3580	正庚烷	98.4	0.684	1.3877
正戊烷	36	0.626	1.3577	甲基环己烷	100.9	0.769	1.4231
环戊烷	49.3	0.746	1.4068	正辛烷	125.7	0.703	1.3975
2-甲基戊烷	60.3	0.653	1.3716	正丙基环己烷	155	0.795	1.4370
正己烷	68.3	0.659	1.3749	十氢化萘(顺式)	195.7(194)	0.896	1.4810

表 2 不饱和烃

化 合 物	沸点/℃	$\rho/\text{g} \cdot \text{mL}^{-1}$	n_D^{20}	化 合 物	沸点/℃	$\rho/\text{g} \cdot \text{mL}^{-1}$	n_D^{20}
1-戊烯	30.1	0.6410	1.3710	环戊烯	44.2	0.7736	1.4225
2-甲基-1-丁烯	31	0.6504	1.3778	2-戊炔	55	0.710	1.4045
2-戊烯(反式)	35.85	0.6486	1.3790	1-己烯	66(63.5)	0.6734	1.3858
2-戊烯(顺式)	37.0	0.6562	1.3822	1-己炔	71	0.719	1.3990
1-戊炔	39.7	0.6945	1.3847	1,3,5-己三烯	78	0.718	1.4330

表 3　液体芳烃

化合物	沸点/℃	ρ/g·mL^{-1}	n_D^{20}	硝基物 位置	硝基物 熔点/℃	邻芳酰苯甲酸/℃
苯	80.1	0.8790	1.5011	1,3-	89	127
甲苯	110.6	0.8670	1.4959	2,4-	70	137
乙苯	136.2	0.8670	1.4950	2,4,6-	37	122
对二甲苯	138.3	0.8611	1.4958	2,3,5-	139	132
间二甲苯	139.1	0.8642	1.4972	2,4,6-	183	126
邻二甲苯	144.4 (142)	0.8802	1.5054	4,5-	118	178
异丙苯	152.4	0.8618	1.4915	2,4,6-	109	133
正丙苯	159.2	0.8620	1.4920			125
1,3,5-三甲苯	164.7	0.8652	1.4994	2,4- 2,4,6-	86 235	211
叔丁基苯	169.1	0.8665	1.4926	2,4-	62	
1,2,4-三甲苯	169.2	0.8758	1.5049	3,5,6-	185	
邻二乙苯	183.5	0.8805	1.5031			

表 4　液体醇

化合物	沸点/℃	ρ/g·mL^{-1}	n_D^{20}	3,5-二硝基苯甲酸酯/℃	对硝基苯甲酸酯/℃	苯氨基甲酸酯/℃
甲醇	64.65	0.7915	1.3306^{15}	108*	96	47
乙醇	78.32	0.7894	1.3610	93	57	52
异丙醇	82.4	0.78507	1.37927	123 118	(110)	75
叔丁醇	82.5			142	116	136
正丙醇	97.15	0.80359	1.33499	74	35	57
仲丁醇	99.5	0.80692	1.39495^{25}	76	26	64.5
异丁醇	108.1	0.80196	1.3939^{25}	87	69	86
正丁醇	117.7	0.80960	1.3974^{25}	64 (62.5)	36	61
3-戊醇	116.1	0.82037	1.4103	101 (97)	17	49
2-戊醇	119.85	0.80919	1.4060	62	17	
异戊醇	132	0.80918	1.40851^{15}	61	21	57
正戊醇	138*	0.81479	1.40994	46.4	11	46
环戊醇	140.85	0.94688	1.4530	115	62	132
正己醇	157.5	0.81893	1.41778	58.4	5	42
环己醇	161.1			113	50	82
呋喃甲醇	172 (170)	1.1296	1.4863	81	78	45
正庚醇	176.8	0.82242	1.4245	47	10	60 (65)
正辛醇	195	0.8249	1.4274^{25}	61	12	74 (72)
乙二醇	197.85	1.11361	1.43192	169	140	157
苄醇	205.5	1.0454	1.53955	113	85	77
丙三醇	290	1.26134	1.4729		188	180

表 5 酚类

化合物	沸点/℃	熔点/℃	3,5-二硝基苯甲酸酯/℃	苯氨基甲酸酯/℃	对硝基苯甲酸酯/℃	溴化物/℃
邻氯苯酚	175.6		143	121	115	48～49(一)
						76(二)
苯酚	182	42	145.8	126	127	95(三)
邻甲苯酚	191～192		138.4	141	94	56(二)
水杨醛	197			133	128	
对甲苯酚	202	36	188.6	115	98	108(四)
间甲苯酚	203		165.4*	125	90	49(二)
间氯苯酚		33	156		99	84(三)
对氯苯酚		37	186	148.5	171	
		(43)				
邻硝基苯酚		45	155		141	117(二)
1-萘酚		94	217.4	178	143	105(2,4-二)
					(140)	
间硝基苯酚		97	159	129	174	91(二)
邻苯二酚		105	152	169	169(二)	193(四)
间苯二酚		110	201	164	182(二)	112(4,6-二)
					(175)	
对硝基苯酚		114	186		186(二)	186(二)
苦味酸		122			159	142(2,6-二)
2-萘酚		124	210.2	156	169	84
对苯二酚		171	317	224	258	186(二)
		(172)		(二)		

表 6 醛类

化合物	沸点/℃	n_D^{20}	熔点/℃	缩氨脲/℃	2,4-二硝基苯腙/℃
正丁醛	74.7	1.38433		106(96)	123
异戊醛	92.5	1.39225		107	123
正戊醛	103	1.3947			107(98)
正己醛	131	1.4068		106	104(107)
正庚醛	153	1.4125		109	108
呋喃甲醛	161.7	1.52608		202	230* 及 212～214
苯甲醛	179	1.5446		222	237
肉桂醛	252	1.61949		215(208)	255d
苯乙醛	195		34	156(153)	121
邻氨基苯甲醛			40		
邻硝基苯甲醛			44	256	250d(265)
间硝基苯甲醛			58	246	293d
对氨基苯甲醛			72	153	
间羟基苯甲醛			104(108)	198	260d
对硝基苯甲醛			106	221(211)	320
对羟基苯甲醛			116	224(280d)	280(260)

化 合 物	沸点/℃	n_D^{20}	熔点/℃	缩氨脲/℃	2,4-二硝基苯腙/℃
甲苯	—21			169	166
乙醛	20.2	1.3316		162	148 及 168*
丙醛	47.5~49.0	1.364		89 及 154	155
乙二醛	50			270	328
丙烯醛	52.4	1.4025		171	165

表 7 酮类

化 合 物	沸点/℃	$\rho/g \cdot mL^{-1}$	n_D^{20}	熔点/℃	缩氨基脲/℃	2,4-二硝基苯腙/℃
丙酮	56.11	0.792	1.3592		190 (187)	126
2-丁酮	80 (82)	0.804	1.3791		135	116~117
2-甲基-3-丁酮	94.3	0.8046	1.3879		113~114	120 (117)
3-戊酮	102		1.3922		138~139	156
2-戊酮	102.3	0.80639	1.3902		112 (106)	143~144
2-己酮	128	0.81127	1.40069		125* (122)	110
环戊酮	130.7	0.94869	1.4366		210 (203)	146*
环己酮	156		1.4507		166~167	162 (106)
苯乙酮	202	1.0281	1.541	20	198~199*	238~240
苯丙酮	128			20		
对甲基苯乙酮	226			28	258	198
二苯酮				48	167	238~239

表 8 脂醚，芳醚

化 合 物	沸点/℃	$\rho/g \cdot mL^{-1}$	n_D^{20}	熔点/℃	3,5-二硝基苯 甲酸酯/℃
甲乙醚	10	$0.7252\rho_0$			
环氧乙烷	10.7	$0.882\rho_{10}$	$1.3614(n_{20}^{\frac{1}{2}})$	—111.7	
呋喃	31.27	0.9366	1.42157	—85.6	
乙醚	34.6	0.71425	1.3526	—116.3	93
1,2-环氧丙烷	35	0.830	1.466		
乙基乙烯基醚	36	0.760			
四氢呋喃	65	0.889	1.407		
乙二醇二甲醚	80(83d)	1.014	1.404		
1,4-二氧陆环	101.4	1.03361	1.4232	11.8	
苯甲醚	153.8	0.99393	1.52211	—37.5	87
苯乙醚	172	0.9666	1.5080	—33	
异戊醚	172.5	0.778	1.409		61

表 9 糖

化 合 物	熔点/℃	比 旋 光 度		R_f 值[正丁醇：乙醇：水（4：1：5）]	熔点/℃	$[\alpha]_D^t$（溶剂）
		$[\alpha]_D^{20}$	浓度/%（溶剂）			
β-麦芽糖水合物（$C_{12}H_{22}O_{11}+H_2O$）	102.5	$+111.7\to130.4$	$4(H_2O)$		208	
β-D-果糖	102~104	$-132.2\to-92.4$	$4(H_2O)$	0.23	210	
α-D-甘露糖	133	$+29.3\to+14.2$	$4(H_2O)$	0.20	210	
α-D-葡萄糖（无水）	83(水合)146	$+112.2\to+52.7$	$4(H_2O)$	0.18	210	$-1.5, c=2\%$；[吡啶：醇(1:1)] -6(甲醇)
L-山梨糖	165(159~161)	$-43.7\to-43.4$	$12(H_2O)$	0.20	156(168)	
α-D-半乳糖	167(165.5*)	$+150.7\to+80.2$	$5(H_2O)$	0.16	196(201)	
蔗糖	169~170(185)	$+66.53$	$26(H_2O)$	0.14		
α-乳糖（无水）	223	$+90$				
β-乳糖（无水）	252	$+35\to+55.3$	$4(H_2O)$			
淀粉（可溶）	d	$+189$				

表 10 羧酸

化 合 物	沸点/℃	熔点/℃	$\rho/g\cdot mL^{-1}$	n_D^{20}	酰对甲苯胺/℃	对硝基苄酯/℃
甲酸	100.7	8.4	1.22026	1.37137	53	31
乙酸	118.2	16.6	1.04926	1.36976	163 (147*)	78
丙烯酸	141 (140)	13	1.0621^{16}	1.4224	141	31
丙酸	141	−20.8	0.99336	1.3868	126 (123)	35
正丁酸	162.5 (164)	−5.5 8	0.95790	1.3983	75	
异戊酸	176.5	−30.0	0.92623	1.4043	106~107	
正戊酸	186.4	−34.5	0.93922	1.4086	74	
二氯乙酸	194	5~6	1.5634	1.4659	153	
正己酸	205.35	−3.9	0.93568	1.41635	74~75 (73)	
氯乙酸	189	63			162	
柠檬酸（一水化合物）（无水,熔点153）	100			189 (三)	102	
1-苹果酸		100~101			206~207 (二)	87.2 (一) 124.5 (二)
草酸		101			268	204 (二)
苯甲酸		122.36*			158	89
顺丁烯二酸		130			142 (二)	91

化 合 物	沸点/℃	熔点/℃	ρ/g·mL^{-1}	n_D^{20}	酰对甲苯胺/℃	对硝基苄酯/℃
反式肉桂酸		133			168	117
丙二酸		135			86	
					(一)	
					253	
					(二)	
乙酰水杨酸		135			136	90.5
间硝基苯甲酸		140			162	141
邻硝基苯甲酸		146			155	112
邻氨基苯甲酸		147			151	205
		(145)				
水杨酸		158.3*			156	98
		(159.8)				
d-酒石酸		169~171			180d	163
					(一)	
					264d	
					(二)	
间氨基苯甲酸		174			140	201
丁二酸	235	186			180	88
	(d)	(185)			(一)	
					255	
					(二)	
对氨基苯甲酸		186				
间羧基苯甲酸		200			163	106~108
d1-酒石酸		204				
		(一水)				148
		206				
		(二水)				
邻苯二甲酸		200~206			201	155
					(二)	

表 11　酸酐、酰氯类

化 合 物	熔点/℃	沸点/℃	酰胺/℃	酰苯胺/℃	酰对甲苯胺/℃
乙酰氯		51~52	82	114	
苯甲酰氯		197	130	160	
间硝基苯甲酰氯	35	278	143	154	
3,5-二硝基苯甲酰氯	68~69		183	234	
	(74)				
乙酸酐		140	82	114	147
					(153)
丙酸酐		167	81	106	126
顺丁烯二酸酐		198	181	187	142
				(二)	(二)

续表

化 合 物	熔点/℃	沸点/℃	酰胺/℃	酰苯胺/℃	酰对甲苯胺/℃
苯甲酸酐	42	360	130	163	158
硬脂酸酐	70		109	95	102
邻苯二甲酸酐	131.6	295	220	153~155	201
			(二)	(170)	(150)
			149		
			(一)		
肉桂酸酐	136		148	151	168
	(130)		(142)	(153)	

表 12 液体酯

化 合 物	沸点/℃	ρ/g·mL⁻¹	n_D^{20}	化 合 物	沸点/℃	ρ/g·mL⁻¹	n_D^{20}
乙酸乙酯	77.15	0.90055	1.372	乙酸异戊酯	14	0.8674	1.40034
丙酸甲酯	79.9	0.9151	1.3779	苯甲酸甲酯	199.5	1.089	1.5164
丙酸乙酯	99.1	0.8889	1.3853	苯甲酸乙酯	213.2	1.0465	1.506
乙酸正丙酯	101	0.8834	1.38468	邻苯二甲酸二丁酯	340.7	1.047	1.4900
乙酸丙烯酯	104	0.9276	1.40488			(ρ²⁵)	
乙酸异丁酯	117.2	0.8747	1.39008	邻苯二甲酸异戊酯	349	1.024	
乙酸正丁酯	126.1	0.881	1.3947				

表 13 酰胺与脲

化 合 物	沸点/℃	熔点/℃	N-黄料母基酰胺/℃	草酸盐/℃
N,N-二甲基甲酰胺	153			
甲酰胺	195d		184	107.4~107.7
丙二酰胺		50(一);170(二)		
甲酰苯胺		50		
丙酰胺		81	210~211	80.8~81.0
乙酰胺		82	238~240	127.3
丙酰苯胺		87		
乙酰苯胺		114*		
苯甲酰胺		130	222.5~223.5	
脲		132.8*	265(二)	171
苯基脲		147	225	
肉桂酰胺		148(142)		

表 14 胺

化 合 物	沸点/℃	ρ	n_D^{20}	熔点/℃	苯磺酰胺/℃	苯甲酰胺/℃	苦味酸盐/℃
甲胺	−6				30	80	207
							(215)
二甲胺	7				47	41	158
乙胺	19				58	71	165
	(16.5)						

化 合 物	沸点/℃	ρ	n_D^{20}	熔点/℃	苯磺酰胺/℃	苯甲酰胺/℃	苦味酸盐/℃
正丙胺	49	0.714(ρ_{25})	1.3901[17]		36	84	135
二乙胺	56	0.7056	1.3864		42	42	155
正丁胺	77	0.7401	1.401				151
乙二胺	1.6	0.8977	1.45677				
苯胺	184.4	1.022	1.5863		112	160	
苄胺	184~185	0.9813 (ρ_{25})	1.5401		88	105	194~196 d
N-甲基苯胺	196	0.9868	1.5714		79	63	145
邻甲苯胺	200	0.9984	1.5688		124		213
间甲苯胺	203	0.989	1.5686		95	125	200
1-萘胺				50	167	160	163 (181~182d)
二苯胺				53~54	124	180	182
间苯二胺				63	194	240 (二) (125) (一)	184
邻硝基苯胺				71v. s.	104	110 (98)	73
邻苯二胺				102	185	301 (二)	208
间硝基苯胺				114	136	155 (158)	143
联苯胺				127	232 (二)	252 (二) 203~205 (一)	
对苯二胺				140 (147)	247 (二)	300 (二) (128) (一)	
对硝基苯胺				147	139	199	100
三甲胺	3						216 (225)
吡啶	116	0.9819	1.5095				167
N,N-二甲基苯胺	193 (196)	0.9557	1.5582				163

表 15 硝基化合物

化 合 物	沸点/℃	$\rho/g \cdot mL^{-1}$	n_D^{20}	熔点/℃	胺的衍生物/℃	
					苯磺酰胺	苯甲酰胺
硝基苯	210.9*	1.2031	1.553		112	160
邻硝基甲苯	221.7	1.1629($\rho_{20.4}$)	1.5474		124	143
间硝基甲苯	232.6	1.1571	1.5466	16	95	125
对硝基甲苯	238			51.6~52.1	120	158
2,4-二硝基氯苯				52		178
1-硝基萘				57(61)	167	160
间二硝基苯				90v. s	194	240
3,5-二硝基甲苯				92		
4-硝基联苯				114		230
邻二硝基苯				118	186	301
1,3,5-三硝基苯				122		
对二硝基苯				180		

表 16 卤代烃、卤代芳烃

化 合 物	沸点/℃	$\rho/g \cdot mL^{-1}$	n_D^{20}	熔点/℃	酰苯胺/℃	磺酰胺/℃
氯乙烯	—14					
氯丙烯	44.6	0.940	1.416		114	
2-氯-1,3-丁二烯	59.4	0.9583	1.458			
氯苄	179.4	1.100	1.539		117	
溴乙烷	38.4	1.460	1.425		104	
溴苄	198	1.438			117	
碘甲烷	43	2.284	1.532		114	
二氯甲烷	40.7	1.336	1.4237			
三氯甲烷	61.3	1.489	1.446			
四氯化碳	76.8	1.595	1.4630			
氯苯	131.8	1.107	1.525			144
溴苯	156.2	1.494	1.560			166(161)
邻氯甲苯	159.3	1.082	1.524			128
间氯甲苯	162.3	1.072	1.521			
对氯甲苯	162.4	1.071	1.521			143
间二氯苯	173	1.288	1.546			182
邻二氯苯	179	1.305	1.552			140(135)
1-氯萘	259.3	1.191	1.633			
1-溴萘	281.2	1.484	1.658			191~193
1,4-二氯苯	173			53		54
2-氯萘	265			56(61)		175
2-溴萘	281			59		
1,3,5-三氯苯				63		68
4-氯联苯				77		

表 17 磺酰氯、磺酰胺

化 合 物	熔点/℃	磺酰胺/℃	磺酸/℃	磺酰苯胺
间甲苯磺酰氯	12	108		96
苯磺酰氯	14.5	153	66	112
间硝基苯磺酰氯	64	167	48	126
萘-1-苯磺酰氯	68(66)	150	90	152(150)
对甲苯磺酰氯	69	137	92	103
萘-2-苯磺酰氯	76(79)	217(213)	91	132
3,5-二硝基苯磺酰胺	135			119
对甲苯磺酰胺	137		92	103
苯磺酰胺	153		66	112
邻氨基苯磺酰胺	153			
对氨基苯磺酰胺	165			200
间硝基苯磺酰胺	167		48	126

表 18 磺酸、硫醇

化 合 物	熔点/℃	沸点/℃	对甲苯胺盐/℃	3,5-二硝基苯甲酸硫酯/℃	2,4-二硝基苯硫醚/℃
苯磺酸	147.5~148.5		205		
萘-1-苯磺酸	136.8		181		
萘-2-苯磺酸	190.5~190.8		221		
对氨基苯磺酸	184.5~185				
甲基硫醇		6			128*
乙基硫醇		36		62	115
正丙基硫醇		67		52	81
正丁基硫醇		97		49	66
乙二硫醇		147			248
苯基硫酚		169		149	121
邻甲苯硫酚	15	194			101
邻氨基苯硫酚	26				

表 19 硫醚、硫化物

化 合 物	沸点/℃	熔点/℃	亚砜熔点/℃	砜熔点/℃
甲基硫醚	38		109	
乙烯基硫醚	84			
乙基硫醚	91			70~71
丙基硫醚	142.8			30
丁基硫醚	188~189		33	46(42)
苯基硫醚	296(290)		70.4	128(125)

化 合 物	沸点/℃	熔点/℃	亚砜熔点/℃	砜熔点/℃
苄基硫醚	50		134.8	151.7
噻吩	84.2			
二硫化碳	42.25			
硫代乙酰胺		108		
硫脲		180		
缩氨基脲		184		

内 容 提 要

本书为北京市高等教育精品立项项目，根据高职高专有机分析教学大纲编写。全书分三部分。第一部分为有机化合物系统鉴定，介绍有机化合物物理常数的测定、元素定性分析、溶度试验、官能团的检验、查阅文献及衍生物的制备等。第二部分为有机定量分析，包括常见元素和官能团的定量测定方法。第三部分为混合物分离，叙述有机混合物的分离方法及分离方法的选择、拟定，重点介绍了色层分离方法。本书结合理论教学，安排了相关实验，其实验项目和实验方法力求结合生产实际，突出动手能力和操作技能的培养。

本书为高等院校、高等职业技术学院分析检测及相关专业教学用书，也可供相关企业及科研部门从事有机分析的人员参考。